高等职业教育机电类专业精品教材
“互联网+”新形态立体化教学资源特色教材

工程力学（第二版）

主　编　王　伟
副主编　崔海军　田万英　朱　萍　张正烨
参　编　王　波　潘　毅　庄　蕾
　　　　刘　畅　王　新　孙一昕
主　审　傅　伟

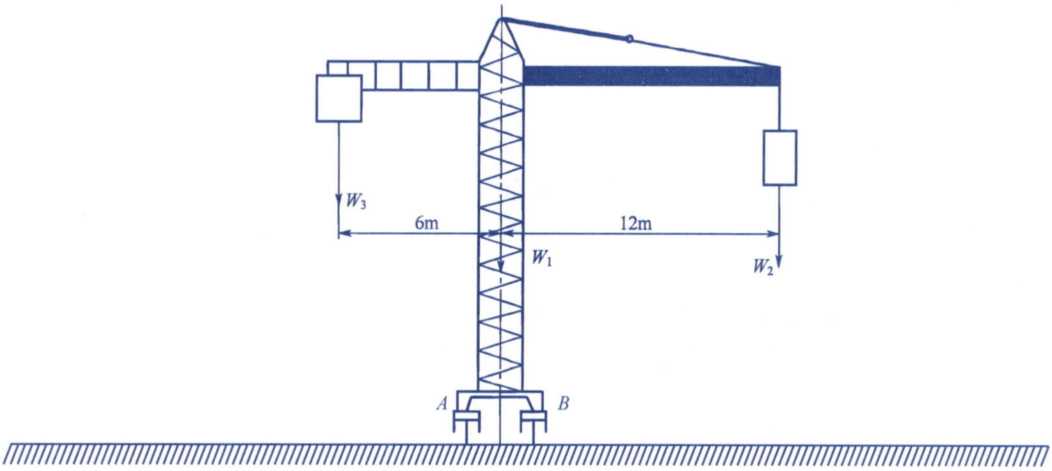

中国轻工业出版社

图书在版编目（CIP）数据

工程力学 / 王伟主编．-- 2 版．-- 北京：中国轻工业出版社，2025.8. --（高等职业教育机电类专业精品教材）（“互联网+”新形态立体化教学资源特色教材）．-- ISBN 978-7-5184-5553-9

Ⅰ. TB12

中国国家版本馆 CIP 数据核字第 2025C0C202 号

责任编辑：李金慧

策划编辑：张文佳　李金慧　　责任终审：李建华　　封面设计：锋尚设计

版式设计：砚祥志远　　责任校对：刘小透　晋　洁　　责任监印：张　可

出版发行：中国轻工业出版社（北京鲁谷东街 5 号，邮编：100040）

印　　刷：三河市万龙印装有限公司

经　　销：各地新华书店

版　　次：2025 年 8 月第 2 版第 1 次印刷

开　　本：787×1092　1/16　　印张：15.75

字　　数：370 千字

书　　号：ISBN 978-7-5184-5553-9　　定价：49.80 元

邮购电话：010-85119873

发行电话：010-85119832　010-85119912

网　　址：http://www.chlip.com.cn

Email：club@chlip.com.cn

240700J2X201ZBW

第二版前言

本书的修订工作严格遵循教育部最新印发的《高等职业学校专业教学标准》中针对本课程的教学要求，同时紧密参照相关的国家职业技能标准以及行业职业技能鉴定规范，力求在内容和质量上达到高标准、严要求。它专为高等职业院校机电设备类、建筑工程管理类相关专业量身打造，是“工程力学”课程理想的教学用书。

相较于第一版，此次修订做出了多方面的优化与升级。首先，在内容呈现上特别注重理论与实际的紧密结合，通过大量引入丰富多样的工程实例，进一步充实了典型例题、“思考与练习”模块，增加了“素质拓展”模块，学生在解决这些实际问题的过程中，不仅能够加深对知识的理解和掌握，更有助于培养他们的工程素养和创新能力，为今后走向工作岗位奠定坚实的基础；其次，在教学资源建设方面，针对教材的各个章节内容，精心制作了一系列丰富的立体化教学资源，其中包括微课、动画、课件、电子教案以及试题库等，实现了任务驱动、做中学、学中做的教学模式，让学生在轻松愉悦的氛围中积极主动地学习；最后，本次修订从全面提高人才培养质量这一核心要点出发，深入挖掘与课程相关度高且结合紧密的课程思政元素，并巧妙地将其融入课程教学内容之中。在传授工程力学知识的同时，注重培养学生的职业道德、工匠精神以及爱国情怀等思政素养，使学生在掌握专业技能的同时，也能成为德才兼备的高素质人才。本书具有如下特色。

1. 校企合作，工学结合。在编写过程中，课题组成员与企业技术人员深入合作，充分考虑了机械设计、机械制造等相关岗位对知识、技能和素质的要求，在基本概念的论述上准确严谨、逻辑清晰，在定理和公式的讲解上简明扼要、突出重点。引入大量企业工程实例，以项目式教学展开，以应用为主，突出实用性、典型性和可操作性，着力于学生应用能力方面的培养，以满足学校和企业的人才培养实际需要。

2. 数字资源，平台辅助。本书配备了丰富的数字资源（如微课、动画、课件、电子教案、试题库及项目答案等），为广大师生提供了一站式教学资源。读者也可以登录智慧职教平台进行在线学习。

3. 素质教育，立德树人。为落实立德树人根本任务，本书通过设置“素质拓展”模块来突出课程教材铸魂育人功能，让学生在学习专业知识的同时，感受爱国、创新、求实、奉献、协同、育人的科学精神，增强责任感、使命感，将个人追求融入国家富强、民族振兴、人民幸福的伟大梦想之中。

4. 精编习题，答案辅助。本书根据各章内容，精心设计了思考与练习和项目测试两部分习题，可以帮助学生回顾重要知识点和考查学生对所学知识的运用能力，针对项目测试部分，配备详细的答案（请扫教材封底二维码获得），方便学生核对计算结果，有利于教师教学和自学者自学。

本书由王伟担任主编，崔海军、田万英、朱萍、张正烨担任副主编，王波、潘毅、庄蕾、刘畅、王新、孙一昕等参与编写，傅伟主审。

本书选用了同类教材的部分例题和习题，在编写过程中，得到扬州工业职业技术学院领导、同事及扬力集团股份有限公司、江苏亚威机床有限公司等企业的大力支持，在此一一表示感谢，由于编者水平有限，书中疏漏与不完善之处，敬请广大读者批评指正。

编　者

第一版前言

为了更好地贯彻落实《国家中长期教育改革和发展规划纲要（2010—2020）》相关精神，高职院校必须加强教材建设，教材建设是高职院校教育教学工作的重要组成部分，也是其强化内涵建设的重要体现，直接关系到高职教育能否为一线工作岗位培养符合要求的高素质技术技能型人才。本书借鉴了各大高职院校近年来在工程力学课程内容和课程体系方面改革的经验，希望能够用有限的学时，使学生在掌握力学基本知识的同时，又能够了解其在工程中的应用方法，具备一定的综合分析能力，为后续专业课的学习打下坚实的基础，充分发挥基础课的作用，为专业课的改革提供一定的参考。

本书内容共分为两大部分，第一部分为理论指导，共包括三个项目：项目一为力学基础，介绍静力学基本知识、约束与约束反力以及物体的受力分析方法，培养学生对常见工程构件进行受力分析的能力；项目二为力系分析，主要介绍平面汇交力系、平面力偶系、平面任意力系及空间力系的合成及平衡问题，培养学生对机械零部件、结构、工程中的应用进行受力分类计算的初步能力；项目三为变形分析，重点是构件的承载能力及稳定性校核，介绍材料力学的基本概念、拉压变形、剪切和挤压变形、扭转变形、直梁弯曲变形、组合变形及压杆稳定分析等内容，培养学生初步掌握构件承载能力及稳定性的计算校核方法，具备对简单工程实际问题综合定性分析与初步定量分析的能力；第二部分为实验指导，共包括六个基本实验和六个选择、开发性实验。

本书为校企合作教材，针对高职教育教学的特点，结合企业工程实例，通俗易懂，以项目式教学展开，以应用为主，突出实用性、典型性和可操作性，着力于学生应用能力方面的培养。每个任务后面都配有思考与练习，以巩固学生的学习效果。

本书选用了同类教材的部分例题和习题，在此向文献的诸位作者表示衷心的感谢。在编写过程中，得到扬州工业职业技术学院领导和同事的大力支持，在此表示感谢，由于编者水平有限，书中存在疏漏和不足之处在所难免，恳请读者批评指正。

编　者

目 录

第一部分 理论指导

第二部分　实验指导

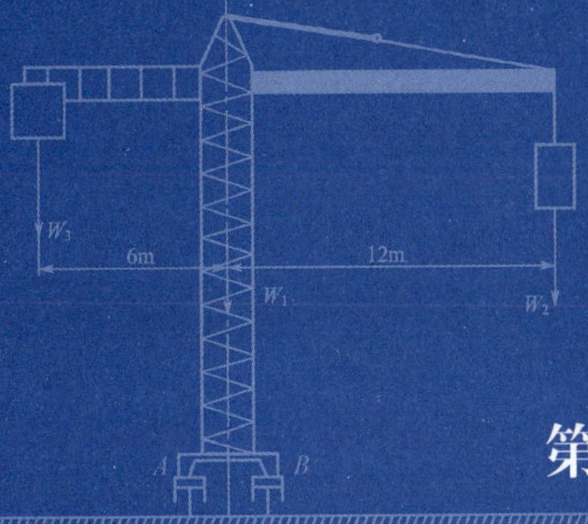

第一部分　理论指导

绪　论

工程力学是一门研究物体机械运动一般规律和有关构件的强度、刚度、稳定性理论的学科。它既是基础学科，又直接面向工程实际应用，涵盖的内容十分丰富，在工程技术领域有着广泛的应用。

一、工程力学的内容与任务

机械设备或工程结构中，存在着大量称之为构件的物体，如结构的元件、设备与机器的零件。它们有的处于静止状态，有的在做机械运动。机械运动是指物体在空间的位置随时间而改变，静止是机械运动的特例。当设备或结构传递运动或承受载荷时，各个构件都要受到力的作用，构件在外力作用下形状和尺寸的改变称为变形，构件在外力作用下丧失正常工作能力的现象称为失效或破坏。

课程简介

为了保证构件的正常工作，即保证其具有必要的承载能力，首先需要对构件所受的外力进行分析。外力分析主要是分析构件（物体）共受几个力的作用，每个力作用的位置与方向，同时还要研究物体保持“平衡”（静止是平衡的一种）时，所受各力之间应满足的关系。这些知识是研究物体机械运动及其承载能力的基础。在确定了作用在构件上的外力后，还要进一步研究构件的内部受力、变形及其失效规律，从而建立保证构件正常工作的准则或条件，为构件选用合适的材料，确定合理的截面形状和尺寸，以保证构件既能安全可靠地工作又符合经济要求。

综上所述，工程力学是工程设计的基础，其任务概括起来可分为两个方面。

（1）研究物体的机械运动与所受力之间的关系。包括研究力的一般性质，力系的简化，物体在力系作用下的平衡规律，以及物体运动状态改变与其所受力之间的关系。

（2）研究物体变形与所受力之间的关系。研究物体在外力作用下变形和破坏的规律，为解决构件的安全与经济的矛盾提供基本理论和计算方法。

二、工程力学的研究方法

任何正确的科学研究方法，一定要符合辩证唯物主义的认识论，工程力学也必须遵循这个认识规律。工程力学的研究方法是“实验观察—建立模型—理论分析—实验（实践）验证”，这也是自然科学研究问题的一般方法。

首先，通过观察生活和生产实践中的各种现象，进行多次科学实验，经过分析、综合与归纳，总结出力学最基本的规律。纵观力学发展的历史，如“杠杆原理”“万有引力定律”等基本定律的发现，无一不是遵循了这一认识规律。

其次，在对客观现象进行观察与实验的基础上，找出哪些是影响事物的主要因素，哪些是次要因素，合理简化，将研究对象抽象为力学模型。例如，在研究静平衡问题时，物体的变形是次要因素，忽略这一次要因素就可用“刚体”这一模型来代替真实物体。在研究物体内力、变形及失效规律时，物体变形是主要因素，则不能再将物体视为刚体，而应用变形固体来代替真实物体。

将实践中所得的结果，经过抽象建立力学模型，形成概念，在基本定律的基础上，经过逻辑推理和数学运算，就可以得到工程上所需要的定理与公式。当然，这些定理与公式的正确与否，还需要在实践中验证、发展。另外，许多工程实际问题，仅靠理论方法还不能有效地解决，还要通过实验的方法才能得到满意的结果。可见实验方法也是解决工程力学问题的一种必不可少的方法。

随着计算机技术的迅速发展，计算机分析方法在工程力学领域得到了广泛的应用，并促进了工程力学研究方法的更新，这将使工程力学在解决日常生活、环境、交通、水利、建筑和国防等工程问题中发挥更大的作用。

三、工程力学的地位和作用

工程力学既是基础学科，又直接面向工程实际应用，它在基础课程和专业课程之间起桥梁与纽带作用，为专业设备的机械运动分析和强度分析提供必要的理论基础，为后续课程的学习和解决工程实际问题提供力学知识基础。

项目一 力学基础

项目引入

本项目主要介绍静力学的基本概念、基本公理、常见的约束与约束反力、刚体受力图的分析及画法等内容。刚体静力学是一门研究物体在力系作用下平衡规律的学科，它是工程力学的基础部分，为后续构件外力分析与计算以及材料力学的学习奠定基础。例如图 1-1-1 所示的起重机大梁、图 1-1-2 所示的飞机起落架，这些构件的受力模型、受力分析及计算都是静力学要解决的问题。

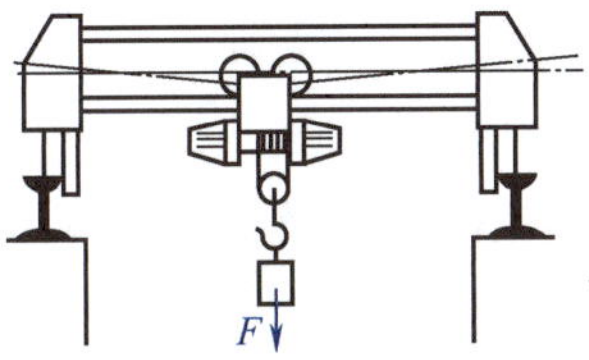

图 1-1-1　起重机大梁

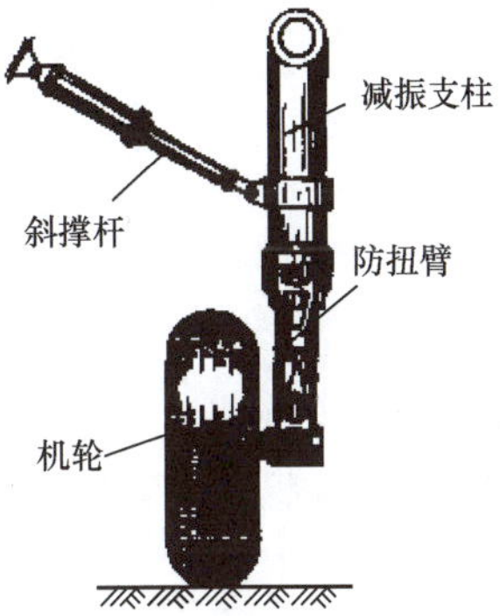

图 1-1-2　飞机起落架

目标要求

知识目标

(1) 理解静力学的基本概念。

(2) 掌握静力学公理和推论的内容及适用范围。

(3) 熟悉载荷的简化及约束与约束反力。

(4) 掌握物体的受力分析，会画受力图。

能力目标

(1) 能够绘制结构的计算简图。

(2) 能够熟练进行受力分析和画受力图。

素质目标

(1) 培养严密的逻辑思维和逐步分析问题的能力。

(2) 树立崇尚科学、追求真理的理想信念。

任务一　静力学公理

任务描述

如图 1-1-3 所示，试分析结构中 *AB*、*BC* 杆件的受力。

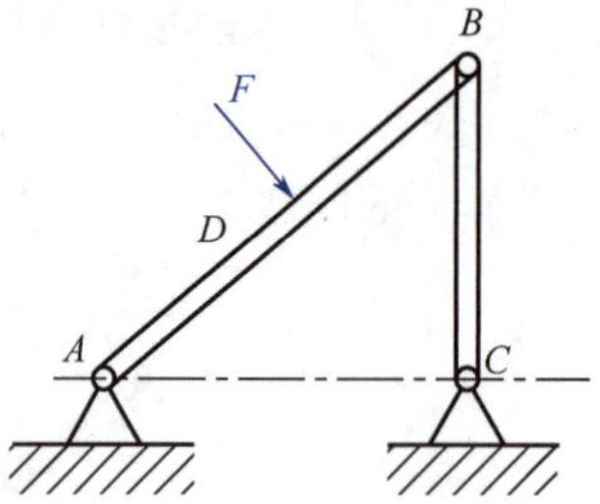

图 1-1-3　杆件的受力分析

任务分析

了解静力学的基本概念，掌握静力学公理和推论的内容及适用范围。

知识准备

静力学的基本概念

一、静力学基本概念

1. 刚体

静力学中所指的物体都是刚体。所谓刚体是指在力的作用下，物体内部任意两点之间的距离始终保持不变，也就是大小和形状始终保持不变。这是一种理想化的力学模型，并不真实存在。静力学研究对象仅限于刚体，所以又称之为刚体静力学。

注意：刚体仅是解决力学问题的模型，并不真实存在。

2. 力

力是人们从长期生产实践中经抽象而得到的一个科学概念，如重力、万有引力、两物体间的压力、摩擦力等。例如，当人们用手推、举、抓、掷物体时，由于肌肉伸缩逐渐产生了对力的感性认识。随着生产的发展，人们逐渐认识到，物体运动状态及形状的改变，都是由于其他物体对其施加作用的结果。这样，由感性到理性建立了力的概念：力是物体间相互的机械作用，其作用结果是使物体运动状态或形状发生改变。

实践表明，力的效应有两种：一种是使物体运动状态发生改变，称为力对物体的外效应；另一种是使物体形状发生改变，称为力对物体的内效应。在静力学部分将物体视为刚体，只考虑力的外效应；而在材料力学部分则将物体视为变形体，必须考虑力的内效应。

3. 力的三要素及表示法

力是物体之间的相互作用，力不能脱离物体而独立存在。在分析物体受力时，必须注意物体间的相互作用关系，分清施力体与受力体，否则就不能正确地分析物体的受力情况。

由经验可知，力对物体的作用效果取决于三个要素：大小、方向、作用点，此即称为力的三要素。当上述三个要素中有任何一个改变时，力的作用效应也将改变。在国际单位制（SI）中，以牛顿（N）作为力的计量单位，有时也用千牛顿（kN）作为力的计量单位，1kN = 1000N。

力是矢量。力的三个要素可用一个矢量来表示，如图 1-1-4 所示。矢量长度按照一定比例表示力的大小；矢量方向为力的作用方向；矢量起始端或末端为力的作用点，如图 1-1-4 中的 A、B 两点。本书用字母 $\boldsymbol{F}$ 表示矢量，而用字母 F 表示力的大小。

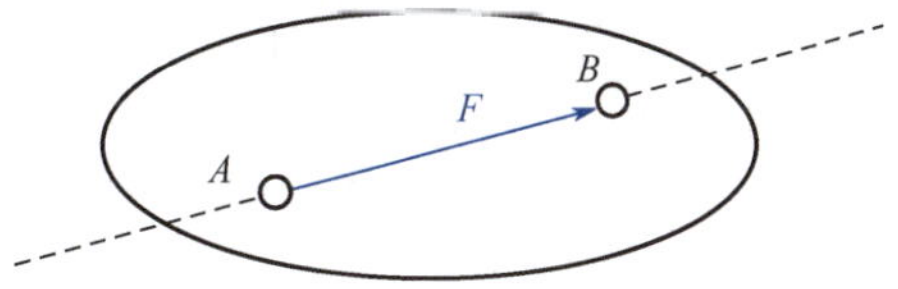

图 1-1-4 力的矢量表示

依据力的作用范围可将力分为集中力和分布力。

集中力（集中载荷）：当力的作用面积相对于结构或构件尺寸很小时，可视为作用于结构或构件上的某一点，称其为集中力。

分布力（分布载荷）：分布于物体上某一范围内的力称为分布力。分布力用载荷集度 q 来表示。体分布力单位为牛/米^3（N/m^3），面分布力单位为牛/米^2（N/m^2）。工程设计中，常将体、面分布力简化为连续分布在某一段长度上的力，称为线分布力，单位为牛/米（N/m）。

4. 力系

力系是指作用于物体上的多个力。依据力系中各力的作用线是否在同一平面内，力系可分为空间力系和平面力系；依据力系中各力作用线间的相互关系，又可将力系分为汇交力系、平行力系与任意力系。汇交力系、平行力系是任意力系的两种特殊情形。

5. 平衡

“平衡”是指物体相对于惯性参考系（如地面）保持静止或做匀速直线运动的状态，是物体运动的一种特殊形式。在一般的工程技术问题中，通常选择地球作为惯性参考系。使物体处于平衡状态的力系称为平衡力系。研究物体的平衡问题，就是研究物体在各种力系作用下的平衡条件，并应用这些平衡条件解决工程技术问题。静力学主要研究以下三个问题。

（1）物体的受力分析。分析物体共受几个力作用，每个力的作用位置、大小及其方向。

（2）力系的简化。如果作用在物体上两个力系的作用效果是相同的，则这两个力系互称为等效力系。用一个简单力系等效地替换一个复杂力系的过程称为力系的简化。

力系简化的目的是简化物体受力，以便于进一步分析和研究。

(3) 建立各种力系的平衡条件。刚体处于平衡状态时，作用于刚体上的力系应该满足的条件称为力系的平衡条件。满足平衡条件的力系称为平衡力系。力系平衡条件在工程中有着非常重要的意义，是设计结构、构件和零件的静力学基础。

二、静力学基本公理

在生产实践中，人们对物体的受力进行了长期观察和试验，对力的性质进行了概括和总结，得出一些经过实践检验是正确的、大家都公认的、无须证明的正确结论，这就是静力学公理。

公理 1（二力平衡公理） 作用在刚体上的两个力，使刚体保持平衡的充分必要条件是：两力大小相等，方向相反，作用在同一直线上（图 1-1-5），简称二力等值、反向、共线。即

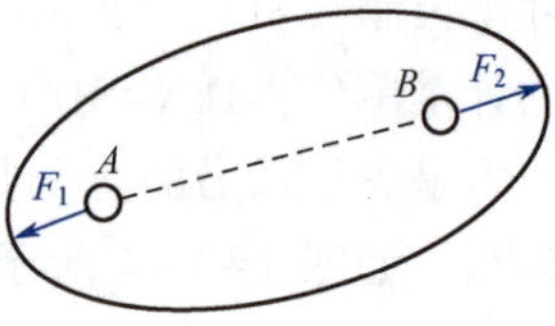

图 1-1-5　二力平衡

$$F_1 = -F_2 \tag{1-1-1}$$

注意：此公理阐明了由两个力组成的最简单力系的平衡条件，是一切力系平衡的基础。此公理只适用于刚体，对于变形体来说，它只给出了必要条件，而非充分条件。

工程中经常遇到不计自重，且只在两点处各受一个集中力作用而处于平衡状态的刚体。这种只在两个力作用下处于平衡状态的刚体，称为二力构件（二力杆）。二力构件的形状可以是直线形的［图 1-1-6（a）中的 *AC* 杆就是二力构件］，也可以是其他任何形状的。作用于二力构件上的两个力必然等值、反向、共线［图 1-1-6（b）所示 *AC* 杆受力，$F_A=-F_C$］。在结构中找出二力构件，对整个结构系统的受力分析具有至关重要的作用。

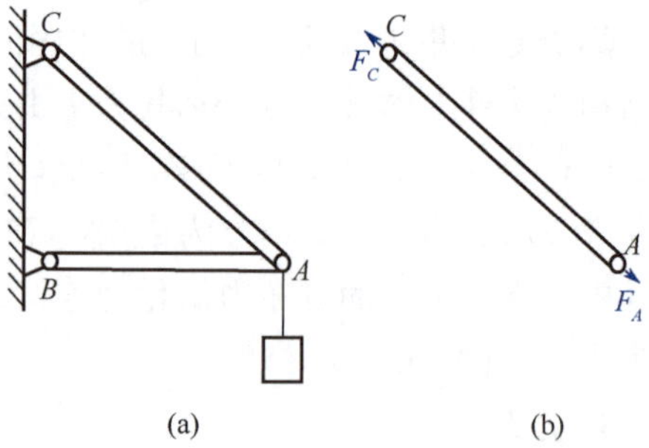

图 1-1-6　二力杆

公理 2（加减平衡力系公理） 加减平衡力系公理是指在已知力系上，加上或减去任意平衡力系，不改变原力系对刚体的作用效果。也就是说，如果两个力系只相差一个或几个平衡力系，它们对刚体的作用效果相同。此公理是力系简化的基础。

推论 1（力的可传性定理） 作用于刚体某点上的力，其作用点可以沿其作用线移动到刚体内任意一点，不改变原力对刚体的作用效果。

证明：设力 F 作用于刚体上的 A 点，如图 1-1-7（a）所示。根据公理 2，可在力的作用线上任取一点 B，加上两个相互平衡的力 F_1 和 F_2，使 $F=F_1=F_2$，如图 1-1-7（b）所示。由于 F 和 F_1 构成一个新的平衡力系，故可减去，这样只剩一个力 F_2，如图 1-1-7（c）所示。于是原来的力 F 与力系（F，F_1，F_2）以及力 F_2 互为等效力系。这样，F_2 可看成是原力 F 的作用点沿其作用线由 A 移到了 B。

由此可见，对于刚体来说，力的作用点已不是决定力作用效果的要素，它已为作用线所替代。因此，作用于刚体上力的三要素是：大小、方向、作用线。

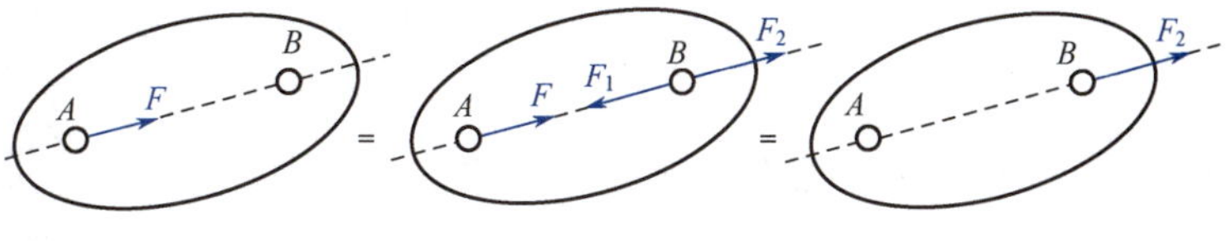

图 1-1-7　力的可传性

注意：公理 2 及其推论只适用于刚体，而不适用于变形体。对于变形体来说，作用力将产生内效应，当力沿其作用线移动时，内效应将发生改变。

公理 3（力的平行四边形法则）　作用在物体上同一点的两个力，可以合成为一个合力。合力作用点也在该点，合力的大小和方向由这两个力为邻边构成的平行四边形的对角线所决定，如图 1-1-8（a）所示。或者说，合力矢等于两个分力矢的矢量和，即

$$F_R = F_1 + F_2 \tag{1-1-2}$$

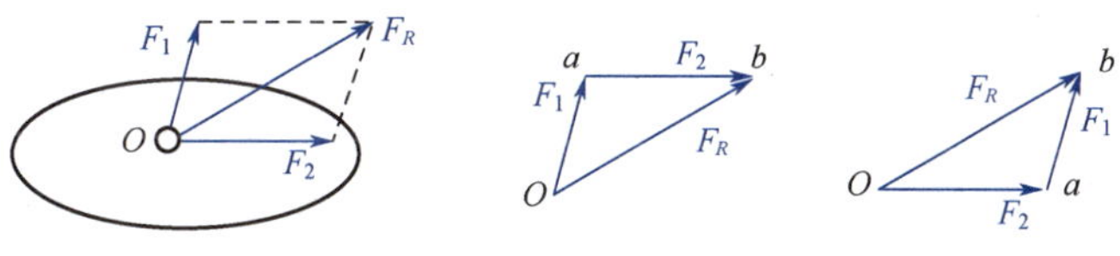

图 1-1-8　力的平行四边形法则和三角形法则

应用此公理求两个汇交力的合力时，可由任意一点 O 为起点，另作一力三角形，如图 1-1-8（b）、（c）所示。三角形的两个边分别表示两个分力，第三边表示合力，合力的作用点仍在汇交点 O，此即两个汇交力合成的力三角形法则。

力的平行四边形法则及推论

如果一个力与一个力系等效，则该力称为力系的合力，力系中的各个力称为合力的分力。将分力替换成合力的过程称为力系的合成，将合力替换成分力的过程称为力系的分解。

推论 2（三力平衡汇交定理）　作用于刚体上三个相互平衡的力，若其中两个力的作用线汇交于一点，则此三力必须在同一平面内，且第三个力的作用线通过汇交点。

证明：设 F_1 和 F_2 的作用线相交于某点 O，将 F_1 和 F_2 分别沿作用线移到 O 点，求出它们的合力 F_{12}，如图 1-1-9 所示。F_{12} 应与 F_3 平衡，根据三力平衡条件，F_{12} 与 F_3 必须共线，亦即 F_3 的作用线必通过 O 点。

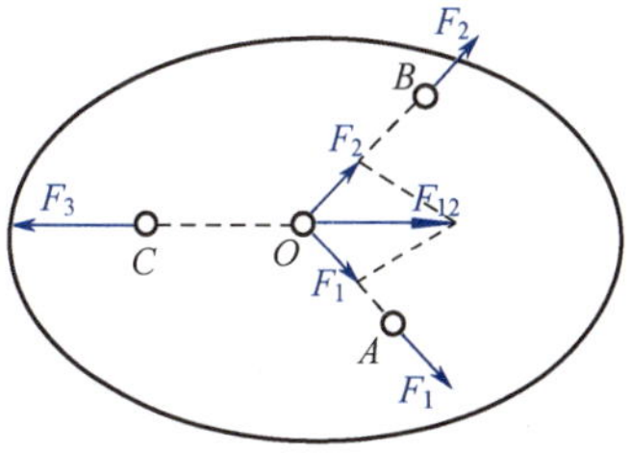

图 1-1-9　三力平衡汇交

注意：三力平衡汇交定理的逆定理不成立。也就是说，即使三力共面且汇交于一点，此三力也未必平衡，请读者自行举例说明。

公理 4（作用与反作用原理）　两物体之间的相

互作用力总是等值、反向、共线，分别作用在两个相互作用的物体上。

这个原理揭示了物体之间相互作用的定量关系，它是对物体进行受力分析的基础。

三力平衡汇交定理

注意：作用与反作用原理中的两个力分别作用于两个相互作用的物体上，而二力平衡原理中的两个力却是作用于同一个刚体。在图 1-1-10 中，重物给绳索一个向下的拉力 F_B，同时绳索给重物一个向上的拉力 F'_B，F_B 与 F'_B 互为作用力与反作用力，而 F_B 与 F_A、F'_B 与 W 为两对平衡力。

公理 5（刚化原理） 变形体在某一力系作用下处于平衡状态，如果将此变形体刚化为刚体，其平衡状态保持不变。

这个公理提供了把变形体视为刚体模型的条件。例如，绳索在等值、反向、共线两个力作用下处于平衡状态，如将绳索刚化为刚体，其平衡状态保持不变。反之，就不一定成立。如刚体在等值、反向、共线的两个力作用下平衡，若将其换为绳索就不一定能平衡了。

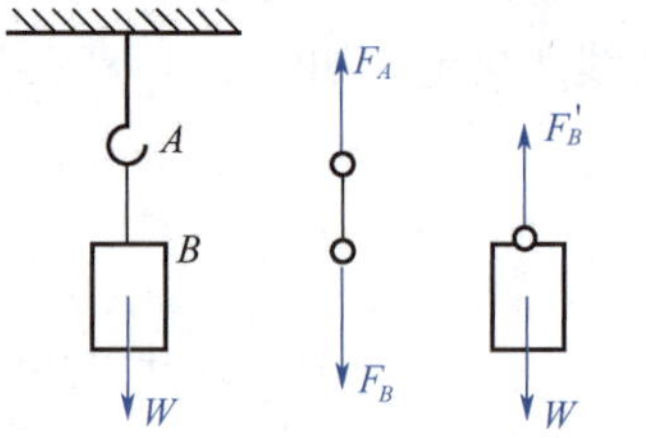

图 1-1-10　力的作用与反作用

由此可见，刚体的平衡条件是变形体平衡的必要条件，而非充分条件。在刚体静力学的基础上，考虑变形体的特性，可进一步研究变形体的平衡问题。

任务实施

静力学公理应用——分析图 1-1-3 结构中 AB、BC 杆件的受力。

解： 杆 AB 分别在 A、B、D 三点受到三个机械作用（三个力）处于平衡；杆 BC 分别在 B、C 两点受到两个机械作用（两个力）处于平衡［图 1-1-11（a）］。

分别画出杆 AB、BC 的受力情况［图 1-1-11（b）、（c）］。杆 BC 是二力构件，属于二力杆，该二力必过 B、C 两点的连线，画出 F_B、F_C。杆 AB 是三力构件，D 点画出主动力 F，B 点由作用与反作用公理画出 F'_B，找出 F、F'_B 作用线的汇交点，画出 F_A，其作用线过汇交点。

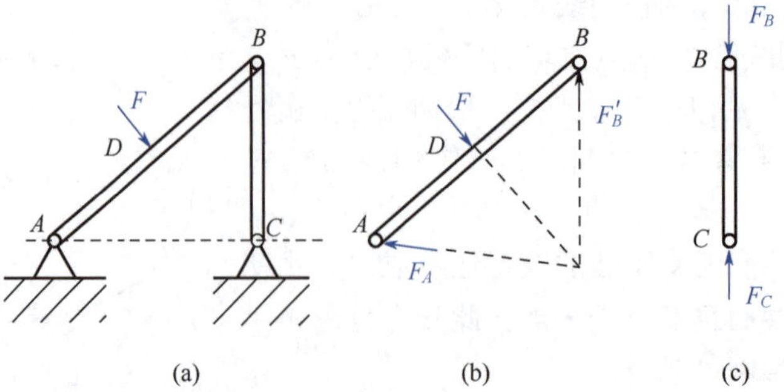

图 1-1-11　杆件的受力分析

素质拓展

牛顿：经典力学体系的建立者

牛顿（1643—1727 年）是一位伟大的力学家、光学家、天文学家和数学家，同时又是一位哲学家。恩格斯说：“牛顿由于发现了万有引力定律而创立了天文学，由于进行光的分解而创立了科学的光学，由于创立了二项式定理和无限理论而创立了科学的数学，由于认识了力学的本性而创立了科学的力学。”的确，牛顿在自然科学领域里做出了奠基性的贡献，堪称科学巨匠。

少年时的牛顿成绩一般，但他喜欢读书。那时的牛顿喜欢看一些介绍各种简单机械模型制作方法的读物，并从中受到启发，自己动手制作些奇奇怪怪的小玩意，如风车、木钟、折叠式提灯等。

1661 年，牛顿进入剑桥大学三一学院专攻数学。在这里，牛顿开始接触大量自然科学著作，经常参加学院举办的地理、物理、天文和数学等科学领域的讲座。牛顿的第一任教授巴罗是个博学多才的学者，他看出了牛顿具有敏锐的观察力和超乎常人的理解力，于是将自己所知的数学知识（包括计算曲线图形面积的方法）传授给牛顿，并把牛顿引向了近代自然科学的研究领域。1664 年，牛顿被选为巴罗的助手。第二年，牛顿获得了剑桥大学的学士学位。正当牛顿准备留校继续深造时，严重的鼠疫迫使剑桥大学暂时关闭，牛顿离校返乡。在家乡，安静的环境使得他的思想展翅飞翔。这短暂的时光成为牛顿科学生涯中的黄金岁月，他的微积分、万有引力、光学分析的思想就是在这个时期孕育成形的。

1667 年，牛顿回剑桥后当选为剑桥大学三一学院院委，次年获硕士学位。1669 年，他被授予卢卡斯数学教授席位，并在力学方面做了深入的研究。

1687 年，牛顿的《自然哲学的数学原理》出版。牛顿在书中阐述了其后两百多年间都被视作真理的三大运动定律。在这部著作中，牛顿从力学的基本概念（质量、动量、惯性、力）和基本定律（牛顿三大定律）出发，运用他所发明的微积分这一强大的数学工具，建立了经典力学完整而严密的体系，把天体力学和地面上的物体力学统一起来，实现了物理学史上第一次大综合。牛顿所建立的经典力学体系是整个近代物理学和天文学的基础，也是现代一切机械、土木建筑、交通运输等工程技术的理论基础。

（资料来源：360 百科．牛顿［EB/OL］．［2025-04-30］. https：//baike. so. com/doc/5351751-5587209. html，有改动。）

思考与练习

1. 下列说法是否正确？为什么？

（1）大小相等、方向相反，且作用线共线的两个力一定是一对平衡力。

（2）分力的大小一定小于合力。

（3）凡不计自重的杆都是二力杆。

2. 力的三要素是什么？两个力使刚体平衡的条件是什么？

3. 二力平衡原理和作用与反作用原理都说二力等值、反向、共线，试问二者有何区别？

4. 为什么说二力平衡公理、加减平衡力系公理和力的可传性都只适用于刚体？

5. 如题图 1-1-1 所示，A、B 两物体各受力 F_1、F_2 作用，且 $F_1=F_2\neq 0$。试问 A、B 两物体能否保持平衡？为什么？

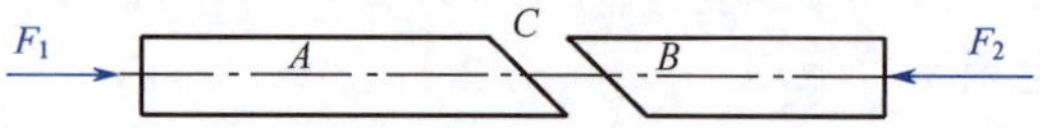

题图 1-1-1

6. 找出题图 1-1-2（a）、（b）中的二力构件，并画出二力构件的受力图。

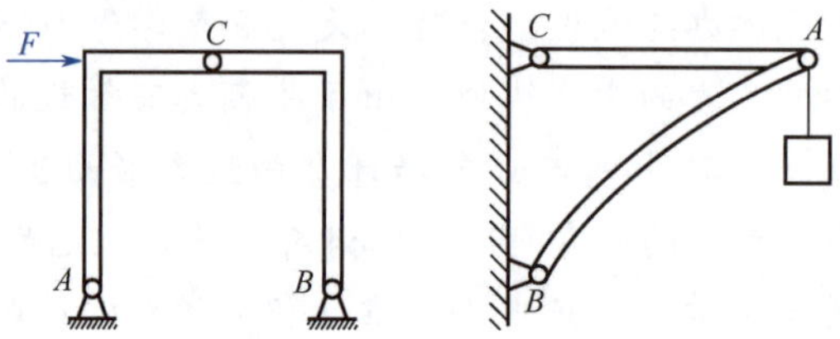

(a) (b)

题图 1-1-2

任务二 约束与约束反力

任务描述

如图 1-1-12 所示的三铰拱桥，由左、右两半拱铰接而成，画出左半拱 AB 的受力图。

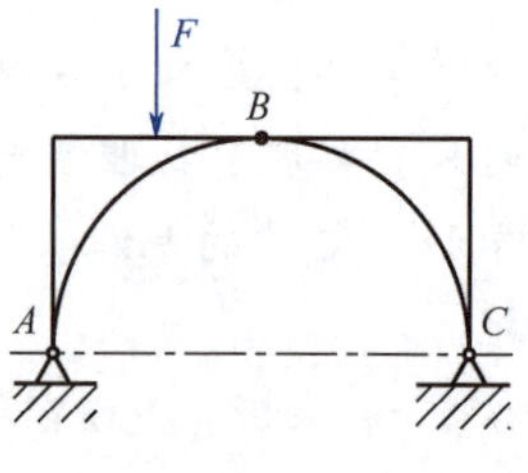

图 1-1-12 三铰拱桥的受力分析

任务分析

了解常见约束的类型，掌握常见约束反力的特点。

知识准备

在机械和工程结构中，每一构件都根据工作需要，以一定的方式与周围其他构件联系着，其运动也受到一定限制。例如，梁由于墙的支撑而不致下落，列车只能沿轨道行驶，门、窗由于合页的限制而只能绕轴线转动等，这种联系限制了构件间的相对位置和相对运动。

一、约束与约束反力

工程中所遇到的物体通常可分为两种。有些物体在空间的位移不受任何限制，如飞行的飞机、气球和炮弹等，这种位移不受任何限制的物体称为自由体。而有些物体在空间的位移却受到一定限制，如机车受到铁轨的限制，只能沿轨道运动；电机转子受轴承的限制，只能绕轴线转动；重物被钢索吊住而不能下落等。这种位移受到限制的物体称为非自由体。对非自由体的某些位移起限制作用的周围物体称为约束。如铁轨对于机车、轴承对于电机转子、钢索对于重物等，都是约束。

约束限制非自由体的运动，能够起到改变物体运动状态的作用。从力学角度来看，约束对非自由体有作用力。约束作用在非自由体上的力称为约束反力，简称为约束力或反力。约束反力的方向必与该约束所限制位移的方向相反，这是确定约束反力方向的基本原则。约束反力的大小一般是未知的，需要用平衡条件来确定；约束反力的作用点一般在约束与非自由体的接触处。若非自由体是刚体，则只需确定约束反力作用线的位置即可。

二、工程中常见的约束及其反力

下面对工程中一些常见的约束进行分类分析，并归纳出其反力特点。

常见约束类型及反力特点

（一）柔性约束

由绳索、链条、皮带、胶带等柔性物体所形成的约束称为柔性约束。这种柔性体只能承受拉力，其约束特征是只能限制被约束物体沿其中心线伸长方向的运动，而无法阻止物体沿其他方向的运动。因此柔性约束产生的约束反力总是通过接触点，沿着柔性体中心线而背离被约束的物体（即使被约束物体承受拉力作用）。

例如，某绳索悬挂一重物，绳索只能承受拉力，对重物的约束反力为 T_A'，如图 1-1-13 所示。链条或胶带绕在轮子上时，对轮子的约束反力沿轮缘切线方向，如图 1-1-14 所示。

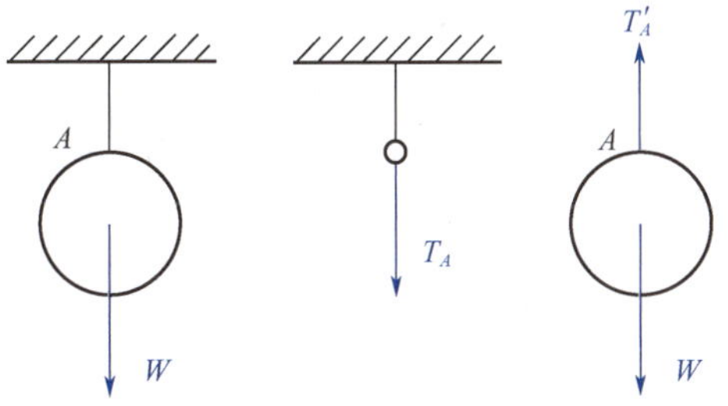

图 1-1-13　柔性约束

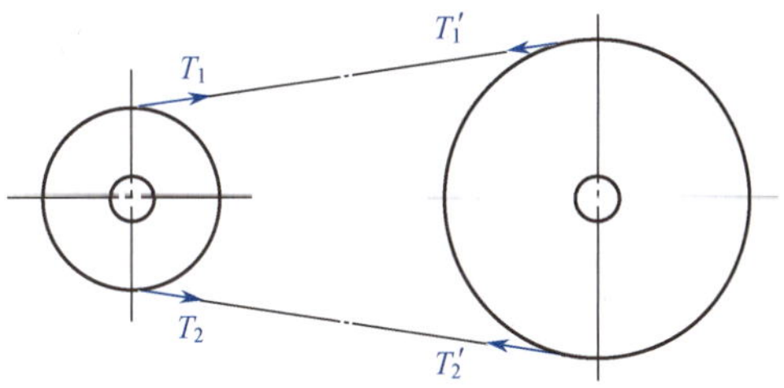

图 1-1-14　链条或胶带对轮子的约束反力

（二）理想光滑面约束

在约束与被约束体的接触面较小，且比较光滑的情况下，忽略摩擦因素的影响，就得到了理想光滑面约束，其约束特征为被约束物体沿着接触点公法线方向，趋向约束体的运动受到限制，故约束反力总是通过接触点，沿着接触点公法线而指向被约束物体。例如轨道对车轮的约束、槽对矩形构件的约束，其受力分别如图 1-1-15（a）、（b）所示。

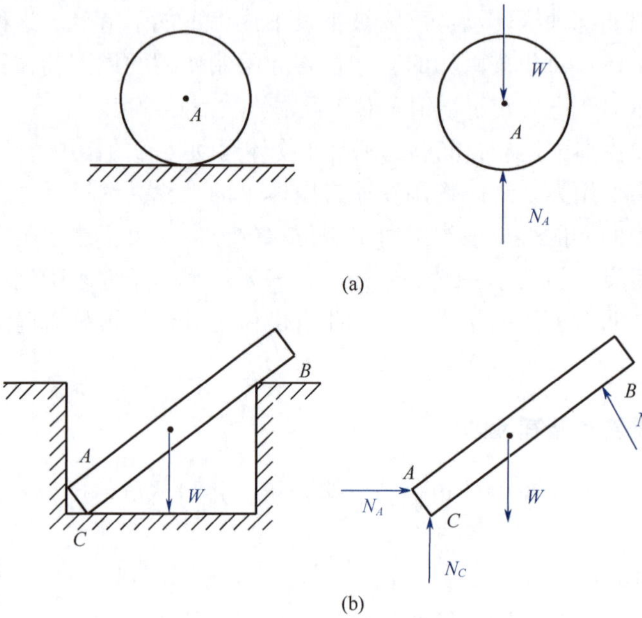

图 1-1-15　理想光滑面约束

图 1-1-16 为机械夹具中的被夹物体、压板及 V 形铁的受力情况，假定各接触点处均为光滑接触。

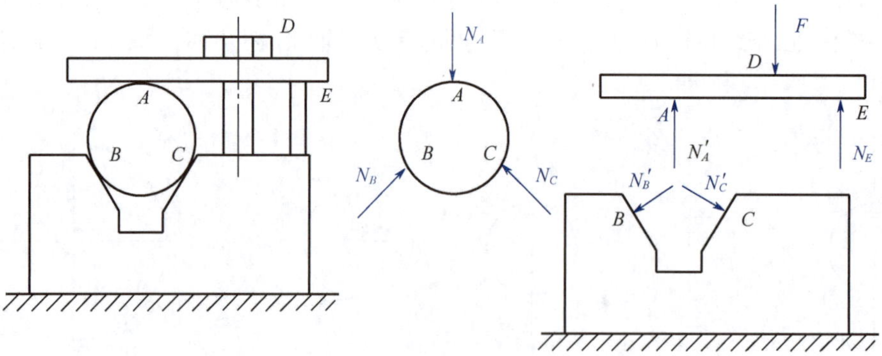

图 1-1-16　机械夹具

（三）光滑圆柱铰链约束

圆柱形铰链是将两个物体各钻圆孔，中间用圆柱形销钉连接起来所形成的结构。销钉与圆孔的接触面一般情况下可认为是光滑的，物体可以绕销钉的轴线任意转动，如图 1-1-17（a）所示。如门、窗用的合页，起重机悬臂与机座之间的连接等，都是铰链约束的实例。

铰链连接简图如图 1-1-17（b）所示，销钉阻止被约束两物体沿垂直于销钉轴线方向的相对横向移动，而不限制连接件绕轴线的相对转动。因此，根据光滑面约束特征可知，销钉产生的约束反力 R 应沿接触点公法线，且必过铰链中心（销钉轴线），如图 1-1-17（c）所示。但接触点位置与被约束构件所受外力有关，一般不能预先确定，因此，R 的方向未定，通常用过销钉中心且相互正交的两个分力 R_x、R_y 来表示。

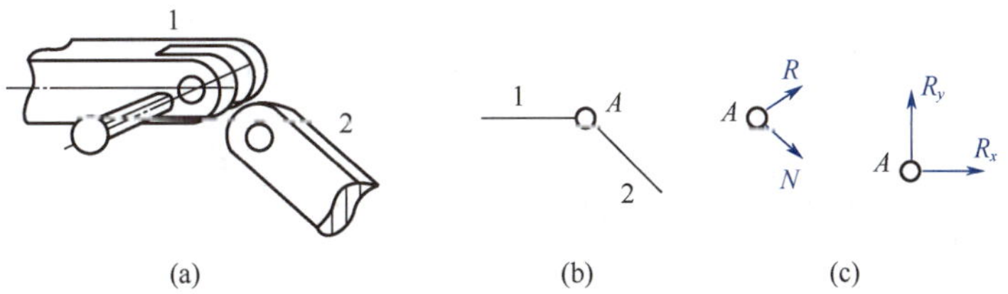

图 1-1-17　光滑圆柱铰链约束

（四）支座约束

1. 固定铰支座

铰链结构中有两个构件，若其中一个固定于基础或静止的支承面上，此时称铰链约束为固定铰支座。固定铰支座的结构简图及其约束反力如图 1-1-18（a）、（b）所示。此外，工程中的轴承也可视为固定铰支座约束。

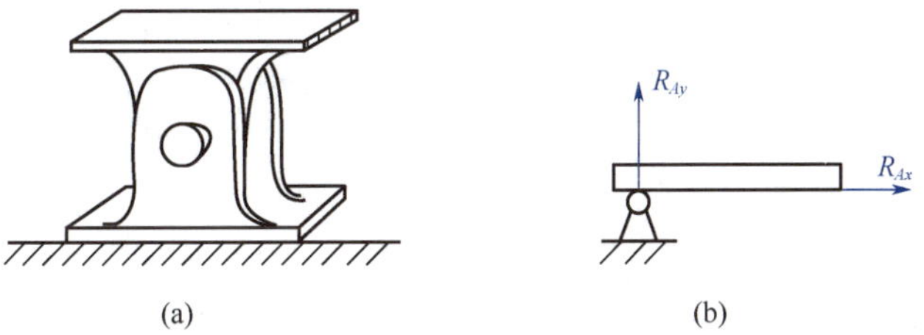

图 1-1-18　固定铰支座

2. 活动铰支座

活动铰支座又称为辊轴约束，如图 1-1-19（a）所示。这是一种特殊的平面铰链，通常与固定铰支座配对使用，分别装在梁的两端。与固定铰支座不同的是，它不限制被约束端沿水平方向的位移。这样当桥梁由于温度变化而产生伸缩变形时，梁端可以自由移动，不会在梁内引起温度应力。由于这种约束只限制了竖直方向的运动，所以，其约束反力沿滚轮与支承接触点的公法线方向，指向被约束构件，其结构与受力简图如图 1-1-19（b）、（c）所示。

（五）固定端约束

固定端约束结构如图 1-1-20（a）所示，该约束既限制构件沿任何方向的移动，又限制构件转动。如对于嵌在墙体内的悬臂梁来说，墙体即为固定端约束，其在 xy 平

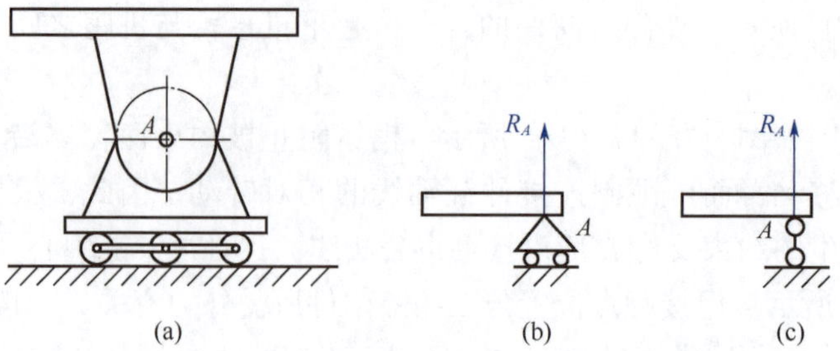

图 1-1-19　活动铰支座

面内的结构简图及约束反力分别如图 1-1-20（b）、（c）所示。

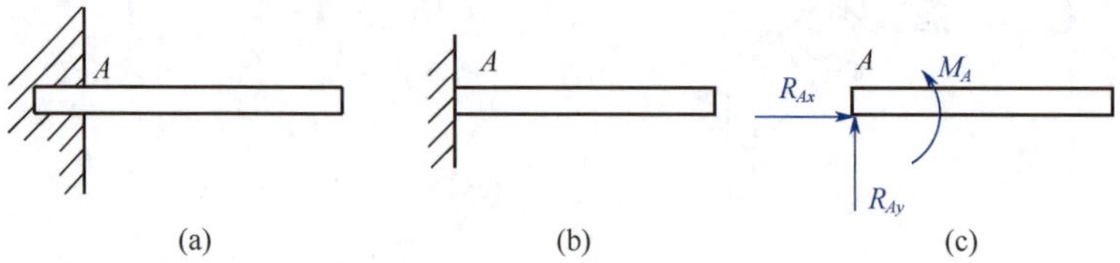

图 1-1-20　固定端约束

（六）空间球形铰链约束

空间球形铰链的结构如图 1-1-21（a）所示，通常是将构件的一端做成球形后置于另一构件或基础的球窝中，其作用是限制被约束体在空间的移动但不限制其转动。如电视机、收音机天线与机体的连接，车床床头灯与床身的连接等都是球形铰链约束。球形铰链约束的特征是限制了杆件端点沿三个方向的移动，但不限制其转动，所以约束反力是通过球心、但方向不能预先确定的一个空间力，可用三个相互正交的分力 R_{Ax}、R_{Ay}、R_{Az} 来表示，如图 1-1-21（b）所示。工程中的止推轴承可视为空间铰链约束。

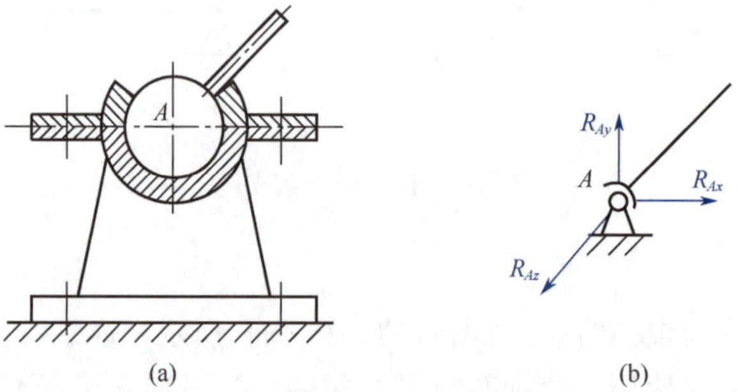

图 1-1-21　空间球形铰链约束

以上只介绍了几种常见约束，在工程中约束的类型远不止这些，有的约束比较复杂，分析时需加以抽象、简化。

任务实施

分析约束反力——画出图 1-1-12 中左半拱 *AB* 的受力图。

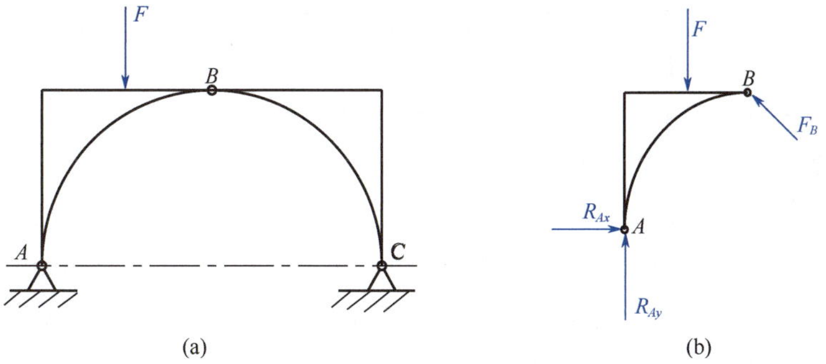

图 1-1-22　三铰拱桥的受力分析

解：确定左半拱 AB 为研究对象［图 1-1-22（a）］，取分离体［图 1-1-22（b）］，在分离体上画出主动力 F 和约束力。

左半拱 B 端受右半拱 BC 的作用，由于 BC 受两力作用处于平衡，所以 BC 对左半拱 B 点的作用力 F_B 沿 B、C 两点的连线。左半拱 A 端受固定铰支座约束，可用正交分力 R_{Ax}、R_{Ay} 表示［图 1-1-22（b）］。若铰链约束的是三力构件时，一般不用三力平衡汇交表示铰链约束力。

素质拓展

钱伟长："万能科学家"，心系家国路

他是一名科学家，被誉为我国"力学之父"，与钱学森、钱三强并称科学界著名的"三钱"；他是一名社会活动家，曾任全国政治协商会议全国委员会副主席，身体力行推动国家社会发展；他是一名教育家，一手创办了上海大学，是我国目前在位的最年长的大学校长，并时刻关注民办高校、基础教育的发展。

他就是钱伟长（1912—2010 年），一位出自书香门第、留学海外、受中西文化熏陶的大家，一生成功扮演了科学家、社会活动家、教育家等多重角色。

1941 年，发表了深受国际学术界重视的第一篇有关板壳的内禀理论论文，当年获得多伦多大学应用数学博士学位。

1942 年，赴美国加州理工学院喷射推进研究所任研究所工程师，在"世界导弹之父"冯·卡门指导下从事火箭的空气动力学计算设计、火箭弹道和地球人造卫星的轨道计算方面的研究。

1946 年，与导师冯·卡门合作发表《变扭率的扭转》，成为国际弹性力学理论的经典之作。

1947 年，在正则摄动理论方面创建的以中心挠度 wm 为摄动参数做渐近展开的摄动解法，在国际力学界被称为"钱伟长方法"。

1948 年，在奇异摄动理论方面独创性地写出了有关固定圆板的大挠度问题的渐近解，被称为"钱伟长方程"。

1951 年，招收新中国成立后的第一批力学研究生。

1954 年，当选中国科学院学部委员。

1956 年，出版我国第一本《弹性力学》专著，创办了“力学研究班”，该班学员大多成为我国从事力学研究和教学的领军人物。

有人说，钱伟长太全面了，他在科学、政治、教育每个领域取得的成就都是常人无法企及的。钱伟长见到记者时仍然在强调他不变的那句话，“我没有专业，国家需要就是我的专业。”他用六十多年的报国路诠释了自己一直坚持的专业：爱国。

（资料来源：360 百科．钱伟长［EB/OL］．［2025-04-30］. https：//baike. so. com/doc/5685046-32328792. html，有改动。）

思考与练习

1. 什么叫约束？什么叫约束反力？
2. 确定约束力方向的原则是什么？活动铰链支座约束有什么特点？
3. 常见约束类型有哪些？并举例说明各自的反力有何特点。
4. 重力为 G 的小球，按题图 1-1-3 所示放置，试画出小球的反力。

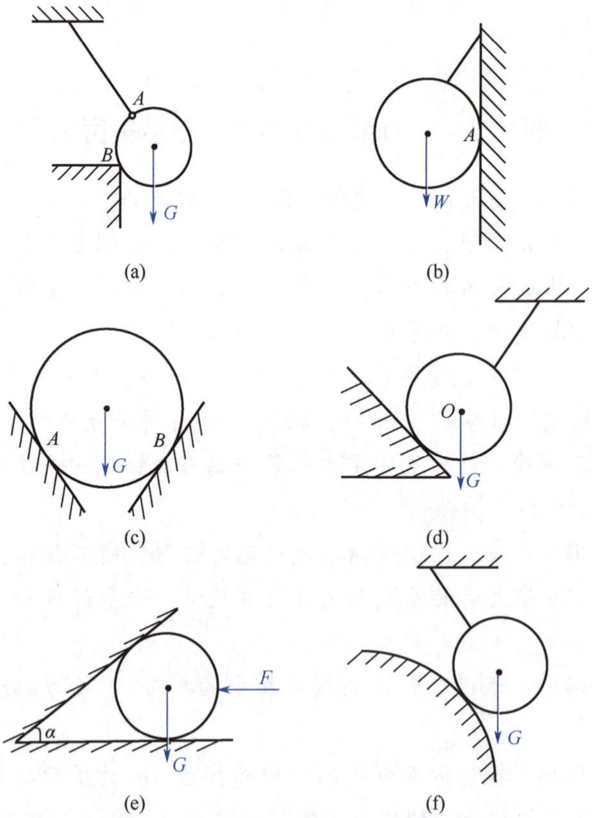

题图 1-1-3

5. 试分析题图 1-1-4 所示 AB 杆的受力情况。

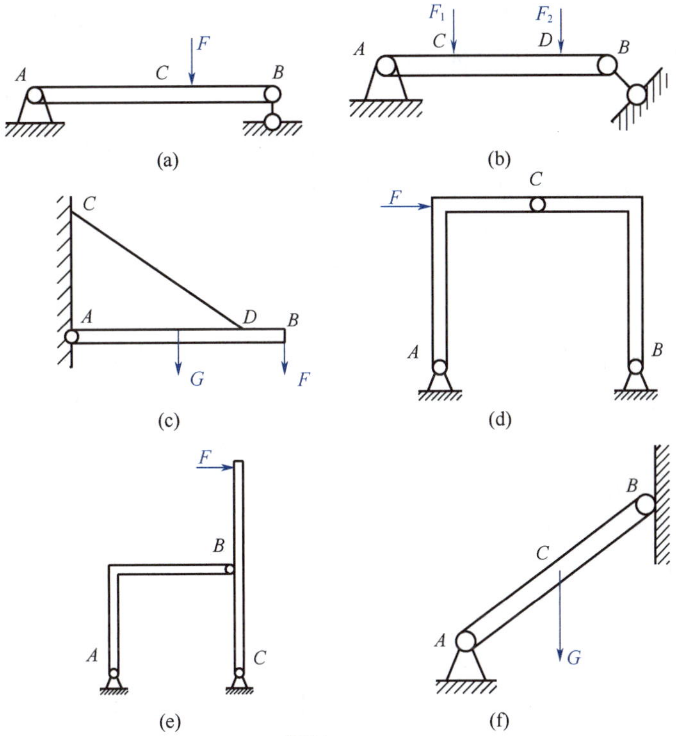

题图 1-1-4

任务三　刚体的受力分析

任务描述

如图 1-1-23 所示，梯子的两部分 *AB* 和 *AC* 在点 *A* 铰接，在 *D*、*E* 两点用水平绳连接。梯子放在光滑的水平面上，其自重不计。在 *AB* 上的 *H* 点处作用一垂直载荷 *F*，试分别画出绳子 *DE*、梯子 *AB*、*AC* 两部分及整个系统的受力图。

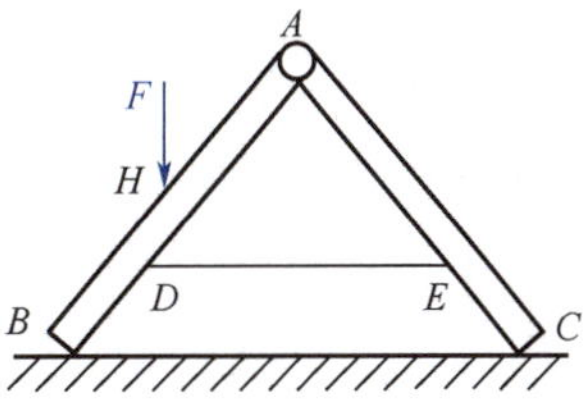

图 1-1-23　梯子的受力分析

任务分析

掌握物体受力分析的步骤，能够分析物系内每个物体的受力情况。

知识准备

在工程中，可用平衡条件求出未知的约束反力。为此，需要确定构件受几个力作用，每个力的作用位置和方向，这个过程称为物体的受力分析。

为了分析某个构件的受力，必须将所研究物体从周围物体中分离出来，而将周围物体对它的作用用相应的约束力来代替，这一过程称为取分离体，取分离体是显示周围物体对研究对象作用力的一种重要方法。

刚体的受力分析

作用在物体上的力可分为两类：一类是主动力，即主动地作用于物体上的力，例如作用于物体上的重力、风力、气体压力、工作载荷等，这类力一般是已知的或可以测得的；另一类是被动力，在主动力作用下物体有运动趋势，而约束限制了这种运动，这种限制作用是以约束反力形式表现出来的，称之为被动力。

受力分析的主要任务是画受力图。一般来说，约束反力的大小是未知的，需要利用平衡条件来求出，但其方向是已知的，或可通过某种方式分析出来。用受力图清楚、准确地表达物体的受力情况，是静力学不可缺少的基本功训练之一。

作受力图的一般步骤如下：

（1）取分离体，确定研究对象并画出简图。

（2）画主动力。

（3）逐个分析约束，并画出约束反力。

下面举例说明受力图的做法及其注意事项。

【例 1-1】 用力 F 拉动碾子以压平路面，已知碾子重 W，运动过程中受到一石块的阻碍，如图 1-1-24（a）所示，试分析此时碾子的受力情况。

解：（1）取分离体。以碾子为研究对象，并单独画出其简图［图 1-1-24（b）］。

（2）画主动力。作用在碾子上的主动力有地球的吸引力 W，杆对碾子中心的拉力 F。

（3）画约束反力。因为碾子在 A、B 两处分别受到地面和石块的约束，如不计摩擦，则可视为理想光滑面约束，故在 A 处受地面的法向反力 N_A 作用，在 B 处受到石块的法向反力 N_B 作用，它们都沿着碾子接触点处公法线而指向碾子中心。碾子受力如图 1-1-24（b）所示。

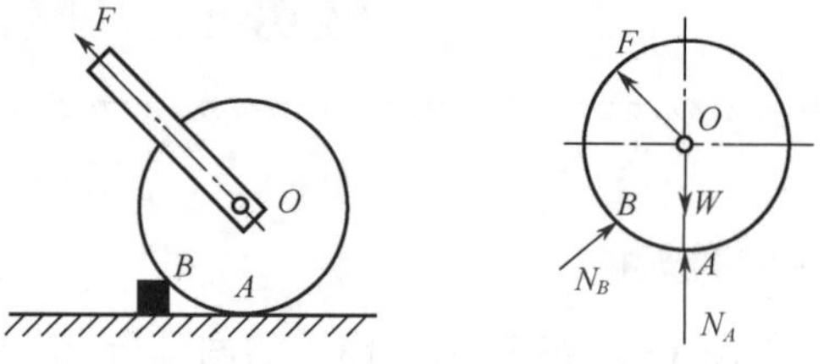

(a)　　(b)

图 1-1-24　碾子的受力分析

【例 1-2】 如图 1-1-25（a）所示，梁 A 端为固定铰支座约束，B 端为活动铰支座约束，在 D 处作用有一水平力 F，梁的自重为 W，试做出 AB 梁的受力图。

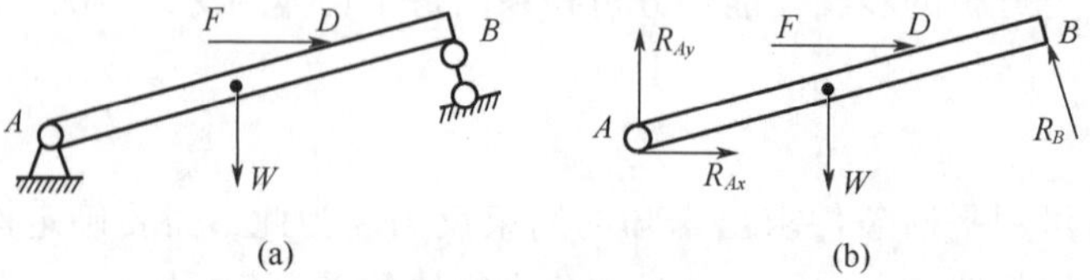

(a)　　(b)

图 1-1-25　简支梁的受力分析

解：（1）取分离体。以 AB 梁为研究对象，解除约束，画出分离体，如图 1-1-25（b）所示。

（2）画出全部主动力。作用在梁上的主动力有梁的重力 W 及已知力 F。

（3）画出全部约束反力。固定铰链 A 处的约束反力为 R_{Ax}、R_{Ay}，活动铰支座 B 处的约束反力 R_B 垂直于支承面，AB 梁受力如图 1-1-25（b）所示。

几个物体通过一定联系组成的系统称为物体系统，简称为物系。下面就利用所学知识完成开篇提到的任务。

任务实施

物体的受力分析——分析图 1-1-23 中梯子的受力［图 1-1-26（a）］。

解：（1）分析绳子 DE 的受力。绳子的两端分别受到梯子对它的拉力 T_D、T_E 作用而处于平衡状态，其受力如图 1-1-26（b）所示。

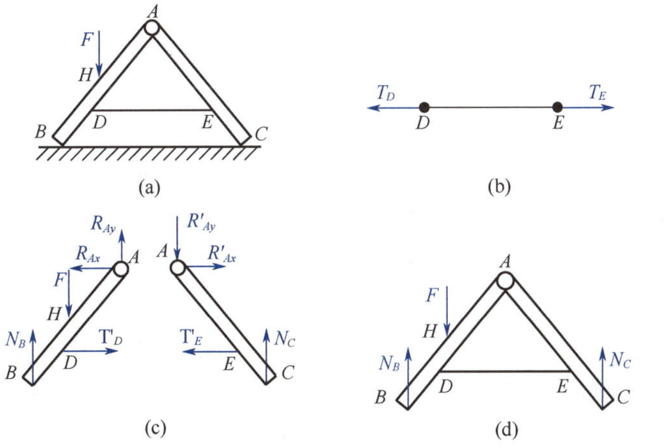

图 1-1-26　梯子的受力分析

（2）分析梯子 AB 部分的受力。它在 H 处受到载荷 F 的作用，在铰链 A 处受到 AC 部分对它的约束反力 R_{Ax}、R_{Ay} 的作用，在 D 处受到绳子对它的拉力 T'_D（与 T_D 互为反作用力），在 B 点受到光滑地面法向约束反力 N_B 的作用，其受力图如图 1-1-26（c）所示。

（3）分析梯子 AC 部分的受力情况。在铰链 A 处受到 AB 部分对它的作用力 R'_{Ax}、R'_{Ay}（分别是 R_{Ax}、R_{Ay} 的反作用力）的作用，在点 E 受到绳了对它的拉力 T'_E（与 T_E 互为反作用力）的作用，在 C 处受到光滑地面对它的约束反力 N_C 的作用。AC 部分受力如图 1-1-26（c）所示。

（4）分析整个系统的受力。选整个系统作为研究对象，由于铰链 A 处所受的力互为作用与反作用关系，绳子与梯子的联结点 D、E 所受的力也分别互为作用与反作用关系，这些力为物体系统的内力，不必画出。作用在系统上的外力有 F、N_B、N_C。整个系统受力如图 1-1-26（d）所示。

画受力图时应注意的问题归纳如下：

（1）明确研究对象。正确地选取研究对象，解除与之有联系的所有约束，画出分离体。分离体的形状、方位必须与原物体保持一致。

（2）在分离体上画出作用在研究对象上的所有主动力，与研究对象无关的主动力不能画出。

（3）根据约束类型，画出相应的约束反力，不能多画，也不能漏画。

（4）分析物系受力时，应先找出系统中的二力杆，这样有助于一些未知力方位的判断。

（5）画物系中各个物体的受力时，必须注意到作用与反作用关系，作用力的方向一经确定，反作用力的方向必须与之相反，同时必须注意作用力与反作用力符号的协调一致。

（6）以物系为研究对象时，物系内各物体之间的相互作用力不必画出，也不能画出。

素质拓展

工程师之戒

位于加拿大圣劳伦斯河之上的魁北克大桥（Quebec Bridge）本该是著名设计师西奥多·库珀（Theodore Cooper）的一个真正有价值的不朽杰作。作为当时世界上最长跨度的钢悬臂桥，库珀忘乎所以地把大桥的主跨由490米延伸至550米，以此节省建造桥墩基础的成本。

然而就在这座桥即将竣工之际，悲剧发生了。1907年8月29日，大桥杆件发生失稳，突然倒塌，19000吨钢材和86名建桥工人落入水中，只有11人生还。由于库珀的过分自信而忽略了对桥梁重量的精确计算，导致了一场事故。

1913年，这座大桥的建设重新开始，然而不幸的是悲剧再次发生。1916年9月，中间跨度最长的一段桥身在被举起过程中突然掉落塌陷。结果13名工人被夺去了生命。事故的原因是举起过程中一个支撑点的材料指标不到位造成的。

1917年，在经历了两次惨痛的悲剧后，魁北克大桥终于竣工通车，这座桥至今仍然是世界上最长的悬臂跨度大桥。

1922年，在魁北克大桥竣工不久，加拿大的七大工程学院一起出钱将建桥过程中倒塌的残骸全部买下，并决定把这些亲临过事故的钢材打造成一枚枚戒指，发给每年从工程系毕业的学生。然而由于当时技术的限制，桥梁残骸的钢材无法被打造成戒指。于是这些学院只好用其他钢材代替。不过为了体现是代表桥梁坍塌的残骸，戒指设计成被扭曲的钢条形状，用来纪念这起事故和在事故中被夺去的生命。于是，这一枚枚戒指就成了后来在工程界闻名的“工程师之戒”。

（资料来源：360百科．工程师之戒［EB/OL］．［2025-04-30］．https：//baike. so. com/doc/2697599-2848274. html，有改动。）

思考与练习

1. 画出题图 1-1-5 中各个物体的受力图。

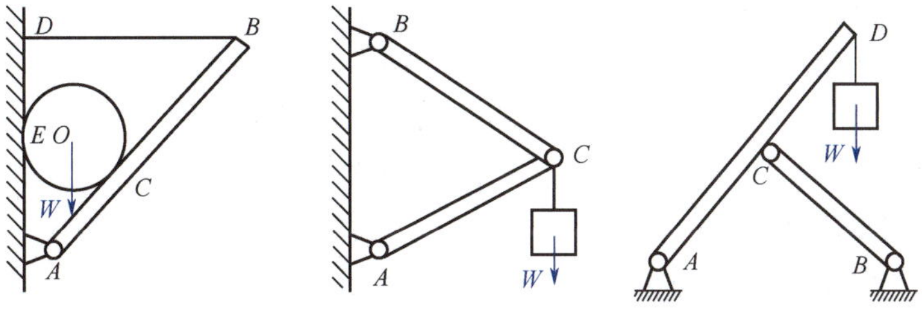

(a)　　(b)　　(c)

题图 1-1-5

2. 画出题图 1-1-6 所示组合梁中各段梁及整体的受力图。

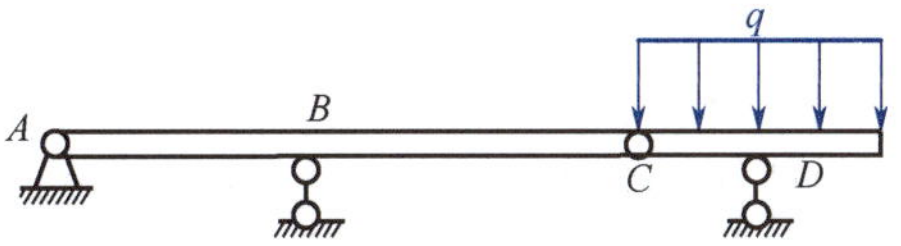

题图 1-1-6

3. 画出题图 1-1-7 中 *AC* 杆（带销钉）和 *BC* 杆的受力图。

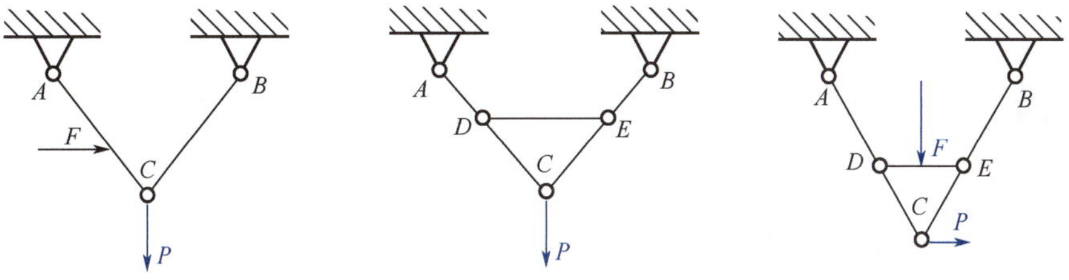

(a)　　(b)　　(c)

题图 1-1-7

项目总结

1. 静力学的基本概念

（1）平衡。物体相对于地面保持静止或做匀速直线运动的状态。

（2）刚体。在外力作用下大小和形状都不改变的物体，是一种理想化的力学模型。

（3）力。物体之间的相互机械作用。

（4）约束。对研究对象起限制作用的周围物体。约束作用在研究对象上的力称为约束反力。约束反力的方向总是与约束所能阻碍的运动（或运动趋势）方向相反。

2. 静力学公理

（1）二力平衡原理说明了刚体在两个力作用下的平衡条件，是一切力系平衡的基础。

（2）加减平衡力系原理是力系等效替换的基础。

（3）力的平行四边形法则是共点力合成的基本方法，是力系简化的基础。

（4）作用与反作用原理说明了物体间的相互作用关系。

（5）刚化原理提供了把变形体视为刚体模型的条件。

3. 常见约束的约束模型

（1）理想光滑面约束。沿接触面法线方向物体运动受到限制，沿接触面平行方向物体运动不受限制。

（2）柔性约束。只能承受拉力，沿柔体中线伸长方向物体运动受到限制。

（3）铰链约束。

①光滑圆柱铰链和固定铰支座。限制构件在铰处的相对移动，不限制构件绕铰的转动。

②活动铰支座。沿支撑面法线方向构件运动受到限制，沿支撑面平行方向构件运动不受限制。

（4）固定端约束。物体沿任何方面的移动和转动均受到限制。

（5）空间球形铰链约束。被约束体在空间的移动受到限制，但其转动不受限制。

4. 物体受力分析与受力图

在分离体上画出其全部受力的图形称为受力图。画受力图时要明确研究对象，解除约束，单独取分离体，画上所有有关的主动力和约束反力。画受力图的整个过程称为物体的受力分析。

项目测试

一、填空题

1. 力对物体的作用效果取决于以下三个要素：力的大小、__________和力的作用点。

2. 静力学中所指的物体都是__________。

3. 力作用在物体上，其作用结果是使物体运动状态或__________发生改变。

4. 变形体在某一力系作用下处于平衡状态，如果将此变形体刚化为__________，其平衡状态保持不变。

5. 作用在刚体上的两个力，使刚体保持平衡的充分必要条件是：两力大小相等，__________，作用在同一直线上。

6. 约束反力的方向必与该约束所限制位移的方向__________。

7. 在约束与被约束体的接触面较小，且比较光滑的情况下，忽略摩擦因素的影响，就得到了__________约束。

8. 桥梁通常一端用固定铰支座，另一端则用__________。

9. 在分离体上画出其全部受力的图形称为__________ 。

10. __________是研究物体在力系作用下平衡规律的一门科学。

11. 理想光滑面约束的约束反力方向总是沿着__________而指向被约束物体。

12. 在力的作用下形状和大小都保持不变的物体称为__________。

13. 柔性约束产生的约束反力总是沿着柔性体中心线而__________被约束的物体。

14. 对非自由体的某些位移起限制作用的周围物体称为__________。

15. 不计自重，且只在两点处各受一个集中力作用而处于平衡状态的刚体称为__________。

二、判断题

1. 静力学中所指的物体都是变形固体。(　　)

2. 力作用在物体上，其作用结果是使物体运动状态或形状发生改变。(　　)

3. 当力的作用点发生改变时，力对物体的作用效果不变。(　　)

4. 当力的三要素中有任何一个改变时，力对物体的作用效果也将改变。(　　)

5. 作用在变形体上的两个力，使变形体保持平衡的充要条件是二力等值、方向、共线。(　　)

6. 作用在刚体某点上的力，其作用点可以沿其作用线移动到刚体内任意一点，不改变原力对刚体的作用效果。(　　)

7. 大小相等，方向相反，且作用线共线的两个力一定是一对平衡力。(　　)

8. 约束反力的方向必与该约束所限制位移的方向相同。(　　)

9. 理想光滑面约束的约束反力方向总是沿着接触点处公法线而背离被约束物体。(　　)

10. 柔性约束产生的约束反力总是沿着柔性体中心线而背离被约束物体。(　　)

11. 活动铰支座约束的约束反力沿滚轮与支承接触处的公法线方向，指向被约束构件。(　　)

12. 约束作用在非自由体上的力称为约束反力。(　　)

13. 固定端约束只限制构件转动。(　　)

14. 约束反力属于被动力。(　　)

15. 在分离体上画出其全部受力的图形称为受力图。(　　)

三、简答题

1. 简述三力平衡汇交定理。

2. 简述作用与反作用原理。

3. 简述铰链约束的类型。

4. 简述理想光滑面约束的约束特征。

5. 简述作受力图的一般步骤。

四、作图题

1. 如题图 1-1-8 所示结构，试分析构件的受力情况。

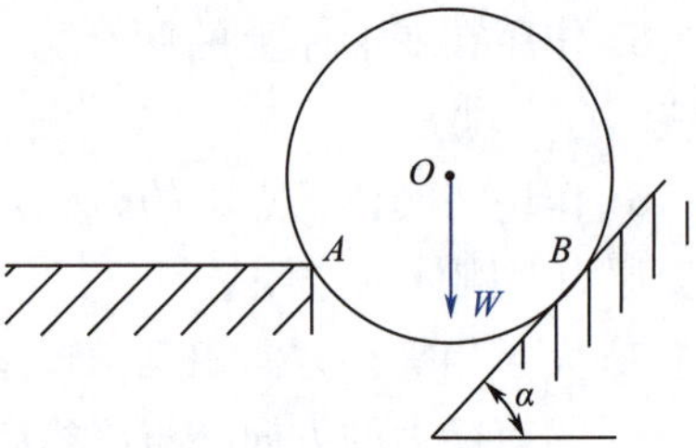

题图 1-1-8

2. 画出如题图 1-1-9 所示构件的受力图。

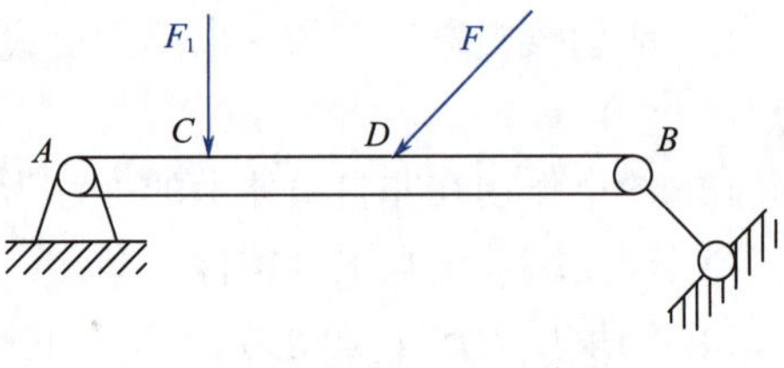

题图 1-1-9

3. 试分析如题图 1-1-10 所示 *AB* 杆的受力情况。

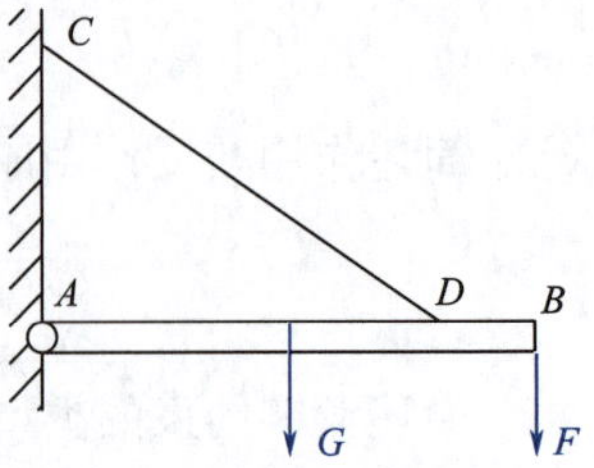

题图 1-1-10

项目二　力系分析

项目引入

在工程中为了研究方便，可将力系按其作用线的分布情况进行分类。各力的作用线处在同一平面内的一群力称为平面力系，力系中各力的作用线不处在同一平面的一群力称为空间力系。本项目主要研究力系的简化合成问题，以及处于平衡时力系应满足的条件。例如图 1-2-1 所示的塔式起重机、图 1-2-2 所示的多头钻床钻孔、图 1-2-3 所示的汽车转动方向盘和电机转子等平衡问题都需要采用力系的合成与平衡知识来解决。

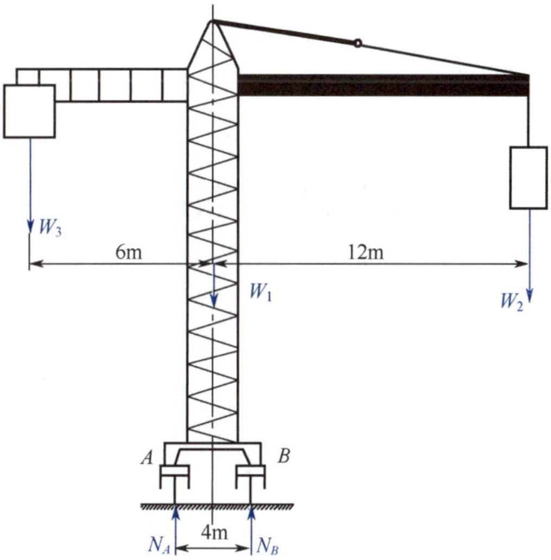

图 1-2-1　塔式起重机

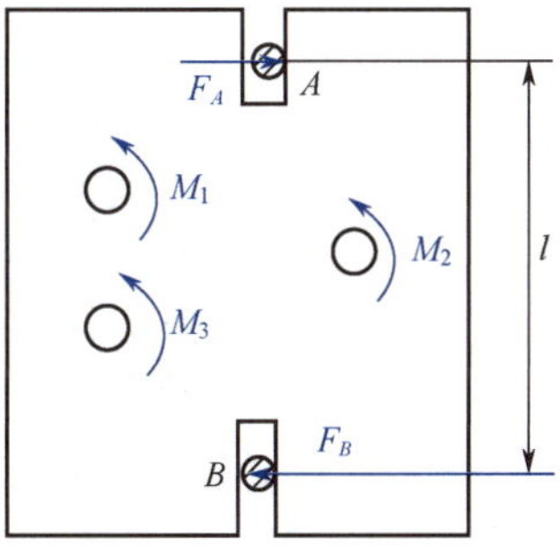

图 1-2-2　多头钻床钻孔

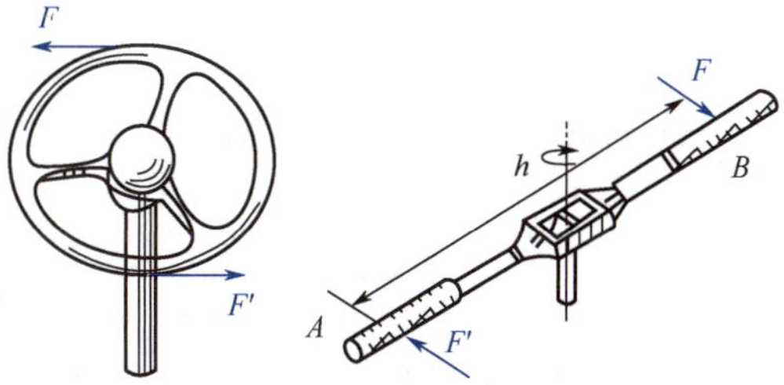

图 1-2-3　汽车转动方向盘和电机转子

目标要求

知识目标

（1）掌握力的投影、力矩、力偶矩的计算。
（2）熟悉合力投影定理、合力矩定理。
（3）了解力偶及其性质。
（4）掌握力系平衡方程及其应用方法。
（5）掌握简单刚体（系）的平衡。

能力目标

（1）能够熟练地进行力的投影、合成、力矩、力偶矩的计算。
（2）能够运用力系的平衡方程解决工程实际问题。

素质目标

（1）学会把握主次，集中资源解决主要矛盾。
（2）能够正确看待生活中遇到的困难与挫折，迎难而上。
（3）培养脚踏实地、求真务实的工作作风。

任务一　平面汇交力系的合成与平衡

任务描述

如图 1-2-4 所示悬臂式起重机，已知：$OB=AB$，$\theta=45°$，重物 D 重力 $G=5\text{kN}$，梁重 OA 忽略不计，试求钢丝绳 BC 的拉力及铰链 O 的约束反力。

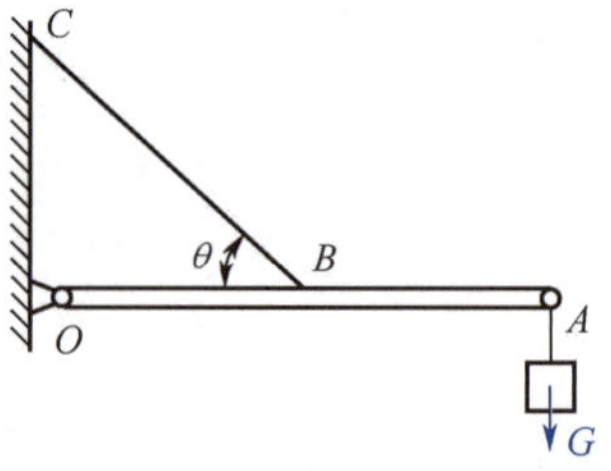

图 1-2-4　悬臂式起重机结构简图

任务分析

要求解平衡时杆件受力情况，需知道平面汇交力系的合成与平衡的分析方法。

知识准备

平面汇交力系平衡问题的求解

一、平面汇交力系合成与平衡的几何法

1. 合成的几何法

在平面力系中，各力作用于同一点的力系称为平面共点力系，共点力系是汇交力系的特殊情形。设某刚体受平面汇交力系作用，如图 1-2-5（a）所示。根据力的可传性定理，可将各力沿其作用线移至汇交点 A，形成一等效的共点力系，如图 1-2-5（b）所示。

为合成此力系，可根据力的平行四边形法则，逐步两两合成各力，最后得到一个通过汇交点 A 的合力 R。用此方法可求平面汇交力系的合力，但求解过程比较烦琐。

用力多边形法则可比较简单地求出平面汇交力系的合力。任取一点 a 为起点，先作力三角形求出 F_1 与 F_2 的合力 R_1，再作力三角形合成 R_1 与 F_3 得 R_2，最后合成 R_2 与 F_4 得合力 R，如图 1-2-5（c）所示。多边形 $abcde$ 称为此平面汇交力系的力多边形，矢量 $\boldsymbol{ae}$ 称为力多边形的封闭边。封闭边矢量 $\boldsymbol{ae}$ 即表示此汇交力系的合力 R，合力的作用线仍通过原汇交点 A。以上求汇交力系合力的方法，称为力多边形法则。

若任意改变各分力矢的作图顺序，可得到形状不同的力多边形，但其合力矢的大小、指向均不变，如图 1-2-5（d）所示。

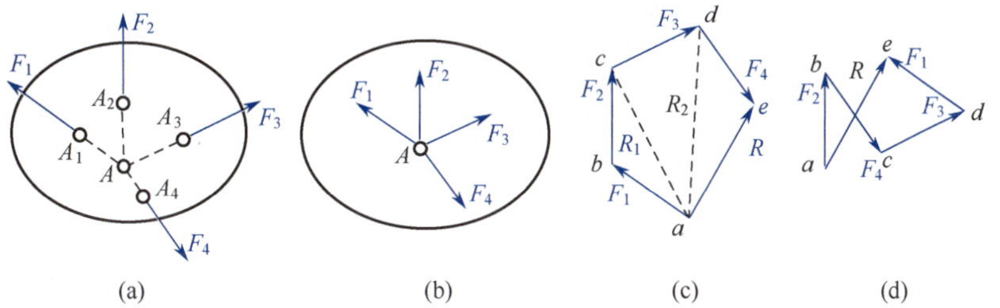

图 1-2-5　平面汇交力系合成的几何法

结论：平面汇交力系可合成为一合力，合力的大小、方向由各分力矢的矢量和所决定，合力的作用线通过汇交点，即

$$R = F_1 + F_2 + \cdots + F_n = \sum_{i=1}^{n} F_i \qquad (1-2-1)$$

2. 平衡的几何条件

平面汇交力系的作用效果可以用其合力来代替，所以平面汇交力系平衡的充分必要条件是：该力系的合力为零，即

$$R = \sum_{i=1}^{n} F_i = 0 \qquad (1-2-2)$$

从几何角度看，汇交力系平衡时力多边形中最后一力的终点应与第一力的起点重合，此时力多边形自行封闭。所以，平面汇交力系平衡的充分必要条件是：该力系的力多边形自行封闭。这就是平面汇交力系平衡的几何条件。

用几何法求解平面汇交力系平衡问题举例如下。

【例 2-1】 支架的横梁 AB 与斜杆 CD 彼此以铰链连接，并以铰链连接在铅直墙壁上，如图 1-2-6（a）所示。已知 $AD=DB$，杆 DC 与水平线成 45°角，载荷 $F=10\text{kN}$，作用于 B 处，设梁和杆的自重忽略不计，求铰链 A 处的约束反力和杆 DC 所受的力。

解： 选取横梁 AB 为研究对象。横梁在 B 处受载荷 F 作用。结构中 DC 为二力杆，它对横梁 D 处的约束反力为 R_D，其作用线平行于 DC。铰链 A 处的约束反力为 R_A，其作用线可根据三力平衡汇交定理确定，即通过另两个力的交点 E，如图 1-2-6（b）所示。

杆 AB 处于平衡状态，根据平面汇交力系平衡的几何条件，作用在 AB 上的三个力应构

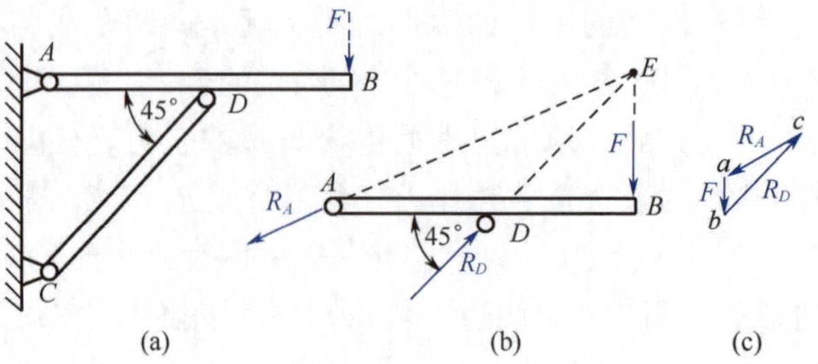

图 1-2-6　支架的受力分析

成一个自行封闭的力三角形。先按照一定比例画出力矢 ab 代表 F，再由点 b 作直线平行于 R_D 的作用线，由点 a 作直线平行于 R_A 的作用线，这两直线相交于点 c，如图 1-2-6（c）所示。由力三角形 abc 即可确定出 R_D 和 R_A。

在力三角形中，线段 ac 和 bc 的长度分别表示力 R_A 和 R_D 的大小，量出它们的长度，按比例换算可得：$R_A=22.4\text{kN}$，$R_D=28.3\text{kN}$。或者通过三角函数关系求得 R_A、R_D 的大小。

根据作用与反作用关系，作用于杆 DC 上的力 R'_D 与 R_D 互为反作用力。由此可知，杆 DC 受压力作用，压力大小为 $R'_D=28.3\text{kN}$。

【例 2-2】 如图 1-2-7（a）所示，平面刚架在 C 点受水平力 F 作用，已知力 $F=50\text{N}$，不计刚架的自重且刚架各边长度相等，试求 A、B 支点的约束力。

解：（1）选择研究对象。以平面刚架为研究对象。

（2）受力分析和画受力图。B 为活动铰支座，故 B 点的约束力垂直向上，另刚架受到水平力 F 和 A 支点的约束力，根据三力平衡汇交定理，则固定铰支座 A 处的支座约束力和水平力 F 及 B 点的垂直向上约束力必汇交于点 D 处，画出它的受力图，如图 1-2-7（b）所示。

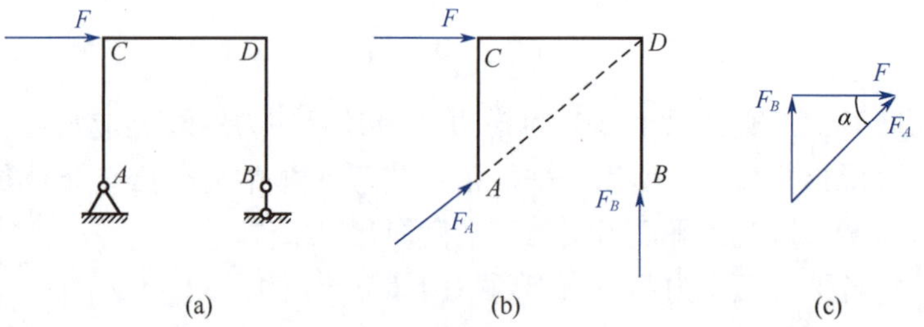

图 1-2-7　平面刚架约束力分析

（3）由平衡几何条件求出未知力。当平面刚架平衡时，三力组成一封闭力三角形，如图 1-2-7（c）所示。由平衡几何关系求得

$$F_A=\frac{F}{\cos\alpha}=70.71\text{N}$$

$$F_B=F\tan\alpha=50.00\text{N}$$

【提示】

通过上述例题，可以总结出利用几何法求解平面汇交力系平衡问题的一般步骤。

(1) 确定研究对象。根据问题中已知和未知各力的作用位置，选取相关物体为研究对象，并把它从周围物体中分离出来。

(2) 画受力图。在所确定的研究对象上，画出其所受各力，包括所有主动力和约束反力。

(3) 作力多边形。从已知力出发，按照力矢量首尾相连的原则，构成一条折线，然后按照力系平衡时力多边形自行闭合的条件，确定未知力的大小和方向。

(4) 求解未知力。利用力多边形中显示的几何关系求解未知力。

画力的三角形时，如各力是按选定作图比例尺画出，则可在力的三角形中直接量出结果。在工程中，当结构的几何尺寸关系较复杂时，用作图法解题较为简便。

由上述各例可以看出，用几何法求解平面汇交力系的合成与平衡问题简单明了，对于三力平衡问题还可用三角函数关系求出其精确解。而对于多力平衡问题，用几何法难以求出其精确解，累积误差较大；对空间问题，更是难以做出力多边形。所以，在实际应用中多用解析法求解平面汇交力系的合成与平衡问题。

二、力在平面直角坐标系中的投影

1. 力在平面直角坐标系中的投影分解

在工程实际中经常会遇到要把一个力沿两个已知方向分解，求这两个分力大小的问题。

若已知力的大小为 F，它与 x、y 轴的夹角分别为 α、β，如图 1-2-8 所示，则 F 在 x、y 轴上的投影分别为

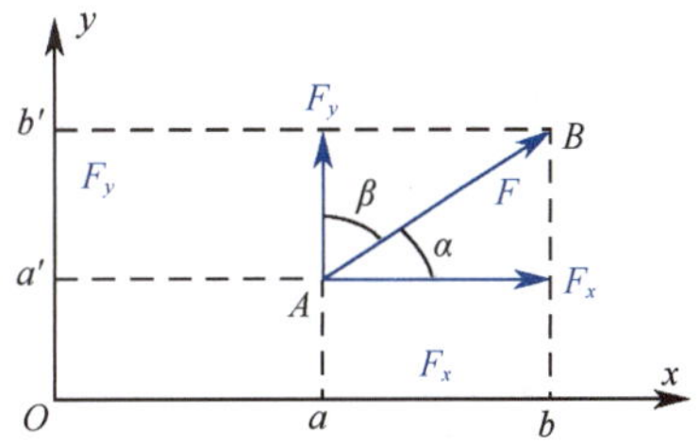

图 1-2-8　力在直角坐标系中的投影

$$\begin{cases} F_x = \pm F\cos\alpha \\ F_y = \pm F\sin\alpha \end{cases} \tag{1-2-3}$$

由上式可以看出，力在坐标轴上的投影是代数量。当力 F 与坐标轴平行（或重合）时，力在坐标轴上投影的绝对值等于力的大小，力的指向与坐标轴正向一致时，投影为正，反之为负；当力与坐标轴垂直时，力在坐标轴上的投影为零。力在坐标轴上的投影与力的大小和方向有关，而与力作用点或作用线的位置无关。

力在坐标轴上的投影有以下两种特殊情况。

(1) 当力与坐标轴垂直时，力在该坐标轴上的投影等于零。

(2) 当力与坐标轴平行时，力在该坐标轴上投影的绝对值等于力的大小。

若已知力 F 在直角坐标轴上的投影 F_x、F_y，可以求出力 F 的大小和方向为

$$\begin{cases} F = \sqrt{F_x^2 + F_y^2} \\ \tan\alpha = \dfrac{F_y}{F_x} \end{cases} \tag{1-2-4}$$

式中　α——力与 x 轴的夹角。

注意：必须指出，投影和分力是两个不同的概念。分力是矢量，投影是代数量；分力与作用点的位置有关，而投影与作用点的位置无关；它们与原力的关系分别遵循不同的规则，只有在直角坐标系中，分力的大小才与在同一坐标轴上投影的绝对值相等。

2. 合力投影定理

设刚体受 F_1、F_2 两个汇交力的作用，用力的平行四边形法则可求出其合力 R，如图 1-2-9（a）所示。在其作用面内任取直角坐标系 O_{xy}，并将力 F_1，F_2 及 R 分别向 x，y 轴投影［图 1-2-9（b）］，根据合矢量投影定理可得

$$\begin{cases} R_x = F_{1x} + F_{2x} \\ R_y = F_{1y} + F_{2y} \end{cases} \tag{1-2-5}$$

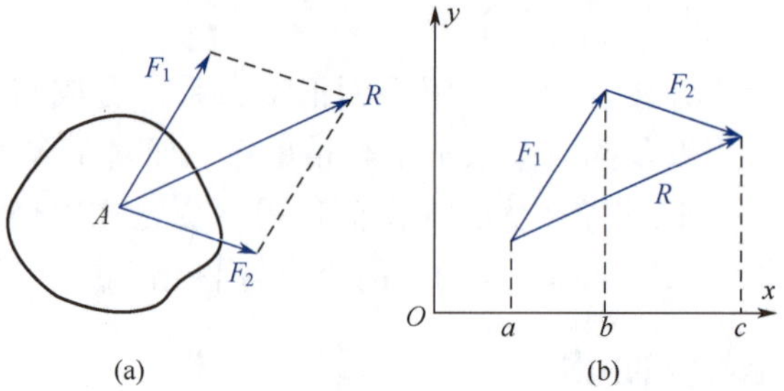

图 1-2-9　合力投影定理

若刚体受 F_1，F_2，…，F_n 构成的汇交力系的作用，则汇交力系的合成结果为

$$R = F_1 + F_2 + \cdots + F_n = \Sigma F_i \tag{1-2-6}$$

将上式分别向两个坐标轴上投影，可得

$$\begin{cases} R_x = F_{1x} + F_{2x} + \cdots + F_{nx} = \Sigma F_{ix} \\ R_y = F_{1y} + F_{2y} + \cdots + F_{ny} = \Sigma F_{iy} \end{cases} \tag{1-2-7}$$

上式说明，合力在任意轴上的投影等于诸分力在同一轴上投影的代数和，此即合力投影定理。

既然合力投影与分力投影之间的关系对于任意轴都成立，那么，在应用合力投影定理时，应注意坐标轴的选择，尽可能使运算简便。也就是说，选择投影轴时，应使尽可能多的力与投影轴垂直或平行。

三、平面汇交力系合成与平衡的解析法

1. 平面汇交力系合成的解析法

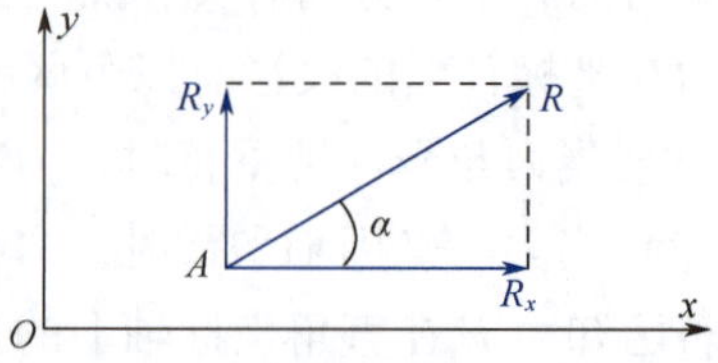

图 1-2-10　平面汇交力系合成的解析法

根据合力投影定理，分别求出合力在 x、y 轴的投影 R_x 和 R_y，由投影与分力的关系可确定出合力沿 x、y 轴方向的分力分别为 R_x、R_y，由图 1-2-10 可知，合力 R 的大小为

$$R = \sqrt{R_x^2 + R_y^2} = \sqrt{(\Sigma F_{ix})^2 + (\Sigma F_{iy})^2} \tag{1-2-8}$$

合力的方向可由合力矢与 x 轴的夹角 α 决定

$$\tan\alpha = \frac{R_y}{R_x} = \frac{\Sigma F_{iy}}{\Sigma F_{ix}} \tag{1-2-9}$$

2. 平面汇交力系平衡的解析法

平面汇交力系平衡的充分必要条件是：汇交力系的合力为零。由式（1-2-8）可得

$$\sqrt{(\Sigma F_{ix})^2 + (\Sigma F_{iy})^2} = 0$$

欲使上式成立，必须同时满足

$$\begin{cases} \Sigma F_{ix} = 0 \\ \Sigma F_{iy} = 0 \end{cases} \tag{1-2-10}$$

即刚体在平面汇交力系作用下处于平衡状态时，各力在两个坐标轴上投影的代数和分别为零。这就是平面汇交力系平衡的解析条件，式（1-2-10）称为平面汇交力系的平衡方程。

平面汇交力系有两个独立的平衡方程，能求解而且只能求解两个未知量，它们可以是力的大小，也可以是力的方向，但一般不以力的方向作为未知量，在力的方向不能预先判明时，可先任意假定，根据平衡方程进行计算，若求出的力为正值，则表示所假定的方向与实际方向一致；若求出的力为负值，则表示力的假定方向与实际方向相反。

应用平衡方程来解决工程上的平衡问题是静力学的主要内容之一。下面举例说明平面汇交力系平衡方程的应用。

【例 2-3】 水平托架支承重量为 W 的小型化工容器，如图 1-2-11（a）所示。已知托架 AD 长为 l，角度 $\alpha=45°$，又 D、B、C 各处均为光滑铰链连接，试求托架 D、B 处的约束反力。

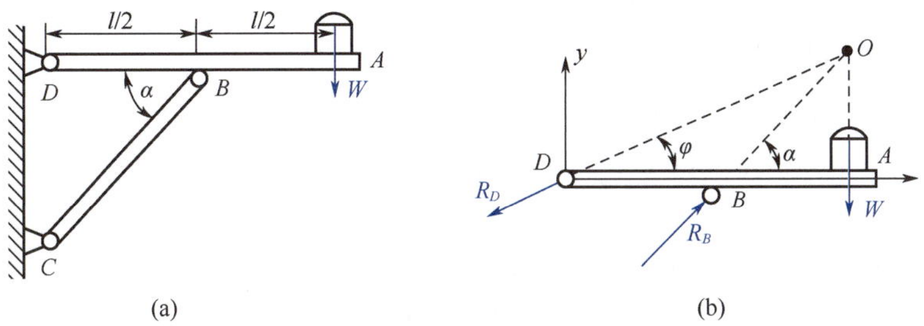

图 1-2-11　托架的受力分析

解：（1）取研究对象。为了求托架 D、B 两处的约束反力，将容器与托架一起取作研究对象，如图 1-2-11（b）所示。

（2）画出受力图。由于杆 BC 为二力杆，它对托架的约束反力 R_B 沿 C、B 两点的连线方向，与 W 的作用线交于 O 点，根据三力平衡汇交定理，D 处的约束反力 R_D 必通过 O 点。做出受力图如图 1-2-11（b）所示。由几何关系很容易得到

$$\sin\alpha = \cos\alpha = \frac{1}{\sqrt{2}},\ \sin\varphi = \frac{1}{\sqrt{5}},\ \cos\varphi = \frac{2}{\sqrt{5}}$$

（3）列平衡方程。三力作用线汇交于 O 点，建立直角坐标系 D_{xy}。根据平衡条件有

$$\begin{cases}\Sigma R_x = 0, & -R_D\cos\varphi + R_B\cos\alpha = 0\\ \Sigma R_y = 0, & -R_D\sin\varphi + R_B\sin\alpha - W = 0\end{cases}$$

（4）解方程组。求解以上方程组，并考虑到几何关系可得

$$\begin{cases}R_B = 2\sqrt{2}W\\ R_D = \sqrt{5}W\end{cases}$$

【例 2-4】 如图 1-2-12（a）所示，重为 $W=20\text{kN}$ 的物体，用钢丝绳挂在支架上，钢丝绳的另一端缠绕在铰车 D 上，杆 AB 与 BC 铰接，并用铰链 A、C 与墙连接。如两杆和滑轮的自重不计，并忽略摩擦与滑轮的大小，试求平衡时杆 AB 和 BC 所受的力。

解（1）取研究对象。由于忽略各杆的自重，AB、BC 两杆均为二力杆。假设杆 AB 承受拉力，杆 BC 承受压力，如图 1-2-12（b）所示。两杆所受的力可通过求两杆对滑轮的约束反力来求解。因此，选择滑轮 B 为研究对象。

（2）画受力图。滑轮受到钢丝绳的拉力 T_1 和 T_2（$T_1=T_2=W$）。此外杆 AB 和 BC 对滑轮的约束反力为 R_{BA} 和 R_{BC}。由于滑轮的大小可以忽略不计，作用于滑轮上的力构成平面汇交力系，如图 1-2-12（c）所示。

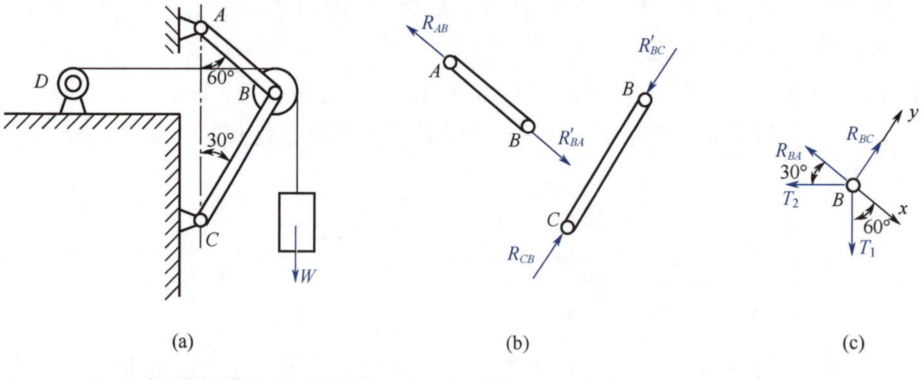

图 1-2-12　杆受力分析

（3）列平衡方程。选取坐标系，如图 1-2-12（c）所示。为避免解联立方程组，坐标轴应尽量取在与未知力作用线相垂直的方向，这样，一个平衡方程中只有一个未知量，即

$$\begin{cases}\Sigma F_x = 0, & -R_{BA} + T_1\cos60° - T_2\cos30° = 0\\ \Sigma F_y = 0, & -R_{BC} + T_1\sin60° - T_2\sin30° = 0\end{cases}$$

（4）解方程得

$$\begin{cases}R_{AB} = -7.321\text{kN}\\ R_{BC} = 27.32\text{kN}\end{cases}$$

所求结果中，为正值，表示力的实际方向与假设方向相同，即杆 BC 受压。为负值，表示该力的实际方向与假设方向相反，即杆 AB 也受压力作用。

任务实施

平面汇交力系平衡问题的求解——分析图 1-2-13（a）中杆 OA 的受力情况。

解：(1) 取研究对象，画受力图。由于要求解的未知力都作用在杆 OA 上，故将杆 OA 分离出来。O 处为固定铰链，反力为一对正交分力；B 处为柔性约束，受到钢丝绳的拉力；A 处受到重物的重力作用，杆 OA 的受力分析如图 1-2-13（b）所示。

(2) 建立直角坐标系，列平衡方程。选取固定铰链中心 O 作为坐标原点，建立直角坐标系，如图 1-2-13（b）所示。为使每个未知力只在一个轴上有投影，在另一轴上的投影为零，坐标轴应尽量取在与未知力作用线相垂直的方向。根据合力投影定理，可列平衡方程如下

$$\Sigma F_x = 0,\quad -R_O \cdot \cos\alpha - T_B\cos45^\circ = 0$$

$$\Sigma F_y = 0,\quad R_O \cdot \sin\alpha + T_B\sin45^\circ - G = 0$$

又因为
$$\cos\alpha = \frac{2\sqrt{5}}{5},\quad \sin\alpha = \frac{\sqrt{5}}{5}$$

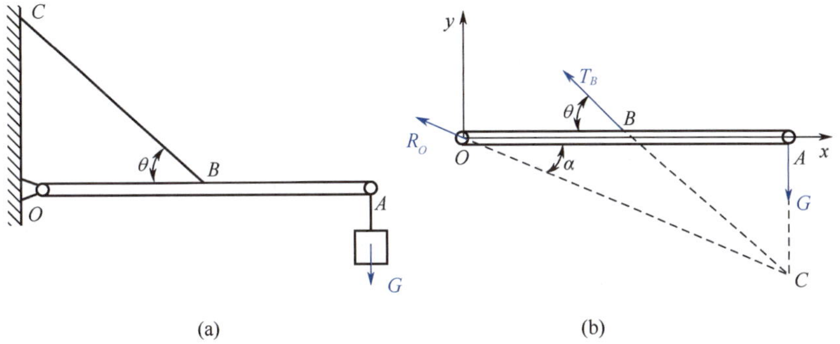

图 1-2-13 悬臂式起重机受力分析

(3) 解方程，得结果。联立以上各式，可解得

$$R_O = -11.18\text{kN},\quad T_B = 14.14\text{kN}$$

所求结果 T_B 为正值，表示该力的假设方向与实际方向相同；R_O 为负值，表示该力的假设方向与实际方向相反。

【提示】

通过以上例题，可以看出静力学分析方法在求解静力学平衡问题中的重要性，归纳出应用平面汇交力系平衡方程的主要步骤和注意事项如下。

(1) 选择研究对象，画受力图。选择研究对象时应注意：所选择的研究对象应作用有已知力（或已经求出的力）和未知力，这样才能应用平衡条件由已知力求得未知力；先以受力简单并能由已知力求得未知力的物体作为研究对象，然后再以受力较为复杂的物体作为研究对象。研究对象确定之后，进而需要分析受力情况，为此，需将研究对象从其周围物体中分离出来。根据所受的外载荷画出分离体所受的主动力，根据约束性质画出分离体上所受的约束力，最后得到研究对象的受力图。

(2) 建立直角坐标系，列平衡方程。坐标轴可以任意选择，但应尽量使坐标轴与未知力平行或垂直，可以使力的投影简化，同时使平衡方程中包括最少数目的未知量，

避免解联立方程。

（3）求解方程，得出结果。若求出的力为正值，则表示受力图上所设力的方向与实际方向相同；若求出的力为负值，则表示受力图上力的实际方向与所假设方向相反，在受力图上不必改正，在答案中要说明。

素质拓展

爱国奋斗！向西而歌，科技报国

——一代力学大师唐照千先生

唐照千是著名的固体力学家、振动工程和实验力学家，西安交通大学（以下简称“西安交大”）力学专业、力学学科的创始人和奠基人之一，国务院批准的国家首批博士生导师，《应用力学学报》创刊人。

唐照千爱国奋斗，乐育英才，毕生致力于科技报国和为国家培养高层次人才。1950 年，唐照千考入西安交通大学机械工程系，1953 年 7 月以优异成绩毕业留校任教，1956 年首批随校西迁。

1959 年，唐照千临危受命，承担起专业建设的重任。他积极向钱学森等专家请教，与同事多次讨论、反复琢磨，形成了我国工程力学专业的第一个培养方案。

在该培养方案的指导下，西安交大力学专业人才培养硕果累累，培养出了美国工程院、科学院、艺术与科学院三院院士高华健和美国工程院、科学院院士锁志刚、中国工程院院士陈政清等一批杰出校友。

现今，西安交大工程力学专业已被列为国家一流专业、教育部特色专业，并入选基础人才拔尖计划 2.0 和强基计划，这些成绩的取得都得益于唐照千主持制定的培养方案所奠定的坚实基础。

1959 年，西安交大数学与力学系在唐照千主持下研制成功国内第一台频谱分析仪，一直应用到 20 世纪 70 年代。1978 年，唐照千研制成我国第一台涡流式测振仪。

1980 年，唐照千赴美前夕，他曾坦诚表示：“祖国再穷总是我的母亲，我不会只为个人安逸、舒适而留居国外。我们有能力走自己的道路，完全可以赶上世界先进水平！”1982 年，唐照千结束访美前夕，他谢绝了上海多家单位的优厚待遇，再次选择只身留在西安交大。

1982 年 9 月，唐照千在全国机械阻抗和模态识别会议上介绍国外力学发展情况，他坦诚地说：“我带回各种时序分析的程序，谁要用都可以来拿；带回来就是为了推广使用，不用就失去了意义。”

唐照千教授在西安交大前后从教 30 余年，开创了国内振动测试技术、时序分析研究与力学应用新领域，引领了国内断裂动力学研究，为西安交大应用力学学科的发展壮大，为我国应用力学的基础研究及应用做出重大贡献。

（资料来源：360 百科．唐照千［EB/OL］．［2025-04-30］．https：//baike.so.com/doc/6557642-6771395.html，有改动。）

思考与练习

一、简答题

1. 题图 1-2-1 中所示两个力三角形中三个力的关系是否相同?

2. 三个不为零的力汇交于一点，但不共面，这三个力有可能构成平衡力系吗?

3. 输电线跨度 l 相同，电线下垂量 h 越小，电线越易于拉断，为什么?

4. 刚体上 A、B、C、D 四点恰好为一个平行四边形的四个顶点，如在这四点上各有一个作用力，此四力沿平行四边形的四个边，恰好组成封闭的力多边形，如题图 1-2-2 所示。问此刚体能否平衡? 若使 F_1 与 F_1' 均反向，此刚体能否平衡?

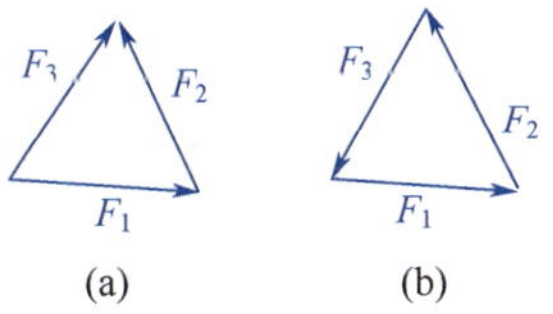

题图 1-2-1

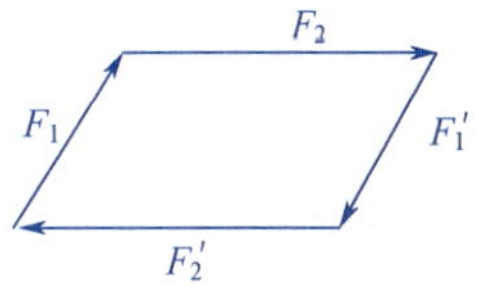

题图 1-2-2

二、分析计算题

1. 如题图 1-2-3 所示，重为 $W=2\text{kN}$ 的球搁在光滑的斜面上，用一绳 AB 拉住。已知绳子与铅直墙壁的夹角为 30°，斜面与水平面的夹角为 15°，求绳子的拉力和斜面对球的约束反力。

2. 工件放在 V 形铁内，如题图 1-2-4 所示。若已知压板的压紧力 $F=400\text{N}$，不计工件自重，求工件对 V 形铁的压力。

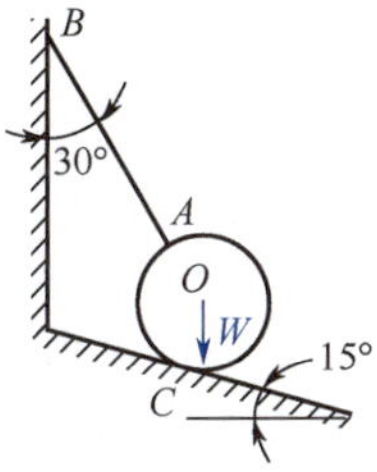

题图 1-2-3

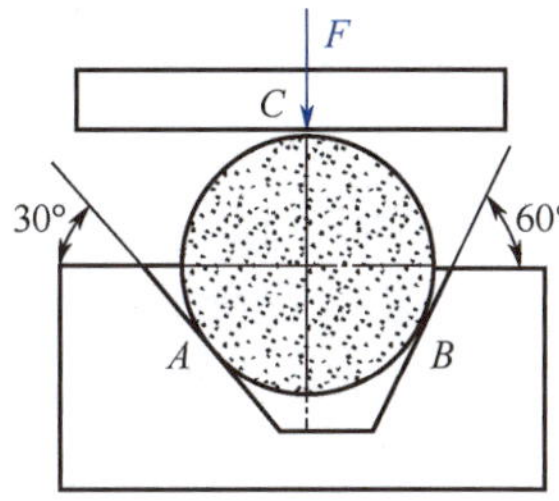

题图 1-2-4

3. AC 和 BC 两杆用铰链 C 连接，两杆的另一端分别铰支在墙上，如题图 1-2-5 所示。在 C 点悬挂一重 $W=10\text{kN}$ 的物体。已知 $AB=AC=2\text{m}$，$BC=1\text{m}$。如杆重不计，求两杆所受的力。

4. 题图 1-2-6 所示简支梁受 $F=20\text{kN}$ 的集中载荷作用，求（a）、（b）图两种情况下 A、B 两处的约束反力。

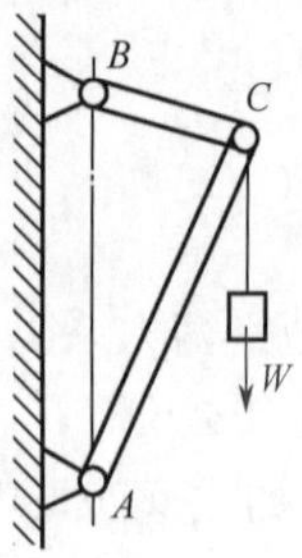

题图 1-2-5

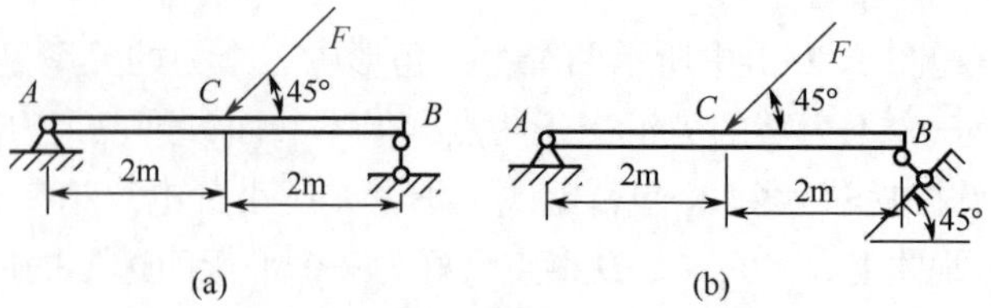

题图 1-2-6

5. 题图 1-2-7 所示钢架的 B 点作用一水平力 F，钢架重量略去不计，求支座 A、D 的反力 F_A 和 F_D。

6. 电动机重 W=5000N，放在水平梁 AC 的中央，如题图 1-2-8 所示。梁的 A 端以铰链连接，另一端以撑杆 BC 支持，撑杆与水平梁的夹角为 30°。如果忽略梁和撑杆的重量，求撑杆 BC 的内力及铰支座 A 处的约束反力。

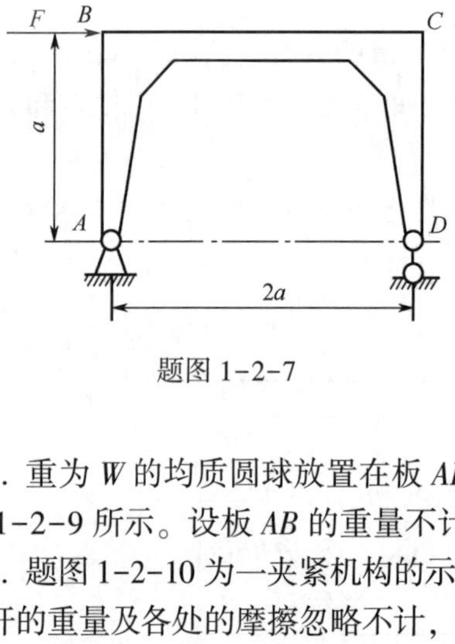

题图 1-2-7

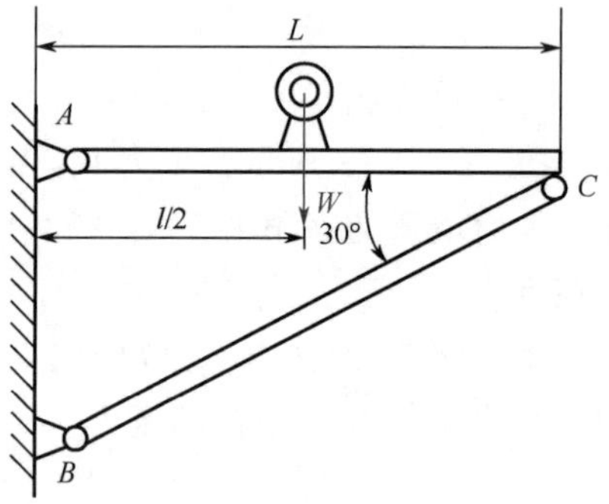

题图 1-2-8

7. 重为 W 的均质圆球放置在板 AB 与墙壁之间，D、E 两处均为光滑接触，尺寸如题图 1-2-9 所示。设板 AB 的重量不计，求 A 处的约束反力及绳 BC 的拉力。

8. 题图 1-2-10 为一夹紧机构的示意图，已知压力缸直径 d=120mm，压强 P=6MPa。设各杆的重量及各处的摩擦忽略不计，试求在 α=30°位置时所能产生的压紧力 F。

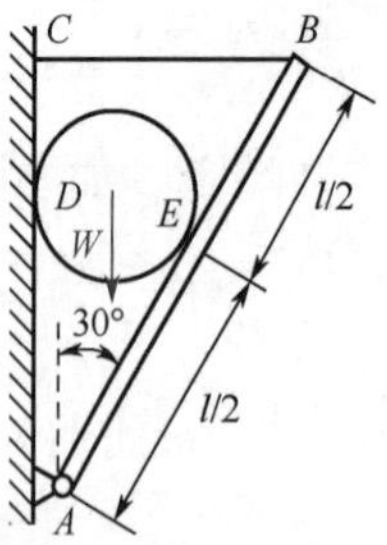

题图 1-2-9

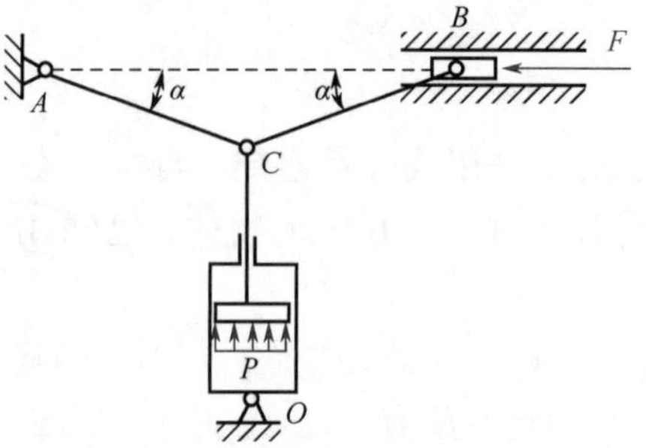

题图 1-2-10

9. 如题图 1-2-11 所示，三铰门式刚架受集中载荷 P 作用，不计架重，求图示两种情况下支座 A、B 的约束力。

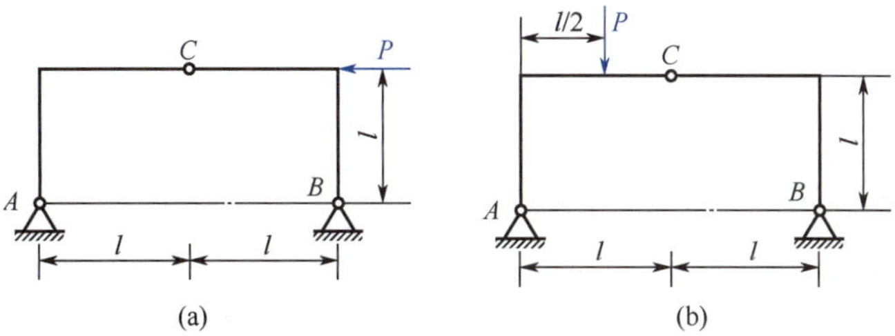

题图 1-2-11

10. 固定于墙内的环形螺钉上，作用有 3 个力 F_1、F_2、F_3，各力的方向如题图 1-2-12 所示，各力的大小分别为：$F_1=3kN$，$F_2=4kN$，$F_3=5kN$。试求螺钉作用在墙上的力。

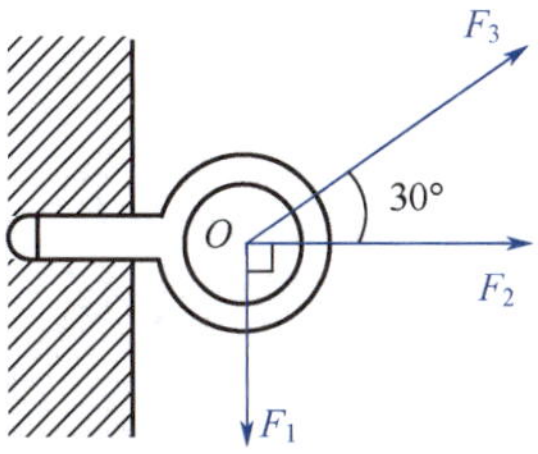

题图 1-2-12　螺钉作用力

任务二　平面力偶系的合成与平衡

任务描述

某多头钻床工作时，作用在工件上的三个力偶如图 1-2-14 所示。已知三个力偶的力偶矩分别为：$M_1=M_2=10N\cdot m$，$M_3=20N\cdot m$。固定螺柱 A 和 B 之间的距离为 $l=200mm$，求两个光滑螺柱所受的水平力。

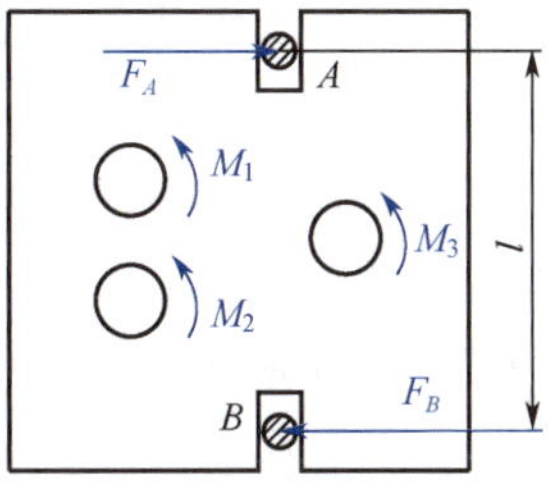

图 1-2-14　多头钻床加工零件示意图

任务分析

理解力偶和力偶矩的概念，明确力偶的性质和力偶的等效条件，能应用平衡条件求解力偶系的平衡问题。

知识准备

平面力偶系平衡问题的求解

一、力矩的概念及计算

1. 力对点之矩

如图 1-2-15 所示，当用扳手拧紧螺母时，力 F 使螺母绕 O 点的转动效应不仅与力 F 的大小有关，而且还与转动中心 O 到力 F 作用线的距离 d（力臂）有关。实践表明，转动效应随 F 或 d 的增大而增强，可用 $F \cdot d$ 来度量。此外，转动方向不同效应也不同。为了表示不同的转动方向，还应在乘积前冠以适当的正负号。

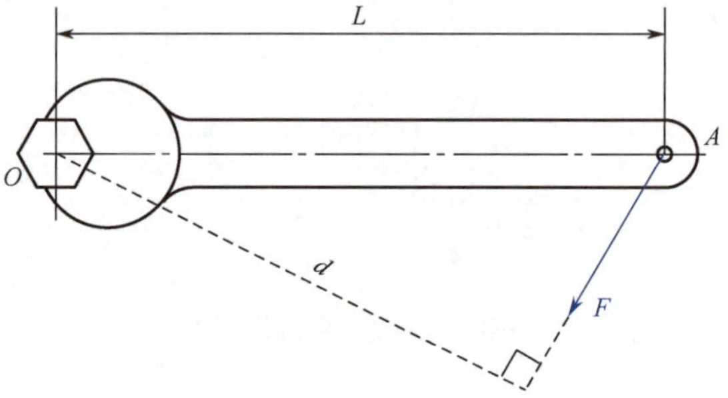

图 1-2-15　力对点之矩

在平面问题中，为了度量力使刚体绕某点（矩心 O）的转动效应，将 $F \cdot d$ 冠以适当的正负号所得的物理量称为力 F 对点 O 之矩，记作 $M_O(F)$，其计算公式为

$$M_O(F) = \pm F \cdot d \tag{1-2-11}$$

力对点之矩是一个代数量，其正负规定为：力使物体绕矩心逆时针转向时为正，反之为负。在国际单位制中，力矩的常用单位为牛 · 米（N·m）、牛 · 毫米（N·mm）或千牛 · 米（kN·m）。

必须指出，求力矩时，矩心的位置可以任意选定。但对绕支点转动的物体，一般选择支点为矩心。

注意：一般来说，同一个力对不同点产生的力矩是不同的。因此，不指明矩心而求力矩是无任何意义的。在表示力矩时，必须标明矩心。

由力对点之矩的定义可知，力矩具有如下性质：

（1）力矩的大小和转向与矩心的位置有关，同一力对不同矩心的矩不同。

（2）力作用点沿其作用线滑移时，力对点之矩不变。因为此时力的大小、方向未变，力臂长度也未变。

（3）当力的作用线通过矩心时，力臂长度为零，力矩亦为零。

【例 2-5】如图 1-2-16 所示，钢架上作用力 $F=100\text{N}$，其角度 $\theta=60°$，$a=6\text{m}$，$b=4\text{m}$，试分别计算力 F 对点 A 和 B 的力矩。

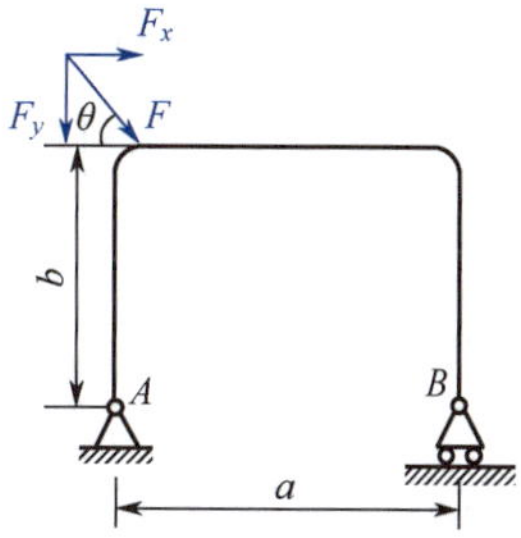

图 1-2-16 钢架受力

解：力 F 可分解为水平方向的力 F_x 和竖直方向的力 F_y，其中

$$F_x = F\cos60° = 50\text{N}$$

$$F_y = F\sin60° = 86.6\text{N}$$

根据式（1-2-11）得

$$M_A = -F_x b = -200\text{N}\cdot\text{m}$$

$$M_B = -F_x b + F_y a = 319.6\text{N}\cdot\text{m}$$

2. 合力矩定理

在计算力矩时，有时直接计算比较困难。如果将力作适当分解计算各分力的力矩则很方便。利用分力矩定理，可以建立合力对某点的矩与其分力对同一点的矩之间的关系。

平面汇交力系的合力对平面内任一点的矩，等于力系中各分力对于该点力矩的代数和，即

$$M_O(R) = M_O(F_1) + M_O(F_2) + \cdots + M_O(F_n) \qquad (1-2-12)$$

或

$$M_O(R) = \Sigma M_O(F) \qquad (1-2-13)$$

3. 力对点之矩求法

（1）直接根据式（1-2-11）求力矩。这种方法的关键是求力臂 d 的长度，需要特别注意的是：力臂是矩心到力作用线之间的垂直距离。

（2）应用合力矩定理求力矩。用定义计算力矩时，有时力臂长度的计算比较烦琐，此时可将力分解为两个相互垂直的分力，分别求出力对矩心之矩，然后利用合力矩定理求原力对矩心之矩。采用这种方法时，应选择力臂长度容易确定的方向对原力进行分解，只有这样才能简化计算过程。

【例 2-6】如图 1-2-17（a）所示，直齿圆柱齿轮的压力角 $\alpha=20°$，法向压力 $F_n=1400\text{N}$，齿轮节圆（啮合圆）直径 $D=60\text{mm}$，试求出 F_n 对轴心 O 之矩。

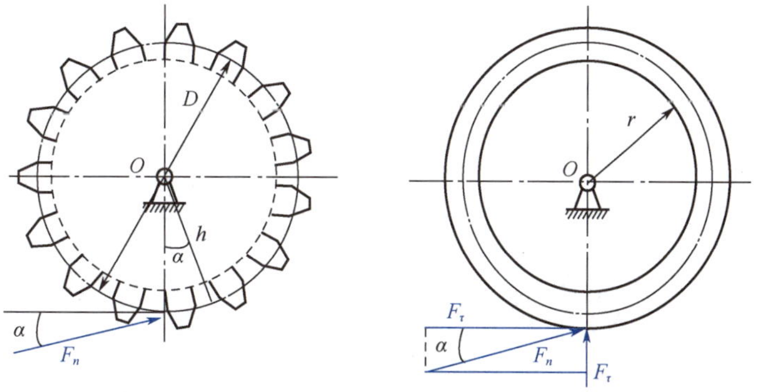

图 1-2-17 直齿圆柱齿轮

解法一： 用力对点之矩的定义求解

由图 1-2-17（a）可得

$$h = r \cdot \cos\alpha = \frac{D}{2}\cos\alpha = \frac{60 \times 10^{-3}}{2} \times \cos 20° = 28.2 \times 10^{-3}(\mathrm{m})$$

所以力 F 对点 O 点之矩为

$$M_O(F) = F_n \cdot h = 1400 \times 28.2 \times 10^{-3} = 39.48(\mathrm{N \cdot m})$$

解法二： 根据合力矩定理求解

先将力 F_n 分解为圆周力 F_τ 和径向力 F_γ，如图 1-2-17（b）所示。由于径向力 F_γ 通过矩心 O，所以径向力对 O 之矩为零。

$$M_O(F_n) = M_O(F_\tau) + M_O(F_\gamma) = M_O(F_\tau) = F \cdot \cos\alpha \cdot \frac{D}{2} = 39.48(\mathrm{N \cdot m})$$

由此可见，以上两种方法计算结果相同。工程中齿轮的圆周力和径向力是分别给出的，因此解法二用得较为普遍。

二、力偶的概念和性质

1. 力偶和力偶矩

在工程问题中，常常遇到受力偶作用的物体。力偶由大小相等、方向相反且不共线的两个平行力 F 和 F' 所组成，通常用符号（F，F'）表示。两力作用线所决定的平面称为力偶的作用面，力作用线间的垂直距离称为力偶臂。如图 1-2-18 所示，汽车转动方向盘和电机转子等，都是受到大小相等、方向相反且作用线不在同一直线上的两个平行力的作用。

等值反向平行力的合力等于零，但由于它们不共线而不能相互平衡，它们能使物体改变转动状态。由于力偶不能合成为一个力或用一个力来等效替换，那么力偶也不能用一个力来平衡。力和力偶是静力学的两个基本要素。

力偶由两个力组成，它的作用是改变物体的转动状态。因此，力偶对物体的转动效果，可用力偶的两个力对其作用面内某点的矩的代数和来度量。

设有力偶（F，F'），其力偶臂为 d，如图 1-2-19 所示。力偶对点 O 的矩为 $M_O(F, F')$，则

$$M(F, F') = M_O(F) + M_O(F') = F \cdot ao - F' \cdot bo = F(ao - bo) = F \cdot d \qquad (1-2-14)$$

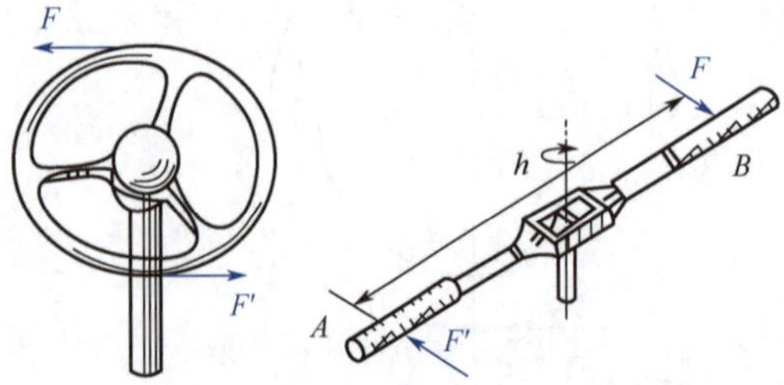

图 1-2-18　汽车转动方向盘和电机转子

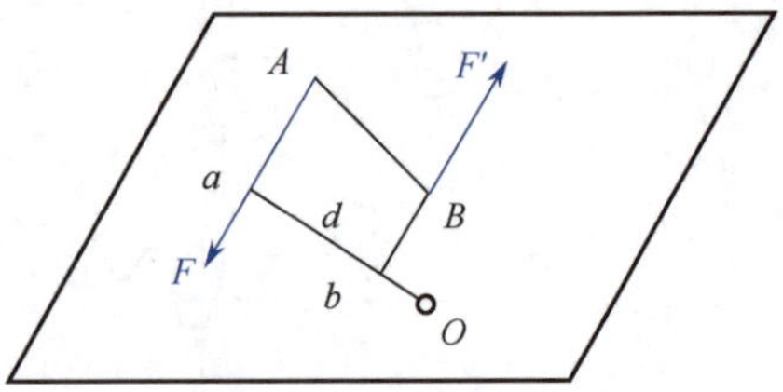

图 1-2-19　力偶

因为矩心 O 是任意选取的，由此可知，力偶的作用效果决定于力的大小和力偶臂的长短，与矩心的位置无关。力与力偶臂的乘积称为力偶矩，记作 $M(F,\ F')$，简记为 M。

由于力偶在平面内的转向不同，其作用效果也不相同。因此，力偶对物体的作用效果，由以下两个因素决定：

（1）力偶矩的大小。

（2）力偶在作用平面内的转向。

若把力偶矩视为代数量就可以包括这两个因素，即

$$M = \pm F \cdot d \tag{1-2-15}$$

于是可得出结论：力偶矩是一个代数量，其绝对值等于力的大小与力偶臂的乘积，正负号表示力偶的转向，逆时针方向为正，反之则为负。力偶矩的单位与力矩相同，也是牛顿·米，符号为 N·m。力偶矩的大小、转向和力偶作用平面为力偶的三要素。

2. 力偶的等效条件

由于力偶的作用只改变物体的转动状态，而力偶对物体的转动效应是用力偶矩来度量的，因此可得平面力偶的等效定理：在同平面内的两个力偶，如果力偶矩相等，则两个力偶等效。

由此可知，同平面内力偶等效的条件：力偶矩的大小相等，力偶的转向相同。由此可以推断，保持力偶矩大小与方向不变的条件下，如图 1-2-20（a）所示，在力偶作用面内可随意改变构成力偶的两力的方向，如图 1-2-20（b）所示，或在保持力偶矩不变情况下改变力与力偶臂的大小，如图 1-2-20（c）所示，或将力偶作用面平行移动，如图 1-2-20（d）所示，都不影响力偶对刚体的作用效果。此性质称为力偶的等效性。

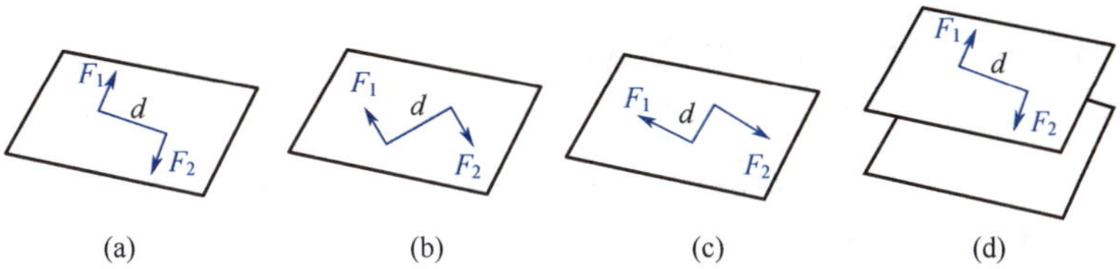

图 1-2-20　力偶的等效性

由此可得出以下两个重要推论。

（1）只要不改变力偶矩的大小和力偶的转向，力偶就可以在它的作用平面内任意移动或转动，而不改变它对物体的作用效果。

（2）只要保持力偶矩不变，可以同时改变力偶的力的大小和力偶臂的长短，而不会改变力偶对物体的作用效果。

3. 力偶的性质

力偶是两个具有特殊关系的力的组合，具有与单个力不同的性质。

（1）力偶在任一坐标轴上投影的代数和为零（简称力偶无合力）。

（2）力偶没有合力，因此力偶不能与一个力平衡，它必须用力偶来平衡。

（3）力偶对物体的作用效应取决于力偶的三要素，而与矩心位置无关。

（4）力偶对于作用面内任一点之矩为一常量并等于其力偶矩。

三、平面力偶系的合成与平衡

1. 平面力偶系的合成

设在同一个平面内有两个力偶（F_1，F_1'）和（F_2，F_2'），它们的力偶臂分别为 d_1 和 d_2，如图 1-2-21（a）所示。这两个力偶的矩分别为 M_1 和 M_2，现将它们进行合成。为此，在保持力偶矩不变的情况下，同时改变两个力偶中力的大小和力偶臂的长短，使它们具有相同的臂长 d，并将它们在其作用面内转动、移动，使力的作用线重合，如图 1-2-21（b）所示。于是得到与原力偶等效的两个新力偶（F_3，F_3'）和（F_4，F_4'）。F_3 和 F_4 的大小为

$$F_3 = \frac{M_1}{d},\quad F_4 = \frac{M_2}{d} \tag{1-2-16}$$

分别将作用在 A、B 两点的力合成得：$F = F_3 - F_4$，$F' = F_3' - F_4'$。于是 F，F' 构成了一个与原力偶系等效的合力偶（F，F'），如图 1-2-21（c）所示。合力偶的矩为

$$M = F\cdot d = (F_3 - F_4)\cdot d = F_3\cdot d - F_4\cdot d = M_1 + M_2 \tag{1-2-17}$$

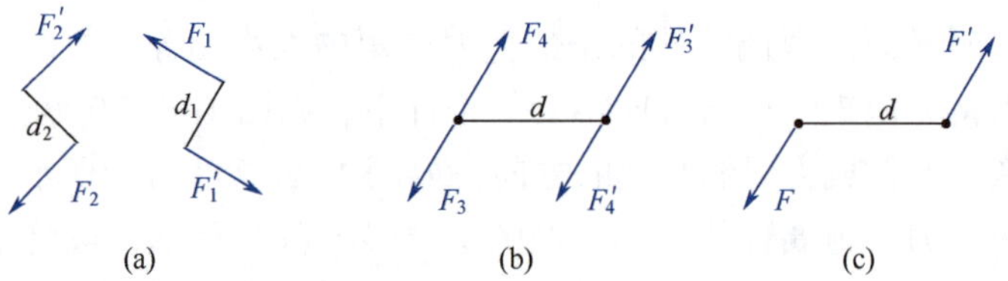

图 1-2-21　平面力偶系的合成

即合力偶矩等于各分力偶矩的代数和。

对于由两个以上的力偶构成的力偶系，同样可以按照上述方法合成。

结论：同平面内任意多个力偶构成的力偶系可以合成为一个合力偶，合力偶矩等于各分力偶矩的代数和，即

$$M = M_1 + M_2 + \cdots + M_n = \sum_{i=1}^{n} M_i \tag{1-2-18}$$

2. 平面力偶系的平衡

由合成结果可知，力偶系平衡时，其合力偶之矩必为零。因此平面力偶系平衡的充要条件是：所有各分力偶矩的代数和为零，即

$$\sum_{i=1}^{n} M_i = 0 \tag{1-2-19}$$

【例 2-7】 如图 1-2-22（a）所示，一简支梁作用一矩为 $M=50\text{N}\cdot\text{m}$ 的力偶，简支梁长 $d=4\text{m}$，不计梁重，求支座 A 和 B 的约束力。

解：以梁为研究对象。梁上除作用力有力偶 M 外，还有固定铰链 A 处的约束力 F_A 及活动铰链 B 处垂直向上的约束力 F_B。根据力偶只能与力偶相平衡的性质，可知 F_A 和 F_B 必组成一个力偶，因此 F_A 的作用线也沿铅锤方向，如图 1-2-22（b）所示。梁 AB

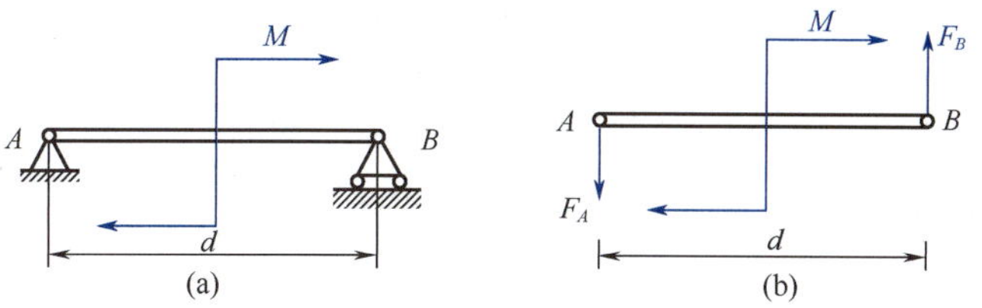

图 1-2-22 简支梁

在两个力偶的作用下处于平衡，根据平面力偶系的平衡条件列平衡方程如下

$$\Sigma M = 0 \qquad M - F_A d = 0$$

解得

$$F_A = \frac{M}{d} = 12.5\text{N}, \quad F_B = F_A = 12.5\text{N} \quad [\text{方向见图 } 1-2-22(\text{b})]$$

【例 2-8】 如图 1-2-23（a）所示机构的自重不计，圆轮上的销子 A 可在摇杆 BC 上的光滑导槽内滑动。圆轮上作用一力偶，其力偶矩为 $M_1 = 2\text{kN}\cdot\text{m}$，销子 A 到轮心的距离 $OA = r = 0.5\text{m}$，设在图示位置时 OA 与 OB 垂直，$\alpha = 30°$，且系统平衡。求作用于摇杆 BC 上的平衡力偶矩 M_2 及铰链 O、B 处的约束反力。

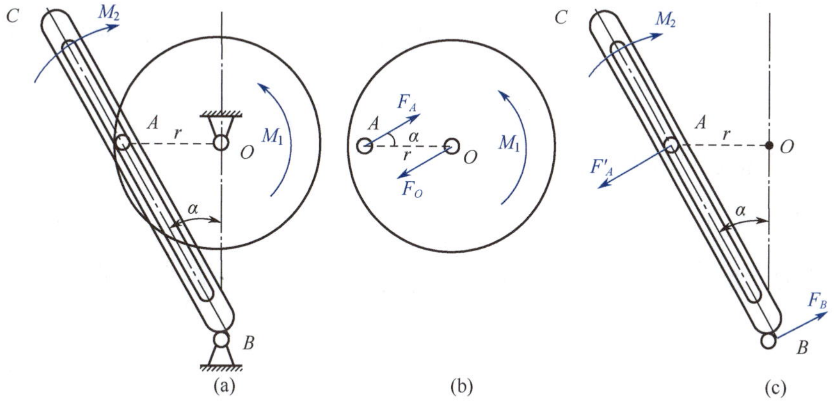

图 1-2-23 摇杆机构

解：（1）以圆轮为研究对象，其上受矩为 M_1 的力偶及光滑导槽对销子 A 的作用力 F_A 和铰链 O 处的约束反力 F_O 的作用。由于力偶必须用力偶来平衡，因而 F_A 与 F_O 必构成一力偶，力偶矩转向与 M_1 相反，由此即可确定出 F_A 指向，如图 1-2-23（b）所示。而 F_A 与 F_O 等值且反向，由力偶系的平衡方程有

$$\Sigma M = 0, \quad M_1 - F_A r\sin\alpha = 0 \tag{a}$$

（2）以摇杆 BC 为研究对象，其上作用有矩为 M_2 的力偶及力 F'_A 与 F_B，如图 1-2-23（c）所示。

同理 F'_A 与 F_B 必组成力偶，由力偶系的平衡条件有

$$\Sigma M = 0, \quad -M_2 + F'_A r/\sin\alpha = 0 \tag{b}$$

其中 $F_A = F'_A$，由式（a）和式（b）可得

$$M_2 = 4M_1 = 8\text{kN} \cdot \text{m}$$

$$F_O = F_B = F_A = \frac{M_1}{r\sin 30^\circ} = 8\text{kN}$$

各力方向如图 1-2-23（b）、（c）所示。

【提示】

通过上述例题，可以总结出利用力偶系平衡条件求解平面力偶系平衡问题的一般步骤。

（1）确定研究对象。

（2）对研究对象进行受力分析。

（3）利用平衡方程求解未知量。

（4）所求结果的绝对值表示未知力的大小，正、负号表示步骤（2）中假设的该力的方向是否与实际方向一致，正号表示方向一致，负号表示方向相反。

任务实施

计算图 1-2-14 多头钻床加工零件时两个光滑螺柱所受的水平力。

解：选择工件为研究对象。工件在水平面内受三个力偶和两个螺柱的水平反力作用。根据力偶系的合成结果，三个力偶合成后仍为一个力偶，如果工件平衡，必有一相应力偶与其平衡，假设力的方向如图所示，则 $F_A = F_B$，由力偶系的平衡条件可知

$$\Sigma M = 0,\ M_1 + M_2 + M_3 - F_A \cdot l = 0$$

代入已知数值后可解得

$$F_A = \frac{M_1 + M_2 + M_3}{l} = 200\text{N}$$

因为 F_A 是正值，故所假设的方向是正确的，而螺柱 A、B 所受的力与 F_A、F_B 互为反作用力。

素质拓展

风洞

1. 风洞是什么

风洞（wind tunnel），即风洞实验室，是以人工的方式产生并且控制气流，用来模拟飞行器或实体周围气体的流动情况，并可量度气流对实体的作用效果以及观察物理现象的一种管道状实验设备。在当今的科学研究和工程实践中，风洞是开展物体空气动力试验、进行理论验证和产品设计研发必备的较有效的设备之一。

风洞主要分洞体、驱动系统和测控系统三大部分。洞体前部是形成定向和均匀气流的稳定段以及对气流起加速作用的收缩管（喷管），中部为对物体开展观察和测量工作的实验段，后部是可降低气流速度、减少风能损失的扩压段以及向外排出气流的排流段（如果是节能和抗扰性好的闭环封闭型风洞，则应为将气流导回风洞入

口的回流段）。

2. 风洞的用途

风洞尽管诞生于飞机等航空飞行器的发展早期，其进步也始终与航空和航天紧密相关，但随着科技的发展驱动和需求牵引，如今它却在很多其他领域都有着重要应用。从飞机到飞船，从火箭到导弹，从汽车到高铁，从大桥到高楼，从体育到军事……风洞实验无处不在，与我们的生活息息相关。

日常生活中见到或用到的一些物体，如城市中直冲云端的摩天大楼、运动会场馆上高耸的火炬塔、空旷原野或山坡上直立的风能发电用扇叶、公路上跨度大而高的立交桥或跨海大桥和大长度斜拉索桥，还有运送人员货物的汽车、船舶、飞机、高速列车等，它们在建造或制造过程中大都要经历风洞试验，以了解风阻的大小、气流的扰动、流场的形状、姿态的受力、升力的变化等各种气动和运动情况以及声场分布情况，为它们的结构和外形设计以及降噪消噪和性能改进采集数据、确定方案。

风洞在国防和军事领域就更为重要，它除了用于士兵特种训练（如跳伞、滑翔、翼装飞行等），开发、设计和改进特战装备（如伞具、滑翔器具、单兵飞行器具等）外，还是很多武器装备研究和试验的重要设备之一。

由于战斗机、航天器、舰艇、火箭、导弹等尖端武器，要求运动速度更快、机动能力更好、静音水平更高、生存能力更强，它们所面临的气动环境要复杂严酷得多，必须利用风洞模拟各种气流和风力来进行试验，观察气动现象和运动特性及噪声来源等情况。

风洞被喻为“飞行器的摇篮”，一度流传着“有什么样的风洞，才能有什么样的飞机、飞船、火箭、导弹”的说法。飞机、导弹、火箭等飞行器在首飞之前，需要进行成千上万次风洞实验。风洞提供不同流速、不同密度、不同温度等飞行环境，模拟飞行器的真实飞行状态，确定飞行器的气动布局并评估其气动性能。

据报道，20 世纪 50 年代美国 B-52 型轰炸机的研制，曾进行了约 10000 小时的风洞实验；80 年代第一架航天飞机的研制，则进行了约 100000 小时的风洞实验。

所以说，风洞体现了一个国家综合国力的强弱，反映了一个国家科技和工业发展及国民经济的现状，代表了一个国家空气动力学的试验水平，往往被作为国家的重要战略资源。

3. 风洞的类型

风洞种类繁多，按照不同气流流向、气流速度、实验时间、功能用途、形体尺寸等因素，可以分成不同类型。不同类型的风洞，可满足不同领域和不同物体的空气动力学试验需求。

根据实验段的气流速度（马赫数）范围划分风洞：当马赫数小于 0.3 时的风洞称为低速风洞；当马赫数在 0.3 和 0.8 之间的风洞为亚音速风洞；当马赫数在 0.8 和 1.2 之间的风洞为跨音速风洞；当马赫数在 1.2 和 5 之间时，为超音速风洞；当马赫数大于 5 时的风洞称为高超音速风洞。

马赫数在 0.3~5 之间的风洞，主要适用于枪弹、炮弹、巡航导弹、近程弹道导弹以及高速航空飞行器等；马赫数大于 5 的高超声速风洞，则可以应对各种运载火箭、航天飞行器、空天飞机、高超声速飞行器、高超声速武器、中远程弹道导弹等。

风洞并非人们想象中的只要依靠风机风扇就行的低科技含量设备，而是一种复杂的系统集成项目，其设计和建设要涉及众多学科、跨越很多专业。据统计，风洞涵盖了包括气动力学、结构力学、材料学、计算机、控制学、声学等20多个学科或专业领域，需要综合动力、电力、机电、控制、测量、模型制作等多种先进技术，配置传感、观察、摄像、测量、记录、消音、加热等多项附属设备，需要巨额预算提供支撑。一般来说，风洞产生的风速越高，造价、技术难度等也越高。

中国早已迈入了风洞强国之列，中国空气动力研究与发展中心拥有包括低速、高速和高超声速以及多声速、跨声速、激波等全球门类最为齐全的风洞群就是明证。

中国技术先进的风洞，有力地支撑了基建、造船、航空、航天、国防军事等领域的发展和壮大。近年来，为中国“吹出”了多种最新战机和先进导弹。

（资料来源：澎湃新闻．［科普］风洞究竟是什么［EB/OL］．（2022-09-20）［2024-05-20］. https：//m. thepaper. cn/baijiahao_ 19988890，有改动。）

思考与练习

一、简答题

1. 由力偶理论可知“力偶不能用力来平衡”。如题图 1-2-13 所示，轮子受力偶 M 和重力 W 的作用，若轮子处于平衡状态，此时能否说“M 和 W 相平衡”呢？

2. 如题图 1-2-14 所示的四连杆机构，AB 杆与水平方向夹角为 30°，不计杆的自重，M_1 与 M_2 等值，此机构能否平衡？

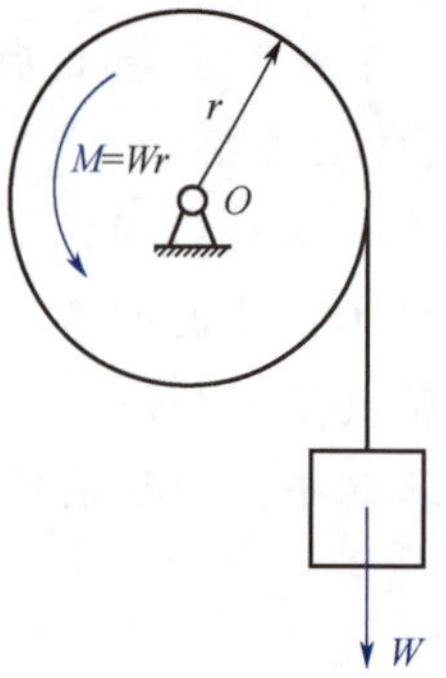

题图 1-2-13

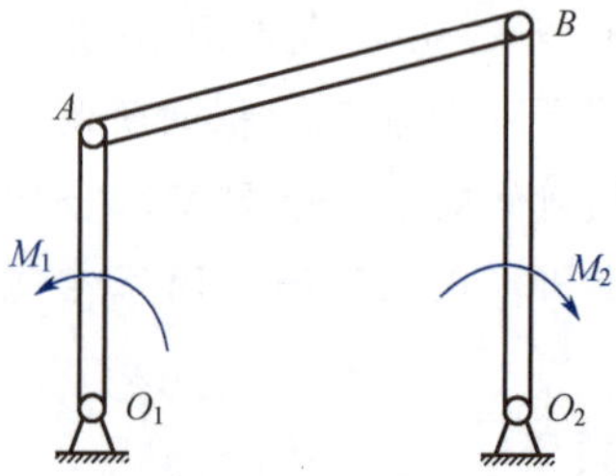

题图 1-2-14

3. 起吊重物时，若悬挂点不在物体重心的正上方会出现什么结果？其原因是什么？

二、分析计算题

1. 如题图 1-2-15 所示，已知梁 AB 上作用一力偶，力偶矩为 M，梁的跨度为 a，梁的自重不计。试求支座 A 和 B 处的约束反力。

2. 如题图 1-2-16 所示结构，各构件的自重略去不计，在构件 AB 上作用一力偶矩为 M 的力偶，试求支座 A 和 C 的约束反力。

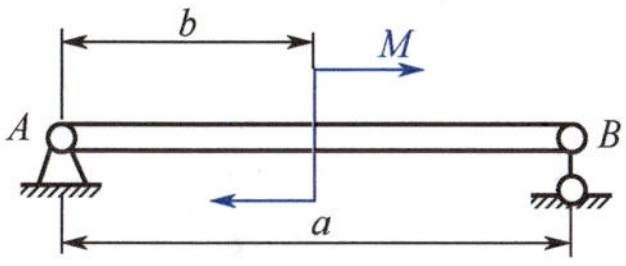

题图 1-2-15

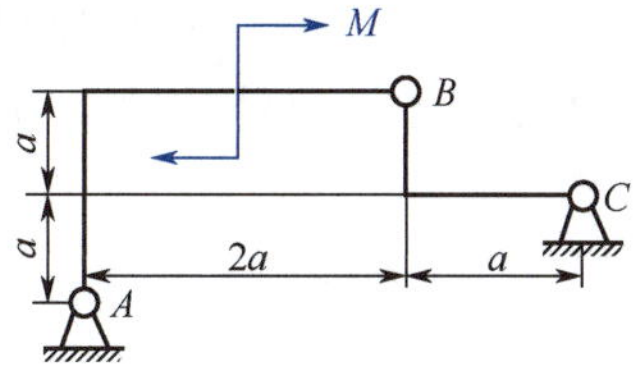

题图 1-2-16

3. 如题图 1-2-17 所示，设 $AB=l$，在 A 点受 4 四个大小均等于 F 的力 F_1、F_2、F_3 和 F_4 作用。试分别计算每个力对 B 点之矩。

4. 题图 1-2-18 中带轮直径 $D=400\text{mm}$，平带拉力 $F_1=1500\text{N}$，$F_2=750\text{N}$，与水平线夹角 $\theta=15°$。求平带拉力 F_1、F_2 对轮心 O 之矩。

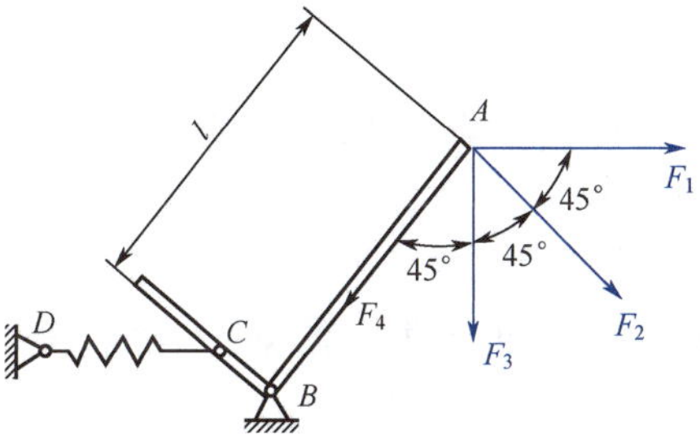

题图 1-2-17

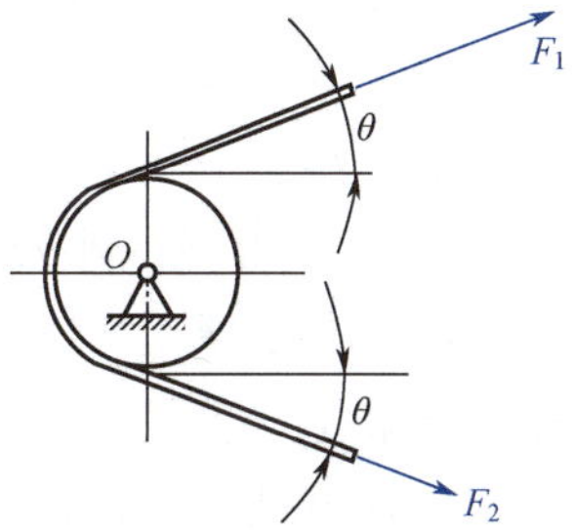

题图 1-2-18

5. 如题图 1-2-19 所示，在一钻床上水平放置工件，在工件上同时钻 4 个等直径的孔，每个钻头的力偶矩 $M_1=M_2=M_3=M_4=15\text{N·m}$，求工件的总切削力偶矩和 A、B 端水平约束力。

6. 简支梁 AB 如题图 1-2-20 所示，其上作用一力偶矩 M，已知梁长为 L，不计自重，求支座约束力。

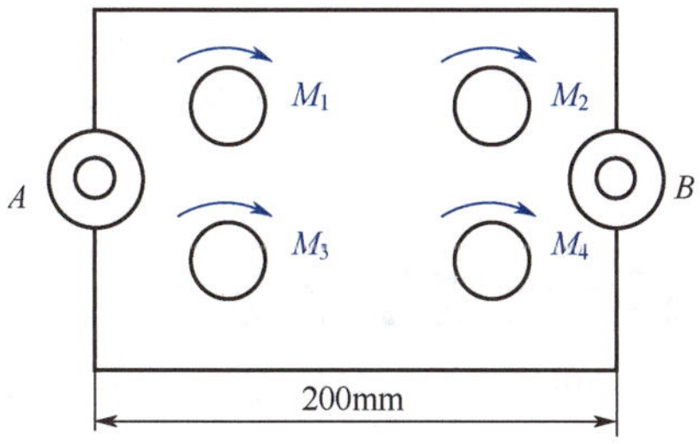

题图 1-2-19

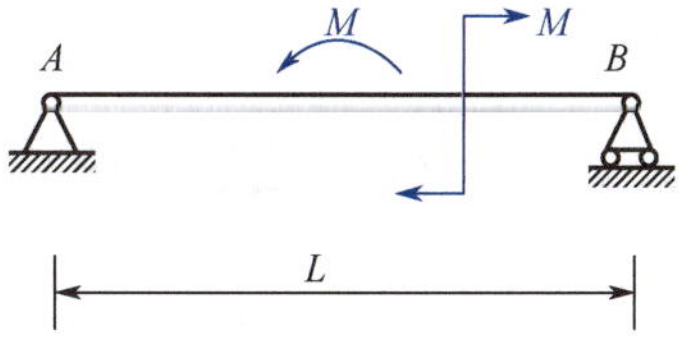

题图 1-2-20

7. 齿轮箱的两个轴上作用的力偶如题图 1-2-21 所示，它们的力偶矩的大小分别为$M_1=300\text{N·m}$，$M_2=200\text{N·m}$。求两螺栓处的铅锤约束力 F_A、F_B。图中长度单位为 cm。

8. 如题图 1-2-22 所示结构中两曲杆自重不计，曲杆 AB 上作用有主动力偶，其力偶矩为 M，试求 A 和 C 点处的约束力。

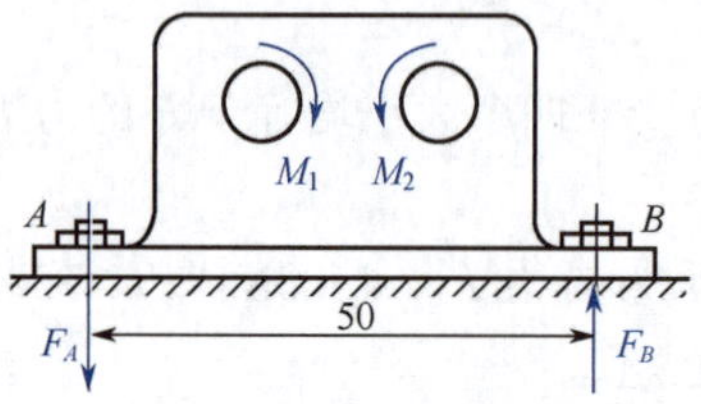

题图 1-2-21

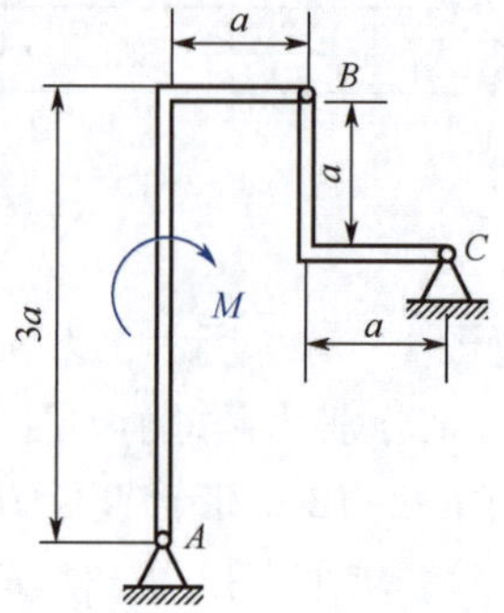

题图 1-2-22　二曲杆约束力

9. 如题图 1-2-23 所示机构在图示位置平衡，已知主动力 $F=100\text{N}$，各杆重量不计，试求图中力偶矩 M 的大小及支座 A 处的约束力。

10. 如题图 1-2-24 所示，锻锤工作时，若锻件给它的反作用力有偏心，就会使锤头发生偏斜，在导轨上产生很大的压力，从而加速导轨的磨损，影响锻件的精度。已知打击力 $P=800\text{kN}$，偏心距 $e=10\text{mm}$，锤头高度 $h=100\text{mm}$。求锤头给两侧导轨的压力。

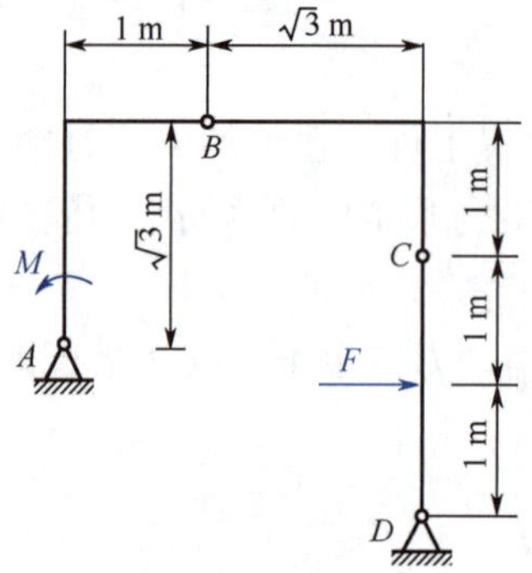

题图 1-2-23　机构约束力

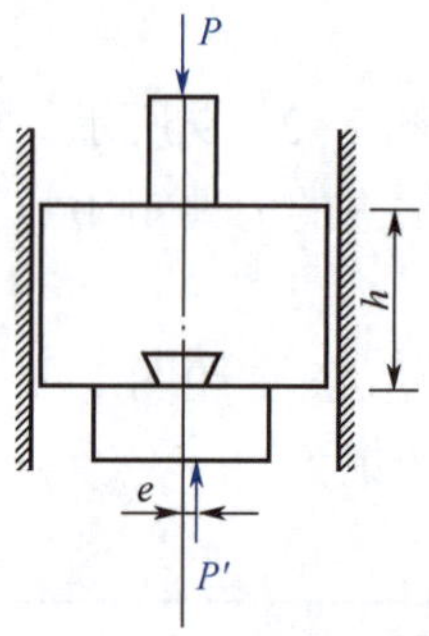

题图 1-2-24　锻锤约束力

任务三　平面任意力系的合成与平衡

任务描述

某塔式起重机如图 1-2-24 所示。机架重 $W_1=700\text{kN}$，作用线通过塔架的中心，最大起重量 $W_2=200\text{kN}$，最大悬臂长 12m，轨道 AB 的间距为 4m，平衡载荷重 W_3 距中心线 6m。试问：

(1) 保证起重机在满载和空载时都不致翻倒，平衡载荷重 W_3 应为多少？

(2) 已知平衡载荷重 $W_3=180\text{kN}$，当满载且重物在最右端时，轨道 A、B 对起重机轮子的反力为多少？

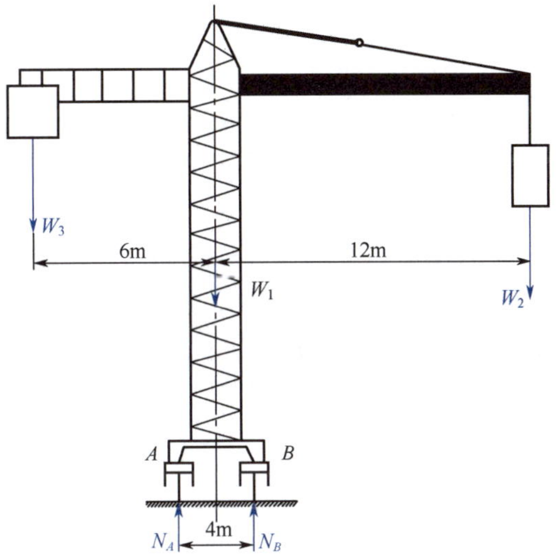

图 1-2-24　塔式起重机

任务分析

理解平行任意力系向一点的简化方法，熟练掌握利用平面任意力系平衡方程解决工程实际问题。

知识准备

在工程实际中经常遇到平面任意力系的问题，即作用在物体上的力分布在同一平面内，或可以简化到同一平面内，但它们的作用线任意分布，称为平面任意力系。如图 1-2-25 所示为平面任意力系的例子。

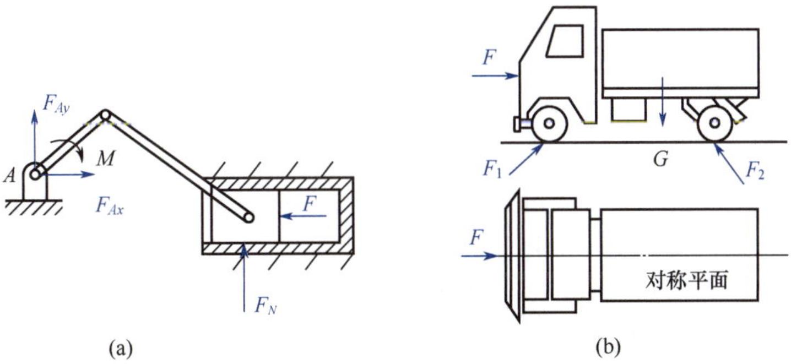

图 1-2-25　平面任意力系

当物体所受的力对称于某一平面时，也可以简化为平面力系的问题来研究，如图1-2-25（b）所示为车体简化受力分析图，这些力都对称于通过重心的纵向铅直平行，因此可以将原力系简化到该平面内，作为平面任意力系来处理。本任务主要研究平面任意力系的合成（简化）和平衡问题。

平面任意力系的合成

一、平面任意力系的简化

1. 力的平移定理

由力的可传性定理可知：在刚体内，力沿其作用线任意滑移，不改变力对刚体的作用效果。但是，如果将力的作用线平行地移动到偏离其作用线的另一位置，其作用效果是否会改变呢？由经验可知，力作用线平移后将改变其对刚体的作用效果。如图1-2-26（a）所示，当力 F 作用于 A 点，其作用线通过轴心 O 时，轮子不会转动；而将力的作用线平移，使其作用于点 B，轮子则会转动，如图1-2-26（b）所示。显然，力作用线平移后，其对刚体的作用效果发生改变。

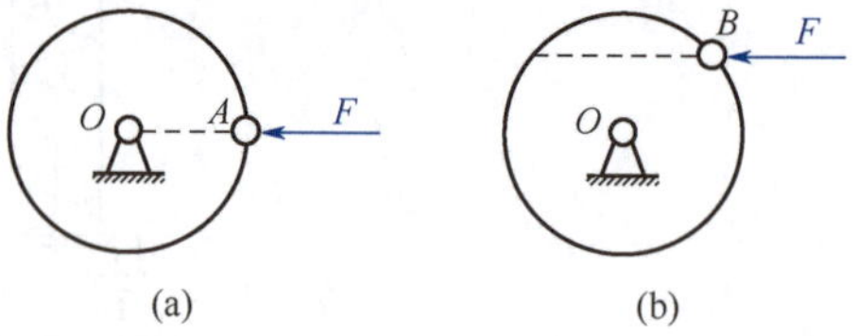

图1-2-26　滚轮

设有一力 F 作用于刚体上的 A 点，如图1-2-27（a）所示。为将该力平移到刚体内任意一点 B，在 B 点加上一对平衡力 F_1 和 F'_1，使 $F_1 /\!/ F$，且 $F_1 = F'_1 = F$。在新力系中，F 和 F'_1 构成一个力偶，其力偶臂为 d，其矩恰好等于原力 F 对点 B 之矩，即

$$M(F,\ F'_1) = M_B(F) = F \cdot d \qquad (1-2-20)$$

F_1 即为平移到了 B 点的力 F。现作用于刚体上有一个力 F_1 和一个力偶，如图1-2-27（b）、（c）所示，它们对刚体的效应与力 F 在原位置时对刚体的效应完全相同，这个力偶称之为附加力偶。

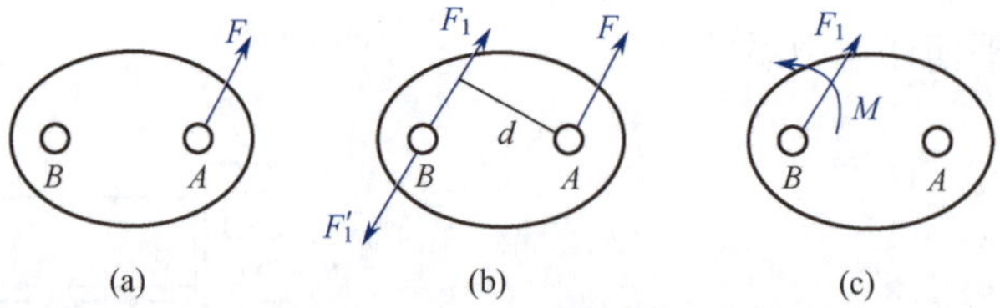

图1-2-27　力的等效平移

综上所述，可得如下结论：可以把作用在刚体上 A 点的力 F 平移到刚体内任意一点 B，要使原力对刚体的作用效果不变，必须同时附加一个力偶，附加力偶之矩等于原力 F 对新的作用点 B 之矩，这就是力的平移定理。

反之，根据力的平移定理，作用在平面内的一个力和一个力偶，也可以用作用在该平面内的另一个力来等效替换。

力的平移定理不仅是力系简化的基础，而且可用来解释一些实际问题。例如，用丝锥攻丝时，必须用双手握紧丝锥，且用力等值、反向，而不允许用一只手加力或加

力不均。如图 1-2-28 所示，若在丝锥的一端单手加力 F，根据力的平移定理，可将其向丝锥中心 C 平移，可得 F' 和力偶矩 M，附加力偶矩 M 是攻丝所需的力偶矩，而横向力 F' 却往往使攻丝不正，甚至使丝锥折断。

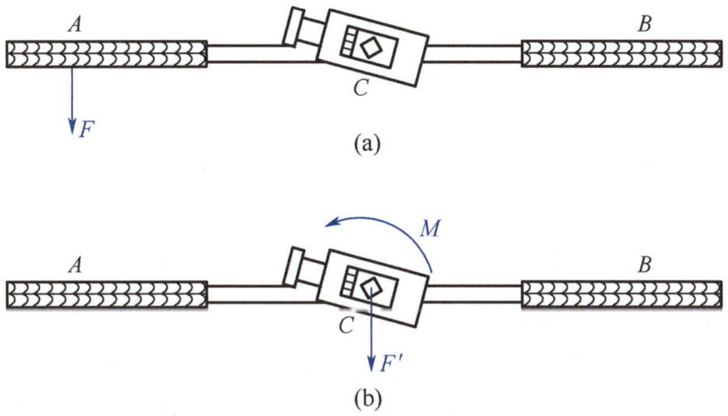

图 1-2-28　丝锥攻丝示意图

2. 平面任意力系向一点简化

设刚体上作用一平面任意力系 F_1、F_2、…、F_n，如图 1-2-29（a）所示。在力系所在平面内任选一点 O 作为简化中心，根据力的平移定理，将力系中各力等效平移到点 O，同时附加相应的力偶。于是，原力系等效地简化为两个基本力系：作用于点 O 的平面汇交力系 F'_1、F'_2、…、F'_n 和力偶矩分别为 M_1、M_2、…、M_n 的附加力偶系，如图 1-2-29（b）所示。其中

$$F'_1 = F_1,\quad F'_2 = F_2,\quad \cdots,\quad F'_n = F_n \tag{1-2-21}$$

$$M_1 = M_O(F_1),\quad M_2 = M_O(F_2),\quad \cdots,\quad M_n = M_O(F_n) \tag{1-2-22}$$

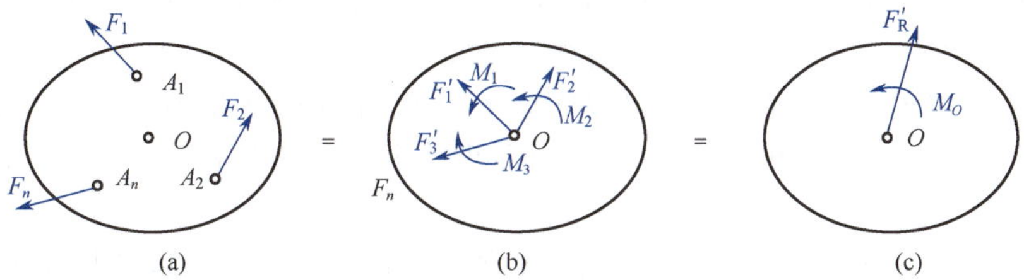

图 1-2-29　平面任意力系向一点的简化

平面汇交力系 F'_1、F'_2、…、F'_n 可合成为一个合力，这个合力称为原力系的主矢，记作 F'_R，即

$$F'_R = F'_1 + F'_2 + \cdots + F'_n = \Sigma F_i \tag{1-2-23}$$

其作用点在简化中心 O，大小和方向可用解析法获得

$$\begin{cases} F'_{Rx} = F_{1x} + F_{2x} + \cdots + F_{nx} \\ F'_{Ry} = F_{1y} + F_{2y} + \cdots + F_{ny} \\ F'_R = \sqrt{R'^2_{Rx} + R'^2_{Ry}} = \sqrt{(\Sigma F_{ix})^2 + (\Sigma F_{iy})^2} \\ \tan\varphi = \dfrac{F'_{Ry}}{F'_{Rx}} = \dfrac{\Sigma F_{iy}}{\Sigma F_{ix}} \end{cases} \tag{1-2-24}$$

式中　φ —— F'_R 与 x 轴之夹角。

显然主矢与简化中心 O 的位置无关。

附加力偶系可合成为一力偶，该力偶之矩称为原力系对简化中心的主矩，记作 M_O，即

$$\begin{aligned} M_O &= M_1 + M_2 + \cdots + M_n \\ &= M_O(F_1) + M_O(F_2) + \cdots + M_O(F_n) \\ &= \sum_{i=1}^{n} M_O(F_i) \end{aligned} \tag{1-2-25}$$

显然，其大小和转向均与简化中心 O 的位置有关。

合成后所得的主矢 F'_R 和主矩 M_O 如图 1-2-29（c）所示。

综上所述，平面任意力系向作用面内任意一点简化，可得到一个主矢和一个主矩。主矢等于原力系中各力的矢量和，作用线通过简化中心，其大小、方向与简化中心的位置无关。主矩等于原力系中各力对简化中心矩的代数和，其取值与简化中心的位置有关。

3. 平面任意力系的简化结果——合力矩定理

从前面分析我们知道平面任意力系向简化中心 O 简化，可得到一个主矢和一个主矩，但这不是最终的简化结果，现对其进行进一步分析。

（1）若 $F'_R = 0$，$M_O = 0$，则力系平衡。关于平衡问题将在下一节进行全面分析。

（2）若 $F'_R = 0$，$M_O \neq 0$，则原力系合成结果为一合力偶。合力偶之矩为

$$M = M_O = \Sigma M_O(F_i) \tag{1-2-26}$$

此时，力系无论向哪一点简化，结果都是具有相同力偶矩的一个合力偶，力系简化结果与简化中心的位置无关。

（3）$F'_R \neq 0$，$M_O = 0$，则力系可合成为一合力 F_R，合力作用线通过简化中心。

$$F_R = F'_R = \Sigma F_i \tag{1-2-27}$$

此时附加力偶是自行平衡，汇交力系的合力即为平面任意力系的合力。

（4）$F'_R \neq 0$，$M_O \neq 0$，根据力的平移定理的逆过程，可将其进一步简化为一合力 F_R。

如图 1-2-30（a）所示，平面任意力系向 O 点简化，设主矢和主矩均不为零，可以将矩为 M_O 的力偶用两个力 F_R 和 F''_R 来表示，并令 $F_R = F'_R = F''_R$，如图 1-2-30（b）所示。此时 F'_R 与 F''_R 构成平衡力系，减去这个平衡力系，即原力系的主矢 F'_R 和主矩 M_O 就与力 F_R 等效。F_R 即为原力系的合力，如图 1-2-30（c）所示。合力矢等于主矢，合力的作用线在点 O 一侧，具体位置可根据主矢的方向和主矩的转向确定，合力作用线到点 O 的距离 d 可按下式算得

$$d = \frac{M_O}{F_R} = \frac{M_O}{F'_R} \tag{1-2-28}$$

综上所述，平面任意力系合成的最终结果为一合力或为一合力偶。

下面证明平面任意力系的合力矩定理。

由图 1-2-30（b）可知，合力 F_R 对 O 点的矩为

$$M_O(F_R) = F_R \cdot d = M_O \tag{1-2-29}$$

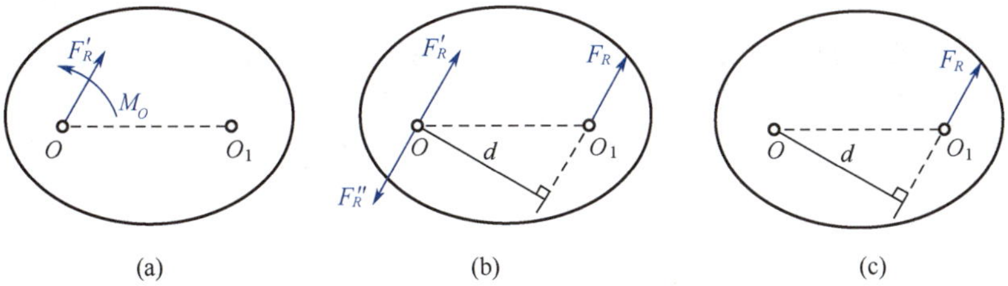

图 1-2-30　平面任意力系简化

由主矩的定义可知

$$M_O = \Sigma M_O(F_i) \tag{1-2-30}$$

所以

$$M_O(F_R) = \Sigma M_O(F_i) \tag{1-2-31}$$

由于 O 点具有任意性，故上式具有普遍意义，此式即为平面任意力系的合力矩定理：平面任意力系的合力对平面内任一点之矩，等于力系中各分力对该点之矩的代数和。

4. 固定端约束

物体的一部分固嵌于另一物体内所构成的约束称为固定端约束。例如建筑物中墙壁对于阳台的固定［图 1-2-31（a）］、车床上机架对于车刀的固定、卡盘对于工件的固定［图 1-2-31（b）］、地面对于电线杆的固定等都属于固定端约束，其力学模型如图 1-2-31（c）、（d）所示。

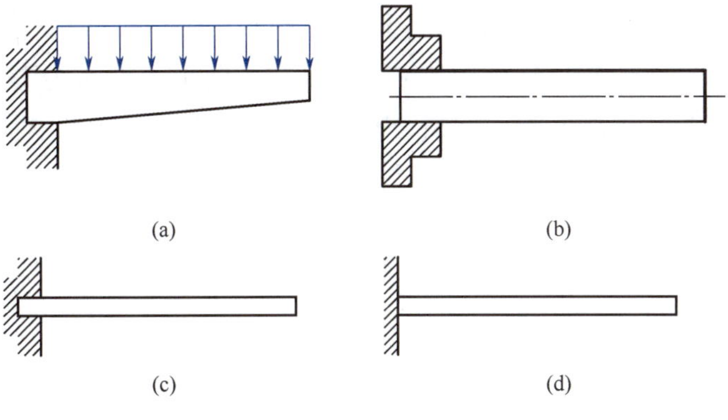

图 1-2-31　固定端约束

固定端约束的本质是在接触面上作用了一群约束反力。在平面问题中，这些力构成一平面任意力系，如图 1-2-32（a）所示。因此可以将这一群力向固定端上的 A 点进行简化，得到一个力 F_A 和一个矩为 M_A 的力偶，如图 1-2-32（b）所示。一般情况下这个力的大小和方向均为未知量，可用两个相互正交的未知分力 F_{Ax}、F_{Ay} 来代替。因此，在平面问题中，固定端 A 处的约束反力可简化为两个约束反力 F_{Ax}、F_{Ay} 和一个矩为 M_A 的约束反力偶，如图 1-2-32（c）所示。

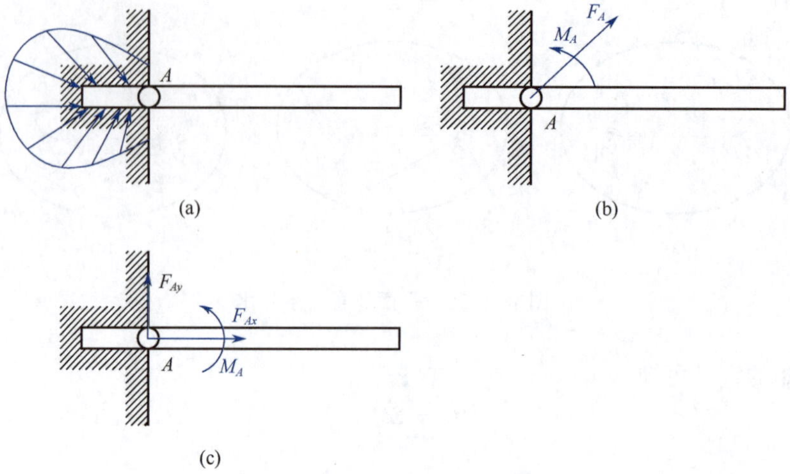

图 1-2-32　固定端约束的约束反力

二、平面任意力系的平衡

平面任意力系的平衡

1. 平衡条件

由前面讨论可知，若平面任意力系的主矢和主矩不同时为零，则力系最终可合成为一合力或一合力偶，此时刚体是不能保持平衡的。因此，欲使刚体在平面任意力系作用下保持平衡，则该力系的主矢和对任意一点的主矩必须同时为零，这是平面任意力系平衡的必要条件，不难理解这个条件也是充分条件，因为主矢为零保证了作用于简化中心的汇交力系为平衡力系，主矩为零又保证了附加力偶系为平衡力系。所以，平面任意力系平衡的充分必要条件是：力系的主矢和力系对于任意点的主矩同时为零，即

$$\begin{cases} F'_R = 0 \\ M_O = 0 \end{cases} \tag{1-2-32}$$

2. 平衡方程

由平面任意力系的平衡条件，并考虑到式（1-2-24）和式（1-2-25）可得平面任意力系的平衡方程为

$$\begin{cases} \Sigma F_{ix} = 0 \\ \Sigma F_{iy} = 0 \\ \Sigma M_O(F_i) = 0 \end{cases} \tag{1-2-33}$$

由此可得出结论，平面任意力系平衡的解析条件是：所有力在两个坐标轴上投影的代数和分别为零，所有力对任意一点之矩的代数和亦为零。式（1-2-33）称为平面任意力系平衡方程组的一般形式，它有两个投影方程和一个矩式方程，所以，又称为一矩式平衡方程。

平面任意力系有三个独立的平衡方程，能求解而且只能求解三个未知量。

注意：应该指出，投影轴和矩心可以任意选取。但在解决实际问题时，选择适当

的矩心和投影轴可简化计算过程。一般来说，应选在尽可能多的未知力的汇交点作为矩心，投影轴应尽可能与力系中多数力的作用线相垂直或平行。

虽然通过矩心和投影轴的选取可能使计算简单一些，但有时仍不可避免地要解联立方程组，尤其在研究物系平衡问题时，往往要解多个联立的平衡方程组。因此，为了简化计算，有必要选择适当的平衡方程形式。平面任意力系的平衡方程除了式（1-2-33）所表示的一般形式外，还有以下两种常见形式。

（1）二矩式平衡方程

$$\begin{cases}\Sigma F_{ix}=0\\ \Sigma M_A(F_i)=0\\ \Sigma M_B(F_i)=0\end{cases}\qquad(1-2-34)$$

即两个矩式和一个投影式方程。使用该方程组的限制条件为：投影轴 x 轴不能与 A、B 两点的连线垂直。

平面力系向某一点简化只可能有三种结果：合力、力偶或平衡。力系满足 $\Sigma M_A(F_i)=0$，则表明力系不可能简化为一个力偶，只能是作用线通过 A 点的一个力或平衡。同理，如果力系满足平衡方程 $\Sigma M_B(F_i)=0$，则可以断定，最终简化结果只能是作用线通过 B 点的一个力或平衡。两个矩式方程同时满足时，简化结果只能是通过 A、B 两点的合力或平衡。当力系同时满足方程 $\Sigma F_{ix}=0$，而连线 AB 又不垂直于 x 轴时，显然力系合力为零。这就表明，只要同时满足以上三个方程，且连线 AB 不垂直于投影轴 x，则力系必平衡。

（2）三矩式平衡方程

$$\begin{cases}\Sigma M_A(F_i)=0\\ \Sigma M_B(F_i)=0\\ \Sigma M_C(F_i)=0\end{cases}\qquad(1-2-35)$$

使用该方程组的限制条件为：A、B、C 三点不共线。这一结论的论证过程，请读者自行完成。

以上讨论了平衡方程的三种形式，在解决实际问题时，可从中任选一种。

注意：在应用平面方程解题时，为使计算简化，通常使用将矩心悬在众多未知力的交点上。坐标应尽可能选取与该力系中多数未知力的作用线平行或垂直，尽可能避免解联立方程。

【例 2-9】绞车通过钢丝绳牵引小车沿斜面轨道匀速上升，如图 1-2-33（a）所示。已知小车重 $W-10\text{kN}$，绳与斜面平行，小车两轮之间距离为 $AB=2a$，且两轮沿中心 C 点对称，其中 $\alpha=30°$，$a=0.75\text{m}$，$b=0.3\text{m}$，若不计摩擦，求钢丝绳的拉力 F 及轨道对车轮的约束反力。

解：（1）选对象，画受力图。取小车为研究对象，作用于小车上的力有重力 W，钢丝绳拉力 F，轨道在 A、B 处约束反力 N_A、N_B。小车沿轨道做匀速直线运动，则作用在小车上的力必满足平衡条件。

（2）建坐标，列方程。选未知力 F 与 N_A 的交点 A 为矩心，取直角坐标系 Axy，如图 1-2-33（b）所示。可列出一般形式的平衡方程为

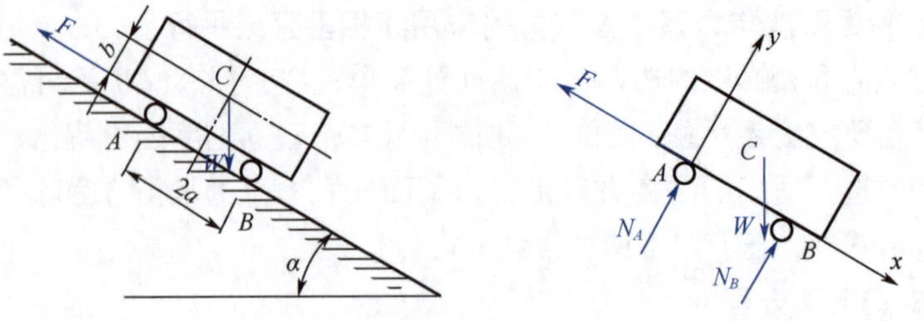

(a) (b)

图 1-2-33 绞车的受力分析

$$\begin{cases} \Sigma F_{ix} = 0, \quad -F + W\sin\alpha = 0 & \text{(a)} \\ \Sigma F_{iy} = 0, \quad N_A + N_B - W\cos\alpha = 0 & \text{(b)} \\ \Sigma M_A(F_i) = 0, \quad 2N_B a - Wa\cos\alpha - Wb\sin\alpha = 0 & \text{(c)} \end{cases}$$

（3）解方程，得结果。联立式（a）和式（c）可解得

$$F = W\sin\alpha = 10\sin30° = 5(\text{kN})$$

$$N_B = W\frac{a\cos\alpha + b\sin\alpha}{2a} = 10 \times \frac{0.75\cos30° + 0.3\sin30°}{2 \times 0.75} = 5.33(\text{kN})$$

再将 N_B 之值代入式（b）得

$$N_A = W\cos\alpha - N_B = 10\cos30° - 5.33 = 3.33(\text{kN})$$

【例 2-10】 图 1-2-34（a）所示的水平简支梁 AB，A 端为固定铰支座，B 端为可动铰支座。梁长为 $2a$，集中力为 F 作用于梁的中点 C，在梁 AC 段上受均布载荷 q 作用，在梁的 BC 段上受矩为 M 的力偶作用，试求 A、B 处的约束反力。

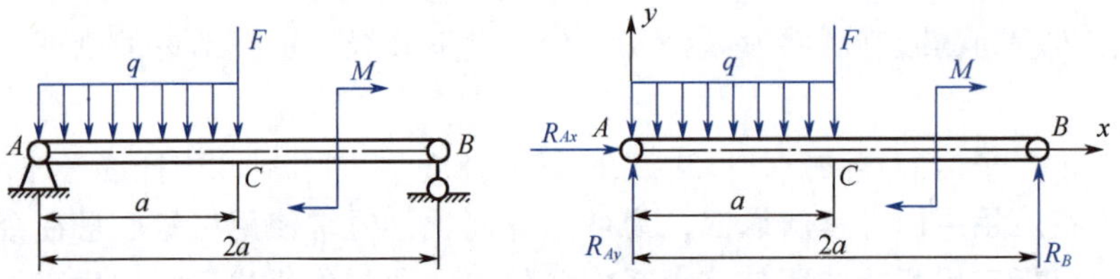

(a) (b)

图 1-2-34 简支梁的受力分析

解：（1）选对象，画受力图。选取梁 AB 为研究对象。作用在 AB 上的主动力有：均布载荷 q，集中力 F 和矩为 M 的力偶；约束反力有：铰链 A 处的两个反力 R_{Ax}、R_{Ay}，可动支座 B 处垂直向上的约束反力 R_B。

（2）建坐标，列方程。取坐标系 Axy 如图 1-2-34（b）所示，列出平衡方程

$$\begin{cases} \Sigma M_A(F) = 0, \quad R_B \cdot 2a - M - F \cdot a - q \cdot a \cdot \dfrac{a}{2} = 0 \\ \Sigma F_{ix} = 0, \quad R_{Ax} = 0 \\ \Sigma F_{iy} = 0, \quad R_{Ax} - q \cdot a - F + R_B = 0 \end{cases}$$

（3）解方程，得结果。解上述方程组可得

$$\begin{cases} R_{Ax} = 0 \\ R_{Ay} = \dfrac{F}{2} + \dfrac{3}{4}qa - \dfrac{M}{2a} \\ R_B = \dfrac{F}{2} + \dfrac{1}{4}qa + \dfrac{M}{2a} \end{cases}$$

三、静定和静不定物系平衡问题分析

1. 静定和静不定系统概念

在刚体静力学中，对于由 n 个物体组成的物系，若每个物体受平面任意力系作用，则可列 $3n$ 个独立的平衡方程。如系统中某些物体受平面汇交力系或平面平行力系等作用时，则平衡方程总数相应减少。独立平衡方程数与未知量数相比较，若未知量的数目少于平衡方程数，则已知条件多余，结构不平衡或结构不稳固；若未知量的数目等于平衡方程数，则由平衡方程能解出全部未知量，系统是静定的；若未知量数目多于平衡方程数，则仅用静力学平衡方程不能解出全部未知量，是静不定系统或称为超静定系统。

对于超静定系统，需要考虑物体因受力而产生的变形，加列某些补充方程后才能求解出全部的未知量。超静定问题已超出刚体静力学的范围，需在材料力学和结构力学中研究，以下只讨论静定系统的平衡问题。

2. 静定物系的平衡问题

研究物系的平衡问题时，不仅要分析系统以外的物体对系统的作用力，还需要分析系统内部各物体之间的相互作用力。内力总是成对出现，对整个系统来说，因内力的矢量和恒等于零，故不必考虑内力。当要求系统内力时，则需将系统中与所求内力有关的物体单独取为分离体。这就是说研究物系的平衡问题时，既要研究整体的平衡，也要研究局部的平衡，才能使问题得到解决。当整个系统平衡时，其各组成部分也是平衡的。根据问题的需要恰当地选取整体或局部为研究对象进行分析，是解决物系平衡问题的关键，也是与解决单个物体平衡问题的差别所在。

物系处于整体平衡时，组成系统的每一刚体或由若干个刚体组成的子系统都处于平衡状态，都可以作为研究对象。一般来讲，研究对象的选择大体可遵循以下几个原则：

（1）如果系统的外部约束力的全部或部分能通过对系统的整体分析而求出，则可先取整体为研究对象。

（2）选择受力情况最简单，且未知约束力最少的某刚体或子系统为研究对象。

（3）选择合适的坐标系和矩心，尽可能使 1 个方程只包含 1 个未知力。尽量避免求解联立的平衡方程。

（4）对于由圆柱铰链连接的多个刚体，可将销钉处理成依附于任意一刚体上，也可以单独取销钉为研究对象，通常采用前者。

下面通过若干实例说明分析求解的具体步骤。

【例 2-11】如图 1-2-35（a）所示，水平梁由 AC 和 CD 两部分组成，它们在 C 处用铰链相连。梁的 A 端固定在墙上，在 B 处受可动铰链支座约束。已知 $F_1=30\text{kN}$，$F_2=50\text{kN}$，均布载荷 $p=8\text{kN/m}$，梁的 BD 段受线性分布载荷作用，在 D 端为零，在 B 处达最大值 $q=12\text{kN/m}$。试求 A 和 B 两处的约束力。

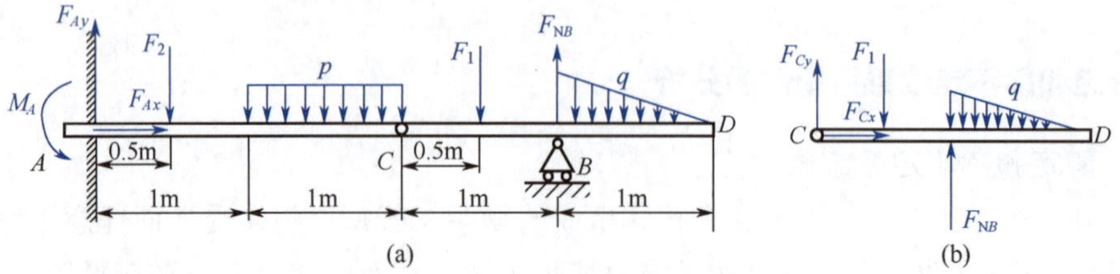

图 1-2-35 水平梁约束力

解：选整体为研究对象，由图 1-2-35（a）所示的受力情况可知，三角形分布载荷的合力作用在离 B 点 $\frac{1}{3}BD$ 处，它的大小等于三角形面积，即 $\frac{1}{2}q\times1$，列平衡方程如下

$$\Sigma F_x=0,\quad F_{Ax}=0$$

$$\begin{cases}\Sigma F_y=0,\quad F_{Ay}+F_{NB}-F_2-F_1-p\times1-\dfrac{1}{2}q\times1=0\\ \Sigma M_A(F)=0,\quad M_A+F_{NB}\times3-F_2\times0.5-F_1\times2.5-p\times1\times1.5-\dfrac{1}{2}q\times1\times\left(3+\dfrac{1}{3}\right)=0\end{cases}$$

以上 3 个方程包含 4 个未知量，故再选择梁 CD 为研究对象，受力如图 1-2-35（b）所示。列平衡方程如下

$$\Sigma M_C(F)=0,\quad F_{NB}\times1-F_1\times0.5-\frac{1}{2}q\times1\times\left(1+\frac{1}{3}\right)=0$$

解得 $F_{NB}=23\text{kN}$，代入前面三个方程，解得 $F_{Ax}=0$，$F_{Ay}=71\text{kN}$，$M_A=63\text{kN}\cdot\text{m}$

四、考虑摩擦时物系平衡问题分析

两个相互接触的物体做相对滑动或有相对滑动趋势时，接触表面将产生阻碍滑动的力，这种阻碍滑动的力称为滑动摩擦力。在物体之间有相对滑动趋势而尚未滑动时，物体接触表面产生的摩擦力称为静滑动摩擦力；物体之间已经产生相对滑动时，物体接触表面产生的摩擦力称为动滑动摩擦力。下面主要讨论考虑滑动摩擦时物系的平衡问题。

1. 静滑动摩擦力的性质

静滑动摩擦力可以看作是接触面约束对具有滑动趋势物体施加的切向约束反力。通过图 1-2-36 所示的实验装置，可以看出静滑动摩擦力与一般约束反力的异同点，从而认识静滑动摩擦力的性质。

如图 1-2-36 所示，重为 W_A 的物体放在粗糙的水平面上，通过绳与托盘相连，固定面对物体 A 的约束反力有法向反力 N 与切向摩擦力 F_S。

当盘中无砝码时（盘自重不计），由物块的平衡可知：$F_S = F_T = W = 0$，即主动力为零时摩擦力也为零。逐渐增加盘中砝码的重量，但不超过某一极限值，有 $F_S = W$；当砝码重量达到极限值 W_0 时，物块将处于临界平衡状态，即处于将要滑动但尚未滑动的平衡状态，这时静滑动摩擦力达到最大值 $F_S = F_{Smax}$，若再增加砝码的重量，摩擦力不再增加，物块开始滑动，从而失去平衡。由此可知：一方面摩擦力的数值随主动力的变化而改变，其方向与物体运动趋势的方向相反；另一方面摩擦力的数值不随主动力的增大而无限增大，而是不能超过某一个极限值，这个极限值称为最大静摩擦力，记为 F_{Smax}。于是静滑动摩擦力的取值范围是

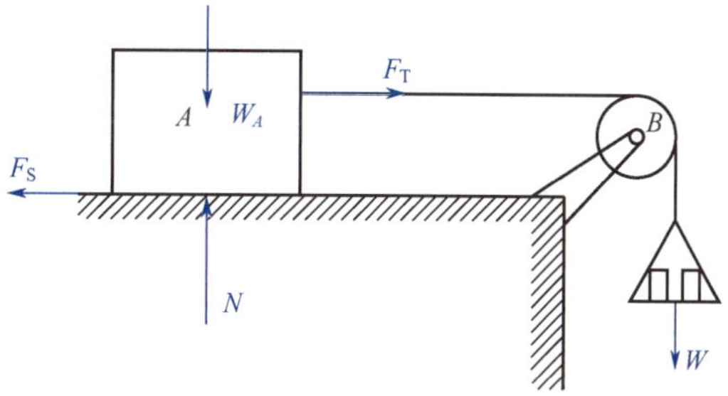

图 1-2-36　静滑动摩擦实验装置

$$0 \leqslant F_S \leqslant F_{Smax}$$

最大静摩擦力的取值满足摩擦定律：临界平衡状态时，静摩擦力达到最大值，其大小与物体间的法向反力成正比，其方向与物体的滑动趋势方向相反，其数学表达式为

$$F_{Smax} = f_S \cdot N \tag{1-2-36}$$

这是一个近似的实验定律，其中 f_S 称为静滑动摩擦因数，它是反映摩擦表面物理性质的一个比例常数，其数值与相互接触物体的材料、接触表面的粗糙度、湿度、温度等因素有关，而与接触面面积的大小无关，具体数值可由实验测得或查阅有关工程手册获得。

2. 动滑动摩擦力的性质

当物体已经滑动时，接触面上作用着阻碍相对滑动的动滑动摩擦力，在数值上它也与接触面的法向反力成正比，即

$$F = f \cdot N \tag{1-2-37}$$

其中 f 是动滑动摩擦因数。它除了与接触表面的物理性质有关外，还与物体的相对滑动速度有关，一般速度增大，f 将略减小，且趋于一个极限值，在工程应用中常把 f 作为常数。因此，在处理滑动摩擦问题时，可用式（1-2-37）计算动滑动摩擦力大小。

注意：动摩擦因数一般小于静摩擦因数，而且还与接触物体间的相对滑动速度有关。在多数情况下，动摩擦因数随相对滑动速度的增大而稍有减小。但在速度不大时，可以忽略速度对动摩擦因数的影响，而近似地认为动摩擦因数是个常数。

3. 摩擦角的概念与自锁现象

接触表面对物体的法向约束反力 N 和切向反力 F_S（即摩擦力）可以合成一个合力 F_{RA}，如图 1-2-37（a）所示，称为全约束反力。设全约束反力与接触面公法线间的夹角为 α，则 $\tan\alpha = F_S/N$；当静摩擦力由零增加到最大值时，α 亦由零增加到最大值 φ，

如图 1-2-37（b）所示，且有

$$\tan\varphi = \frac{F_{Smax}}{N} = \frac{f_S \cdot N}{N} = f_S \qquad (1-2-38)$$

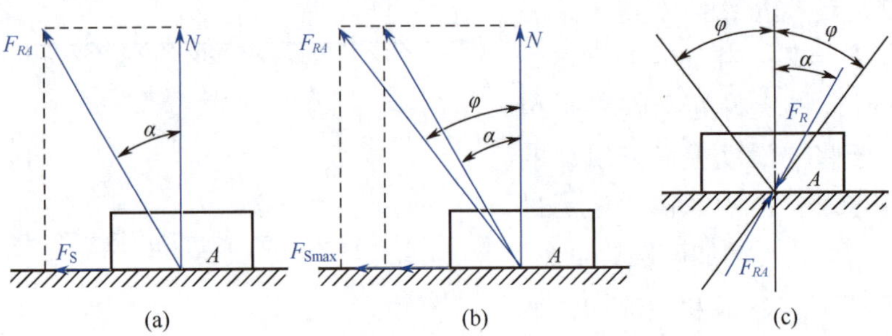

图 1-2-37　摩擦角

φ 称为摩擦角，它是全约束反力与接触面公法线间夹角的最大值，或者说最大全约束反力与法线方向之间的夹角即为摩擦角。

由式（1-2-38）可知，摩擦角的正切值等于静摩擦因数。可见摩擦角和摩擦因数一样，也是反映接触表面摩擦性质的一个物理参数。

物体平衡时，静摩擦力不一定达到最大值，可在零与最大值 F_{Smax} 之间变化，所以全约束反力与法线之间的夹角也在零与摩擦角 φ 之间变化。由于静摩擦力不可能超过其最大值，因此全约束反力的作用线也不可能超出摩擦角之外，即全约束反力必在摩擦角之内。

由此可以看出，如果作用于物体上的全部主动力的合力 F_R 的作用线在摩擦角之内，则无论这个力多大，必有相应的全约束反力 F_{RA} 与其相平衡，如图 1-2-37（c）所示，这种现象称为自锁现象。工程中常用自锁原理设计一些机构或夹具，如千斤顶、压榨机等，使它们工作时始终处于平衡状态。

4. 考虑摩擦时物系平衡问题计算

考虑摩擦时物系的平衡问题与不考虑摩擦时物系的平衡问题有着共同特点，即物体平衡时应满足平衡条件，解题方法与过程也基本相同。但是这类平衡问题的分析过程也有其特点。首先受力分析时必须考虑摩擦力，而且要注意摩擦力的方向与相对滑动趋势的方向相反；其次，在滑动之前，即处于静止状态时，摩擦力不是一个定值，而是在一定的范围内变化。

有摩擦时的平衡问题与一般平衡问题的解法大致相同，因为二者都是利用力系的平衡条件，即静平衡方程求解未知力。但是，摩擦平衡问题也有其自身的特点，即摩擦力的性质决定了其取值为一范围值，具体取值需要根据平衡方程确定。有摩擦时的平衡问题大致可以分为以下三种类型。

（1）尚未达到临界状态的平衡。此时静滑动摩擦力未达到最大值，因此，这时它就是一个普通的未知约束反力，需要根据静平衡方程确定其大小和方向。

（2）处于临界状态的平衡。最大静摩擦力为 $F_{Smax}=f_S \cdot N$，其方向可根据物体的运动趋势加以判定。这种情况下，静滑动摩擦力不是一个独立的未知量。

（3）平衡范围问题。需根据摩擦力的取值范围来确定某些主动力或约束反力的取值范围。在这个范围内，物体将处于平衡状态。一个平衡范围问题，可作为两个相反运动趋势的临界平衡问题处理。

【例 2-12】 某制动器的构造和主要尺寸如图 1-2-38（a）所示。若制动块与鼓轮表面间的摩擦因数为 f_S，物块重为 W，求制动鼓轮转动所需的最小力 F_{min}。

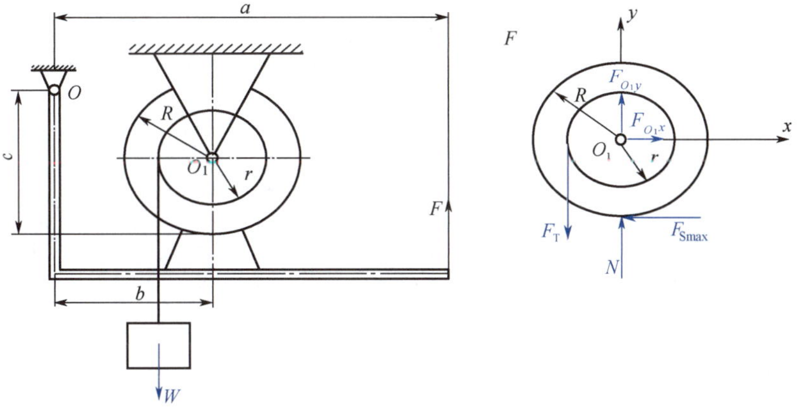

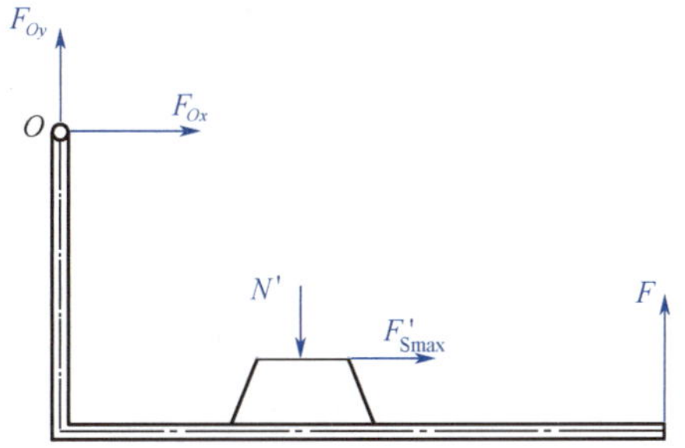

图 1-2-38　制动器的受力分析

解： 所谓最小力就是刚能制动鼓轮的力，此问题为临界平衡问题，此时摩擦力大小为

$$F_{Smax} = f_S \cdot N$$

（1）先取鼓轮为研究对象，受力分析如图 1-2-38（b）所示。列矩式平衡方程

$$\Sigma M_{O_1}(F) = 0,\quad F_T \cdot r - F_{Smax} \cdot R = 0$$

其中 $$F_T = W$$

所以有 $$F_{Smax} = \frac{r}{R}W \tag{a}$$

所需压紧力为 $$N = \frac{F_{Smax}}{f_S} = \frac{r}{Rf_S}W \tag{b}$$

（2）取杆作为研究对象，受力分析如图 1-2-38（c）所示，列平衡方程

$$\sum M_O(F)=0 \qquad F\cdot a-N'\cdot b+F'_{Smax}\cdot c=0$$

将式（a）、式（b）代入上式有

$$F=\frac{1}{a}(Nb-F'_{Smax}\cdot c)=\frac{1}{a}\left(\frac{rb}{Rf_S}W-\frac{rc}{R}W\right)=\frac{r}{aR}\left(\frac{b}{f_S}-c\right)W$$

即欲使鼓轮静止，至少应加力

$$F_{min}=\frac{r}{aR}\left(\frac{b}{f_S}-c\right)W$$

【例 2-13】 物块重为 W，放在倾角为 α 的斜面上，它与斜面间的摩擦因数为 f_S，如图 1-2-39（a）所示。当物块处于平衡状态时，试求作用在物块上的水平力 F 的大小。

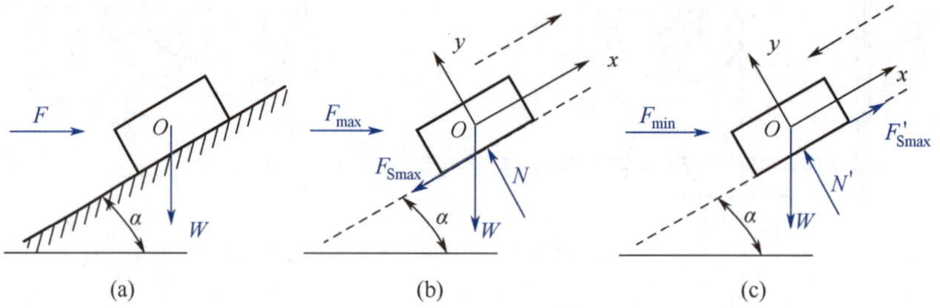

图 1-2-39 斜面摩擦

解： 由经验可知，当力 F 太大，物块将上滑；力 F 太小，物块将下滑。因此，力 F 的数值必在最大值与最小值之间，此问题属于平衡范围问题。

（1）求 F 的最大值。当力 F 达到最大值时，物体处于向上滑动的临界状态，此时摩擦力沿斜面向下，并达到最大值 F_{max}。物体共受 W、F_{max}、N、F_{Smax} 四个力作用，如图 1-2-39（b）所示。列平衡方程

$$\begin{cases}\sum F_{ix}=0, & F_{max}\cos\alpha-W\sin\alpha-F_{Smax}=0\\ \sum F_{iy}=0, & N-F_{max}\sin\alpha-W\cos\alpha=0\end{cases}$$

此外，还有一个补充方程，即

$$F_{Smax}=f_S\cdot N$$

这里摩擦力的最大值 F_{max} 并不等于 $W\cdot f_S\cdot\cos\alpha$，因为 $N\neq W\cos\alpha$，力 N 之值必须由平衡方程决定。

将以上三式联立，可解得水平推力的最大值为

$$F_{max}=W\frac{\sin\alpha+f_S\cos\alpha}{\cos\alpha-f_S\sin\alpha}$$

（2）求 F 的最小值。当 F 取最小值时，物体处于将要向下滑动的临界状态，摩擦力沿斜面向上，并达到另一最大值 F'_{Smax}，物体的受力如图 1-2-39（c）所示。列平衡方程

$$\begin{cases}\sum F_{ix}=0, & F_{min}\cos\alpha-W\sin\alpha+F'_{Smax}=0\\ \sum F_{iy}=0, & N'-F_{min}\sin\alpha=0\end{cases}$$

列出补充方程

$$F'_{min}=f_S\cdot N'$$

将以上三式联立，可解得水平推力的最小值为

$$F_{\min} = W\frac{\sin\alpha - f_S\cos\alpha}{\cos\alpha + f_S\sin\alpha}$$

综合上述两个结果可知：为使物体静止，力 F 必须满足如下条件

$$W\frac{\sin\alpha - f_S\cos\alpha}{\cos\alpha + f_S\sin\alpha} \leqslant F \leqslant W\frac{\sin\alpha + f_S\cos\alpha}{\cos\alpha - f_S\sin\alpha}$$

应该强调指出，在临界状态下求解有摩擦的平衡问题时，必须根据运动趋势正确地判定摩擦力的方向，而不能随意假定其方向。

本题也可利用摩擦角的概念，用全约束反力进行求解，得

$$W\tan(\alpha - \beta) \leqslant F \leqslant W\tan(\alpha + \beta)$$

任务实施

平面任意力系平衡问题的求解——求图 1-2-24 中塔式起重机受力问题。

解：(1) 要使起重机不翻倒，应使作用在起重机上的力系满足平衡条件。起重机所受的力有载荷 W_2、机架自重 W_1、平衡荷重 W_3 以及轨道的约束反力 N_A、N_B。

满载时，为使起重机不绕 B 点向右翻倒，作用在起重机上的力必须满足 $\Sigma M_B(F)=0$，在临界情况下 $N_A=0$，这时求出的 W_3 值即为所允许的最小值。

$$\Sigma W_B(F) = 0$$

$$W_3(6+2) + 2W_1 - W_2(12-2) = 0$$

$$W_3 = \frac{1}{8}(10W_2 - 2W_1) = 75\text{kN}$$

空载时，$W_2=0$。为使起重机不绕 A 点向左翻倒，作用在起重机上的力必须满足条件 $\Sigma M_A(F)=0$。

在临界情况下，$N_B=0$。这时求出的 W_3 值就是所允许的最大值。

$$\Sigma M_A(F) = 0,\quad W_3(6-2) - 2W_1 = 0$$

$$W_3 = \frac{2}{4}W_1 = 350\text{kN}$$

所以，要使起重机不致翻倒，W_3 必须满足

$$75\text{kN} < W_3 < 350\text{kN}$$

(2) 当 $W_3=180\text{kN}$ 时，起重机可处于平衡状态。此时起重机在 W_1、W_2、W_3 以及 N_A、N_B 作用下处于平衡状态。根据平面平行力系的平衡方程有

$$\begin{cases}\Sigma M_A(F) = 0,\quad W_3(6-2) - W_1\cdot 2 - W_2(12+2) + N_B\cdot 4 = 0\\ \Sigma F_{iy} = 0,\quad -W_3 - W_1 - W_2 + N_A + N_B = 0\end{cases}$$

可解得

$$N_A = 210\text{kN},\quad N_B = 870\text{kN}$$

素质拓展

C919 飞机蕴含的流体力学知识

C919 飞机是我国自主研发的大型客机，其研发过程中融入了大量的流体力学知识。

流体力学是研究流体运动及其与物体的相互作用的力学分支。在 C919 飞机的设计、研发和测试阶段，涉及以下几方面的流体力学知识。

1. 空气动力学

空气动力学是流体力学的一个重要分支，主要研究飞机在飞行过程中与周围空气的相互作用。C919 飞机的翼型设计、机翼布局以及机身形状等都需要考虑空气动力学性能，以降低阻力、提高升力和保证飞行稳定性。

2. 边界层控制

边界层是飞机表面与周围空气的交界区域，对飞机的气动性能有很大影响。C919 飞机的设计需要考虑边界层控制，通过合理的几何形状和表面处理等手段，降低边界层流动的阻力，延迟流动分离，提高飞行性能。

3. 湍流模型

湍流是在高速飞行中常见的一种非稳态、非均匀的流动现象。C919 飞机在设计过程中，需要采用湍流模型对飞机的空气动力学性能进行仿真分析，以优化飞机结构、降低阻力、提高燃油效率。

4. 气动弹性

飞机在飞行过程中，机翼和其他部件会受到空气流动的影响，产生振动和变形。C919 飞机的设计需要考虑气动弹性效应，保证飞机结构的稳定性和安全性。

5. 飞行力学

飞行力学研究飞机在空中运动的规律和控制。C919 飞机的操纵系统、稳定性和控制性能等方面都需要基于飞行力学的原理进行设计和分析。

6. 实验流体力学

实验流体力学是通过实验手段研究流体力学现象的方法。C919 飞机在研发过程中，需要进行各种实验测试，如风洞试验、空中试验等，验证飞机的气动性能和飞行特性。

综上所述，C919 飞机蕴含了多方面的流体力学知识，这些知识在飞机的设计、研发和测试阶段发挥着关键作用。除了上述提到的流体力学知识之外，C919 飞机还涉及其他方面的知识，如下。

1. 噪声控制

飞机在飞行过程中会产生噪声，如发动机噪声、空气噪声等。为了降低对环境和人员的影响，C919 飞机需要应用流体力学原理和声学原理进行噪声控制。例如，通过优化发动机进气道和排气道设计、使用消声器等方法降低发动机噪声。

2. 发动机性能

C919 飞机的发动机涉及流体力学知识，如燃气轮机的设计、压气机和涡轮的气动性能等。这些知识对于发动机的性能、燃油效率和可靠性至关重要。

3. 热管理

飞机在飞行过程中会产生大量热量，如发动机热量、摩擦热等。C919 飞机需要应用流体力学和热力学原理进行热管理，以确保飞机各系统的正常运行和舒适性。例如，通过空气循环系统、冷却液循环系统等方式进行热量的传递和散热。

4. 环境控制系统

飞机的环境控制系统需要考虑流体力学原理，如空气流动、气压调节等。C919 飞机的环境控制系统需要确保舱内乘客和机组人员的舒适性和安全性，包括气压、温度、湿度等方面的调节。

通过这些流体力学知识的应用，C919 飞机能够在设计、研发和测试阶段实现对气动性能、飞行稳定性、燃油效率等方面的优化，为乘客和运营商提供更高效、安全、舒适的飞行体验。

（资料来源：360 百科 . C919——国产中程窄体干线客机［EB/OL］.［2025-04-30］. https：//baike. so. com/doc/2005457-32333041. html，有改动。）

思考与练习

一、简答题

1. 设一平面任意力系向某一点简化得到一合力。如另选适当的点为简化中心，力系能否简化为一力偶？为什么？

2. 某平面力系向同平面内任一点简化的结果都相同，此力系简化的最终结果是什么？

3. 平面汇交力系的平衡方程中，可否取两个力矩方程，或一个力矩方程和一个投影方程，其矩心和投影轴的选择有什么限制？

4. 如题图 1-2-25 所示物块重 W，放置在粗糙的水平面上，接触处的摩擦因数为 f_S，要使物块沿水平面向右滑动，可沿 OA 方向施加力 F_1，也可沿 BO 方向施加力 F_2，试问哪种方法省力，为什么？

5. 已知Ⅱ形物体重为 W，尺寸如题图 1-2-26 所示。现以水平力 F 拉此物体，当刚开始拉动时，A、B 两处的摩擦力是否都达到了最大值？如果 A、B 两处的静摩擦因数均为 f_S，两处摩擦力是否相等？如果力 F 较小而未能拉动物体，能否求出 A、B 两处的静摩擦力？

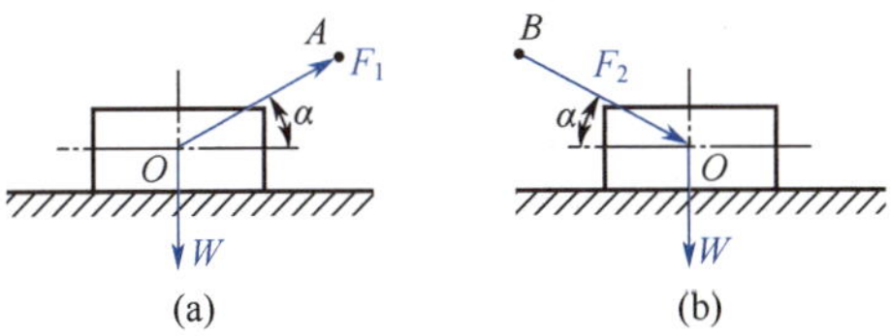

题图 1-2-25

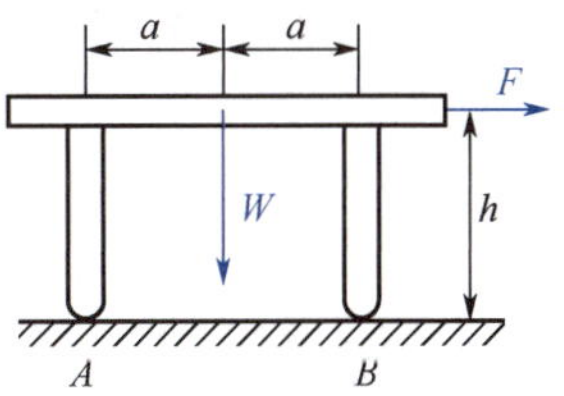

题图 1-2-26

6. 在粗糙的斜面上放置重物，当重物不下滑时，敲打斜面板，重物可能会下滑。试解释其原因。

7. 静摩擦因数与动摩擦因数是否一样？为什么？

二、分析计算题

1. 如题图 1-2-27 所示为一起重机，A、B、C 处均为光滑铰链连接，水平杆 AB 的

重量 $G=6\text{kN}$，载荷 $F=12\text{kN}$，有关尺寸如图所示，BC 杆自重不计。如果载荷 F 可以沿杆 AB 移动，问：

（1）载荷 F 在什么位置时杆 BC 所受的拉力最大？其值为多少？

（2）载荷 F 在什么位置时铰链 A 处的约束力达到最大值？其值为多少？

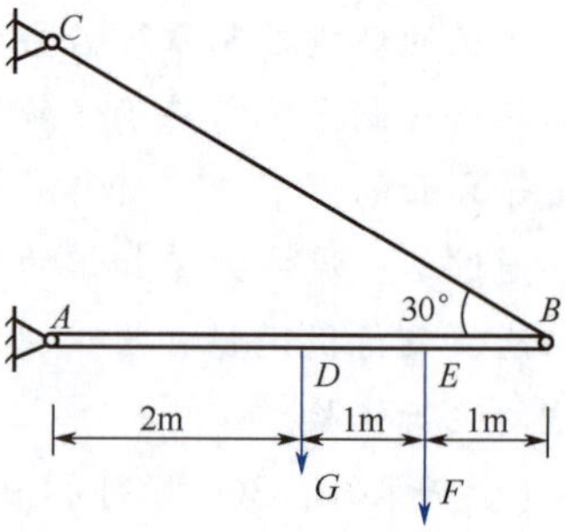

题图 1-2-27

2. 如题图 1-2-28 所示，已知 $F=400\text{N}$，$q=10\text{N/cm}$，$M=200\text{N}\cdot\text{m}$，$a=50\text{cm}$，求各梁的支座反力。

3. 如题图 1-2-29 所示为一旋转式起重机结构简图，已知起吊货物重 $W=60\text{kN}$，$AB=1\text{m}$，$CD=3\text{m}$，不计支架自重，求 A、B 处的约束反力。

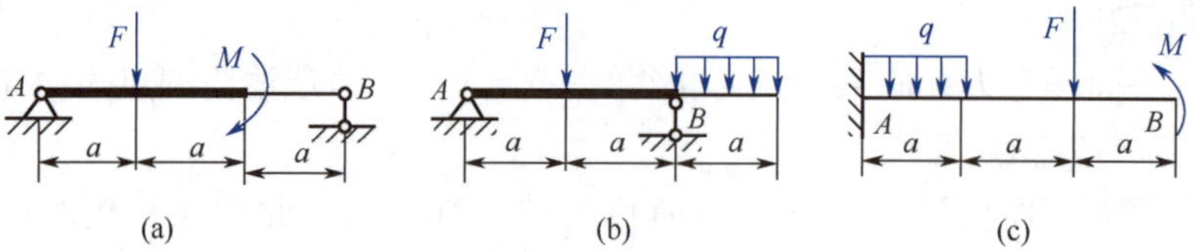

题图 1-2-28

4. 高炉上料小车如题图 1-2-30 所示，车和料共重 $W=240\text{kN}$，重心在点 C，已知 $a=1\text{m}$，$b=1.4\text{m}$，$e=1\text{m}$，$d=1.4\text{m}$，$\alpha=55°$，料车做匀速运动。求钢索的拉力 F 及轨道 A、B 处的支反力。

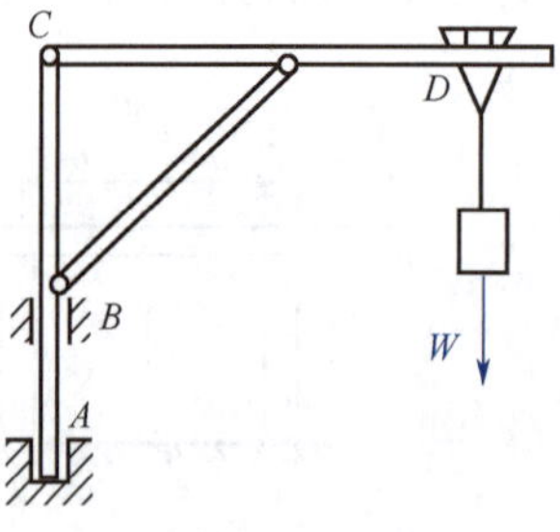

题图 1-2-29

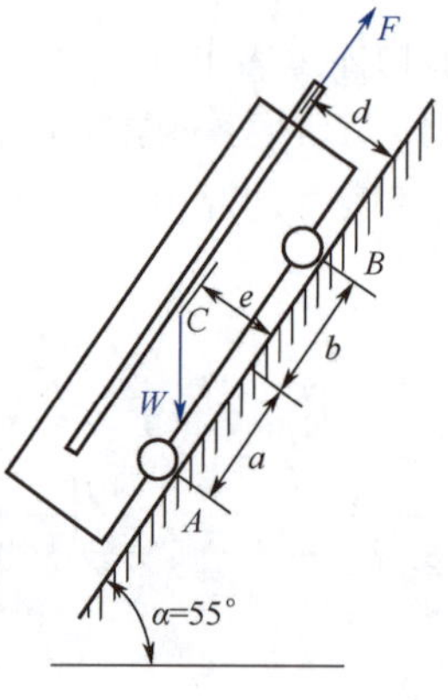

题图 1-2-30

5. 在题图 1-2-31 所示钢架中，已知 $q=3\text{kN/m}$，$F=6\sqrt{2}\,\text{kN}$，$M=10\text{kN}\cdot\text{m}$，不计钢架自重。求固定端 A 处的约束反力。

6. 如题图 1-2-32 所示均质梁 AB 上铺设有起重机轨道。起重机重 50kN，其重心在铅直线 CD 上，货物重量为 $W_1=10\text{kN}$，梁重 $W_2=30\text{kN}$，尺寸如图所示。图示位置时，起重机悬臂和梁 AB 位于同一铅直面内。试求支座 A 和 B 的反力。

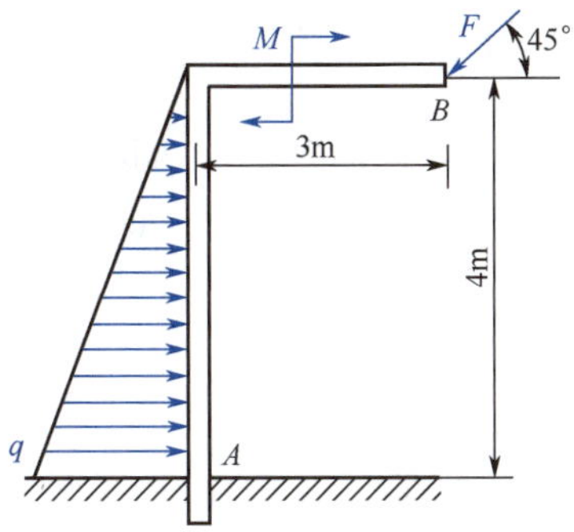

题图 1-2-31

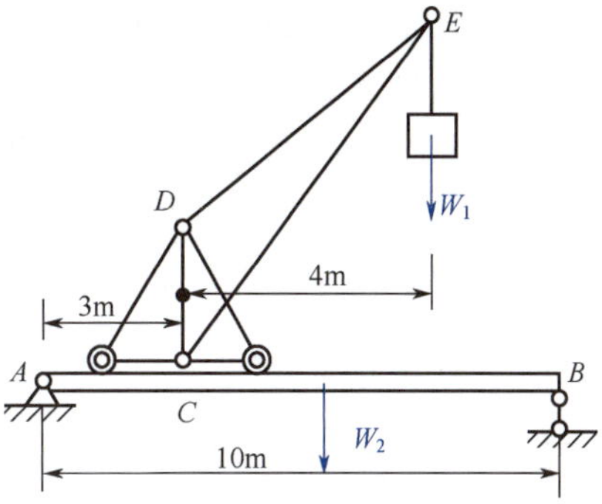

题图 1-2-32

7. 水平梁 AB 由铰链 A 和杆 BC 支承，如题图 1-2-33 所示。在梁上 D 点用销子安装一半径为 $r=0.1\text{m}$ 的滑轮。有一跨过滑轮的绳子，其一端水平地系于墙上，另一端悬挂有重 $W=1800\text{N}$ 的重物。如 $AD=0.2\text{m}$，$BD=0.4\text{m}$，$\alpha=45°$，且不计梁、杆、滑轮和绳子的自重。试求铰链 A 和杆 BC 对梁的反力。

8. 如题图 1-2-34 所示组合梁，已知 a、q，梁自重忽略不计，试求 A、B、C 处的反力。

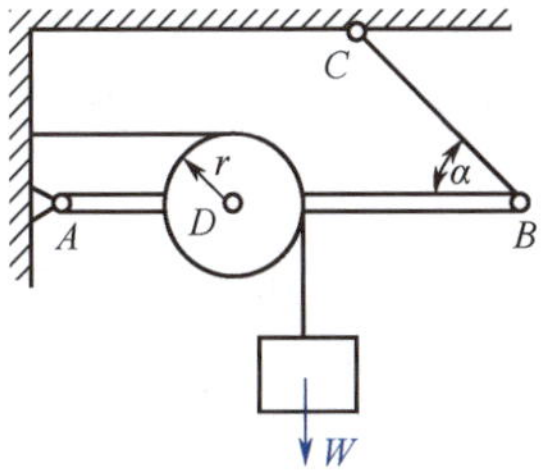

题图 1-2-33

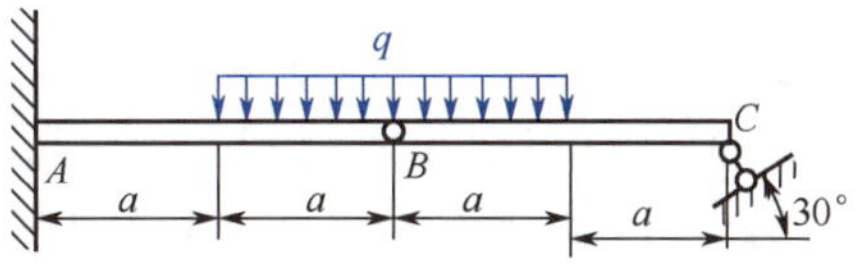

题图 1-2-34

9. 由 AC、CD 构成的组合梁通过铰链 C 连接，其支承和受力如题图 1-2-35 所示。已知均布载荷强度 $q=10\text{kN/m}$，力偶矩 $M=40\text{kN}\cdot\text{m}$，不计梁重，求铰链 A、B、C、D 处的约束反力。

10. 如题图 1-2-36 所示，均质球重 W，半径为 r，放在墙与杆 CB 之间，杆长为 l，杆与墙之间的夹角为 α，B 端用水平绳 BA 拉住，不计杆重，求绳的拉力，问 α 为何值时绳子的拉力最小？

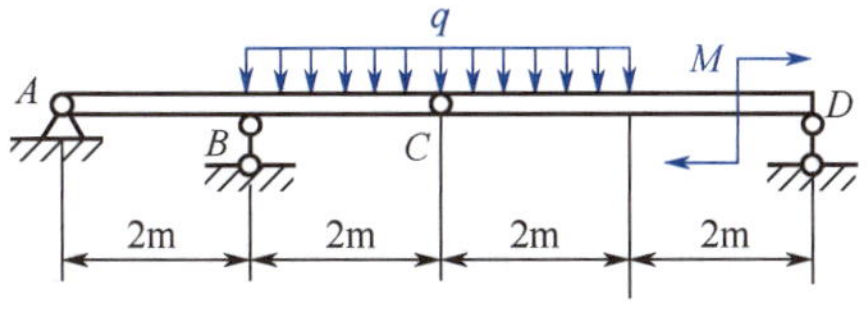

题图 1-2-35

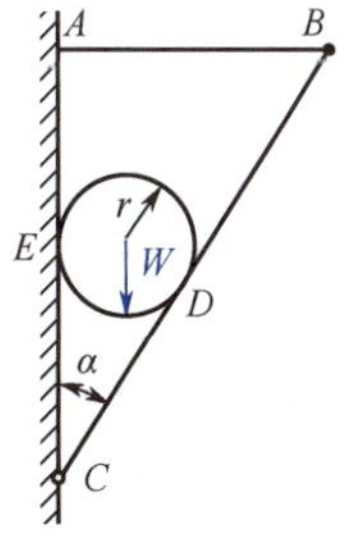

题图 1-2-36

11. 圆柱 O 重 $W=1000\text{N}$，半径 $r=0.4\text{m}$，放置在斜面上，用如题图 1-2-37 所示的撑架支承。不计架重，求 A、B、C 处的约束反力。

12. 梯子两部分 AC 和 AB 在点 A 铰接，又在 D、E 两点用水平绳连接，如题图 1-2-38 所示。梯子放在光滑的水平面上，其一边作用有铅垂力 F，尺寸如图所示。如不计梯子自重，求绳子的拉力 F_{DE}。

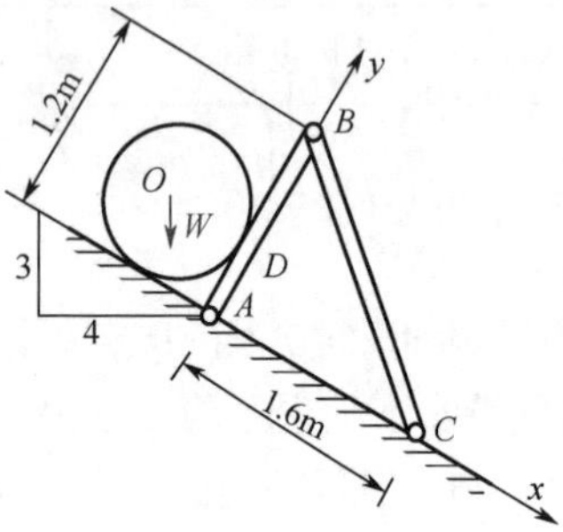

题图 1-2-37

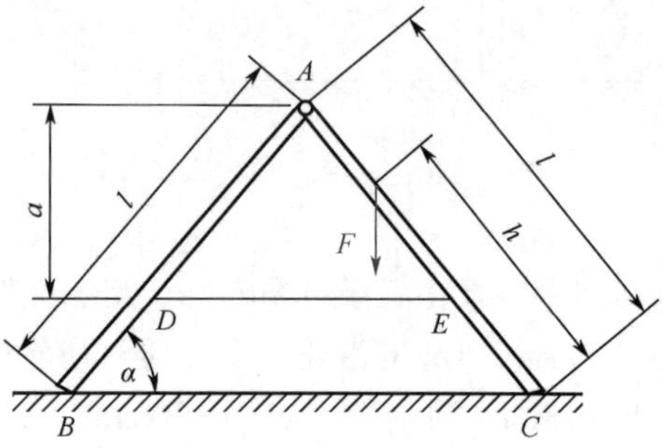

题图 1-2-38

13. 如题图 1-2-39 所示，已知：$W=200\text{N}$，$F=100\text{N}$，$\alpha=30°$，物体与水平面之间的摩擦因数均为 0.5，试分析在图示三种情况下，物体各处于何种状态，所受摩擦力各为多大？

14. 鼓轮 O 重 $W=500\text{N}$，放在墙角里，如图 1-2-40 所示。已知鼓轮与水平地板间的摩擦因数为 0.25，墙壁是绝对光滑的。鼓轮上的绳索下端挂重物 A。设半径 $R=200\text{mm}$，$r=100\text{mm}$，求平衡时物体 A 的最大允许重量。

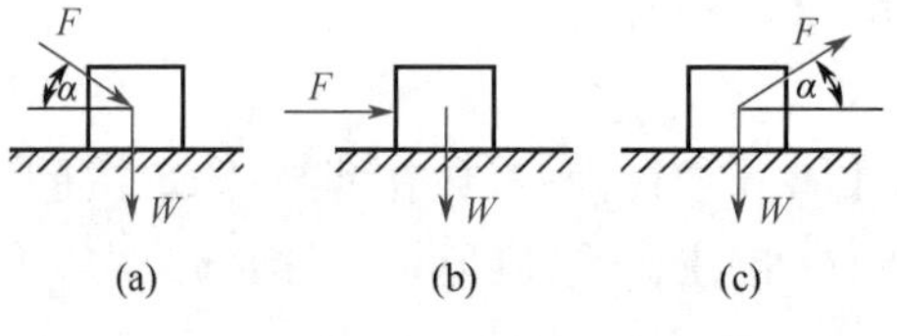

题图 1-2-39

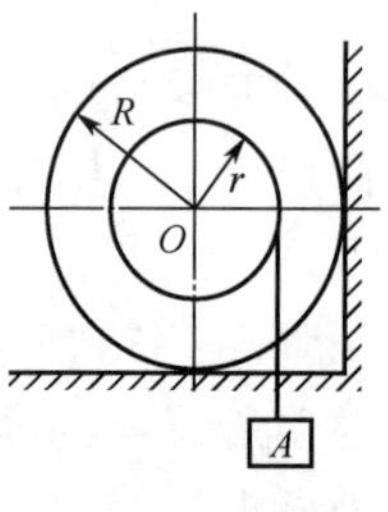

题图 1-2-40

15. 如题图 1-2-41 所示，上下两物体的重量分别为 5000N 和 2000N，二者之间的静摩擦因数为 0.2，下面的物体与水平之间的摩擦因数为 0.5。试求：若要抽出下面的物体所需水平拉力 F 至少应多大？

16. 如题图 1-2-42 所示，A 物体重 5kN，B 物体重 6kN，两者之间的静滑动摩擦因数为 0.1，B 物体与地面之间的静摩擦因数为 0.2，两物体由绕过静滑轮的无重水平绳相连。求使物体运动的最小水平力 F。

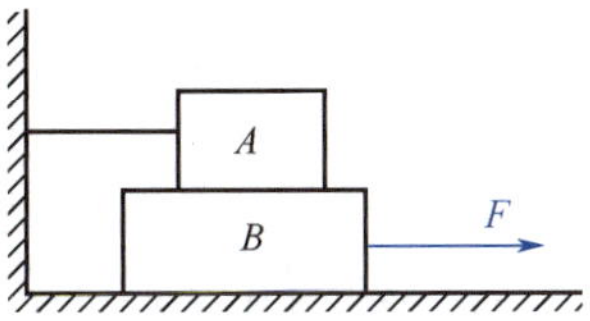

题图 1-2-41

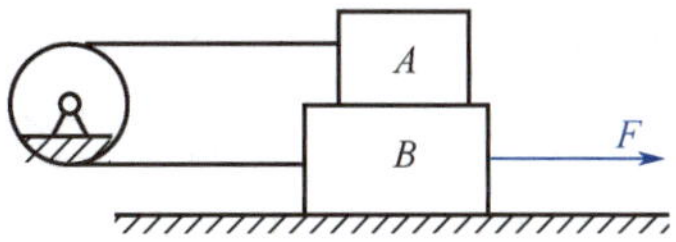

题图 1-2-42

任务四 空间力系的合成与平衡

任务描述

重为 W 的重物用杆 AB 和位于同一水平面内的绳索 AC、AD 支撑，如图 1-2-40（a）所示。已知 $W=1000\text{N}$，$CE=ED=12\text{cm}$，$EA=24\text{cm}$，$\beta=45°$。不计杆重，求绳索的拉力和杆 AB 所受的力。

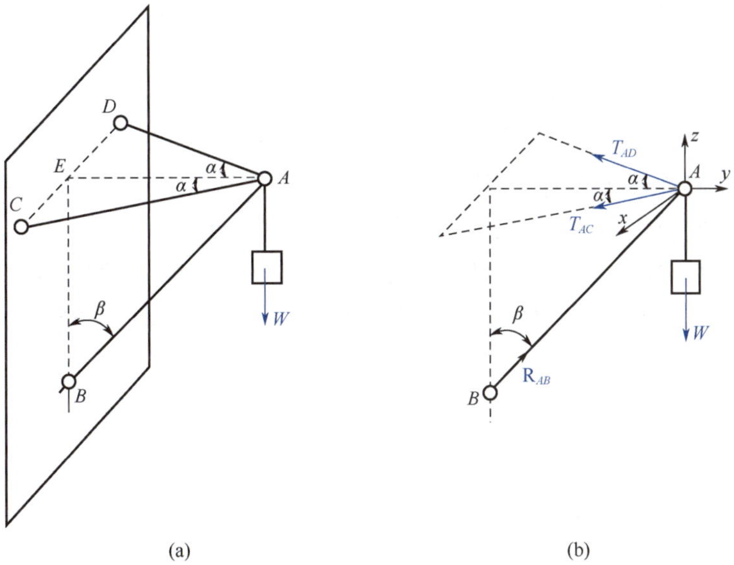

图 1-2-40 空间力系受力分析

任务分析

了解空间力系简化的方法和结果，能应用平衡条件求解空间汇交力系、空间平行力系、空间任意力系和空间力偶系的平衡空间。

知识准备

工程实践中，刚体的受力除了平面力系外，如果作用于物体上的力的作用线以及力偶的作用面不都在一个平面上，则属于空间的力系的作用。如果空间力系中各个力的作用线交于一点称为空间汇交力系；如果所有力的作用线相互平行则称为空间平行力系；如果一个物体受到多个力偶的作用，而且这些力偶中至少有两个力偶的作用面不在一个平面上，则称该力偶系为空间力偶系。力的作用线在空间任意分布的力系和空间力偶系统称为空间任意力系。

空间力系的分析方法与平面力系的分析方法是一样的。本任务重点研究空间力系的平衡方程以及应用。

一、空间力系的合成

1. 力沿空间直角坐标轴的分解

在平面内，一力可沿坐标轴分解为相互垂直的两个分力。同样，在空间可将一力沿空间坐标轴方向分解为相互垂直的三个分力。具体做法如下。

如图 1-2-41 所示，设有一空间力 F，根据力的平行四边形法则，先将该力分解为两个力：沿 z 轴方向的 F_z 和 O_{xy} 平面内的分力 F_{xy}；然后再将分力 F_{xy} 分解为沿 x 轴的分力 F_x 和 y 轴的分力 F_y。由图可见，各分力分别为以原力为对角线的直角六面体的三个棱边。

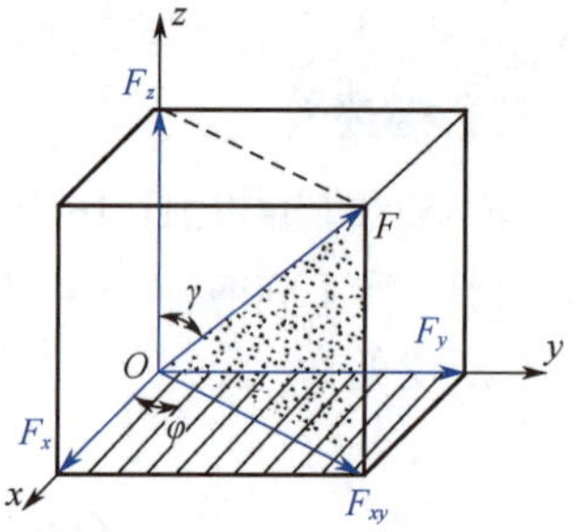

图 1-2-41　力沿空间直角坐标轴的分解

2. 力在空间直角坐标轴上的投影

空间一力在空间直角坐标轴上的投影计算，一般有两种方法：

（1）直接投影法。若已知力 F 与空间直角坐标系 O_{xyz} 三轴间的夹角分别为 α、β、γ，如图 1-2-42（a）所示，则力在三个轴上的投影等于力 F 的大小与方向余弦的乘积，即

$$\begin{cases} F_x = F\cos\alpha \\ F_y = F\cos\beta \\ F_z = F\cos\gamma \end{cases} \tag{1-2-39}$$

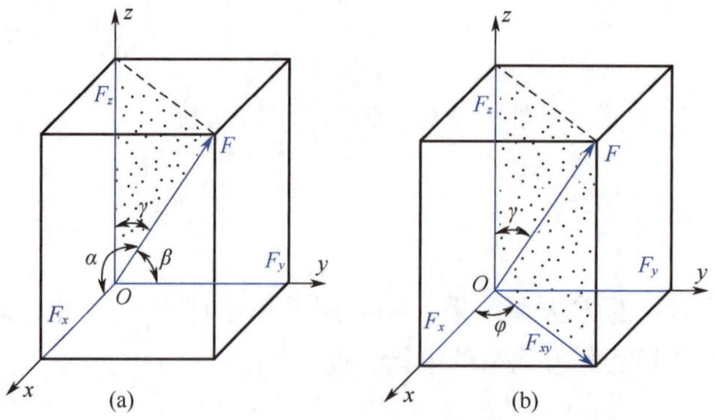

图 1-2-42　力在空间直角坐标轴上的投影

（2）二次投影法。当力 F 与坐标轴 Ox、Oy 间的夹角不易确定时，可把力 F 先分解到坐标平面 Oxy 上，得到力 F_{xy}，然后再把该力投影到 x、y 轴上。如图 1-2-42（b）所示，已知角 γ 和 φ，则力在三个坐标轴上的投影分别为

$$\begin{cases} F_x = F\sin\gamma\cos\varphi \\ F_y = F\sin\gamma\sin\varphi \\ F_z = F\cos\gamma \end{cases} \qquad (1-2-40)$$

若以 F_x、F_y、F_z 表示力 F 沿直角坐标轴 x、y、z 的正交分量，以 i、j、k 分别表示沿 x、y、z 坐标轴方向的单位矢，则

$$F = F_x + F_y + F_z = F_x i + F_y j + F_z k \qquad (1-2-41)$$

注意：应该指出，力在坐标轴上的投影是代数量，而力在坐标面上的投影是矢量。力在坐标平面上投影的方向不能与力在坐标轴上投影的方向那样简单地用正负号表示，必须用矢量表示。

3. 力对轴之矩及合力矩定理

（1）力对轴之矩。在日常生活和工程实际中，经常遇到刚体绕定轴转动的情形，如开门、关门、用扳手拧螺栓等。为了度量力对绕定轴转动刚体的作用效果和求解空间力系的平衡问题，必须了解力对轴之矩的概念。实际上，在平面内力对点之矩是指力对垂直于该平面且通过该点的轴之矩。

一般情况下，力 F 的作用线与轴不垂直。这时为考察力使刚体绕轴的转动效应，可将力分解为沿轴向的分力 F_z 和垂直于轴的平面内的分力 F_{xy}，如图 1-2-43 所示。显然，轴向分力 F_z 不能使刚体绕轴 Oz 转动，只有分力 F_{xy} 才可能使刚体绕着 Oz 轴转动。力对轴之矩等于该力在垂直于该轴的平面上的投影对轴与平面的交点之矩，它是力使刚体绕此轴转动效应的度量。力对 z 轴之矩用记号 $M_z(F)$ 表示，即

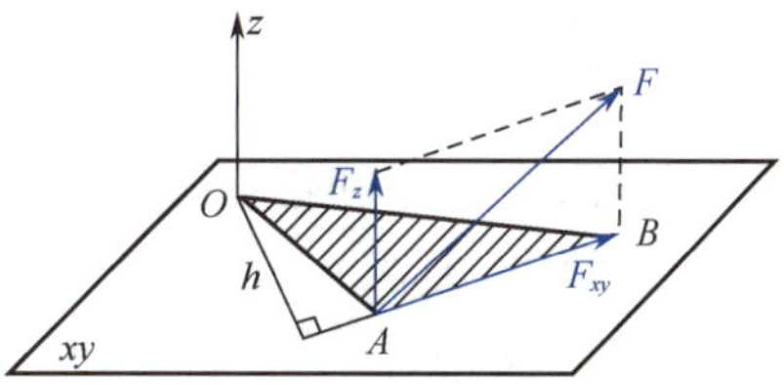

图 1-2-43　力对轴之矩

$$M_z(F) = M_O(F_{xy}) = \pm F_{xy}h = \pm 2S\triangle_{OAB} \qquad (1-2-42)$$

力对轴之矩为代数量，其正负号规定如下：逆着 z 轴正向看，若力 F_{xy} 使物体绕 z 轴逆时针方向转动取正号，反之，取负号。或按照右手螺旋规则确定其正负号。

根据上述定义，当力与轴相交（$h=0$）或力与轴平行（$F_{xy}=0$），即力与轴共面时，力对轴之矩等于零。

在国际单位制中，力对轴之矩的单位为牛顿·米（N·m）。

（2）合力矩定理。与平面问题中的力对点之矩一样，力对轴之矩也有合力矩定理。设有空间力系（F_1，F_2，…，F_n）其合力为 F_R，合力对于某轴之矩等于各个分力对于该轴之矩的代数和，即

$$M_z(F_R) = \sum_{i=l}^{n} M_z(F_i) \qquad (1-2-43)$$

这就是空间力系的合力矩定理。该定理给出了合力对某轴之矩与各分力对同轴之矩的关系。

【**例 2-14**】铅垂力 $F=500$N，作用于曲柄上，如图 1-2-44 所示，$\alpha=30°$。求该力

对各坐标轴之矩。

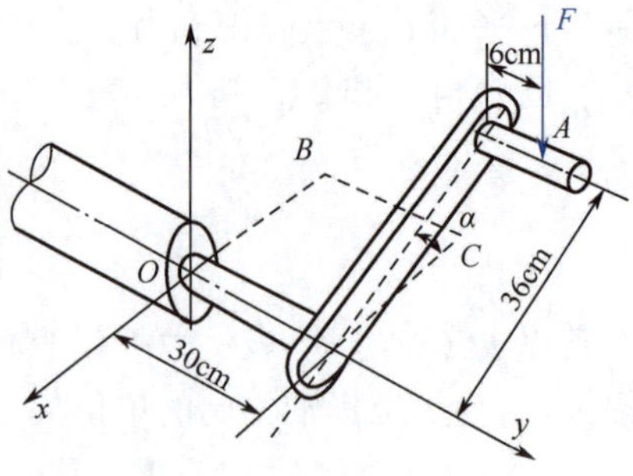

图 1-2-44　曲柄受力

解：根据力对轴之矩的定义，力对各坐标轴之矩分别为

$$M_x(F) = -F(0.30 + 0.06) = -180(\mathrm{N \cdot m})$$

$$M_y(F) = -F \times 0.36\cos30^\circ = -155.9(\mathrm{N \cdot m})$$

$$M_z(F) = 0$$

二、空间力系的平衡

对于空间力系的平衡问题，可以采用与平面任意力系相同的方法进行研究，即将各力向某一点简化，结果得到一空间的主矢和主矩，从而得到空间一般力系的平衡方程为

$$\begin{cases} \Sigma F_x = 0, \ \Sigma F_y = 0, \ \Sigma F_z = 0 \\ \Sigma M_x(F) = 0, \ \Sigma M_y(F) = 0, \ \Sigma M_z(F) = 0, \end{cases} \tag{1-2-44}$$

即刚体在空间任意力系作用下平衡的充要条件是：所有各力在三个坐标轴上投影的代数和分别等于零；同时各力对每一坐标轴之矩的代数和也分别等于零。

空间任意力系的平衡方程也有其他形式，但对于一个刚体，最多可以建立六个独立的平衡方程，可用以求解六个未知量。

从空间任意力系的普遍平衡规律中可以导出特殊力系的平衡规律，例如空间汇交力系、空间平行力系和空间任意力系平衡方程。

1. 空间汇交力系

各力作用线不在同一平面内，但汇交于一点的力系称为空间汇交力系，如图 1-2-45 所示。取力系的汇交点为坐标原点，在此情况下不论力系是否平衡，力系中各力对于坐标轴 x、y、z 之矩均为零，所以空间汇交力系的平衡方程只有三个，即

$$\begin{cases} \Sigma F_x = 0 \\ \Sigma F_y = 0 \\ \Sigma F_z = 0 \end{cases} \tag{1-2-45}$$

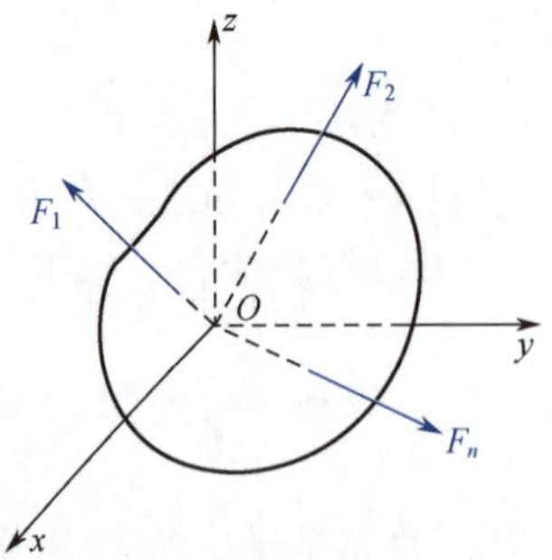

图 1-2-45

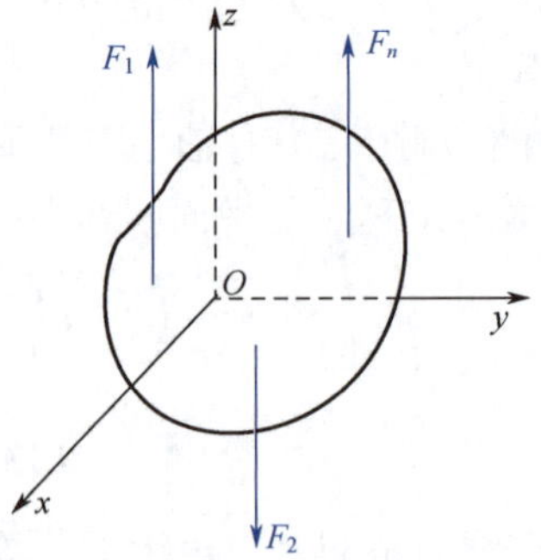

图 1-2-46

2. 空间平行力系

各力作用线不在同一平面内，但互相平行的力系称为空间平行力系，如图 1-2-46 所示。取坐标轴 z 与各力平行，在此情形下不论力系是否平衡，力系中各力对于坐标轴 z 之矩均为零，同时各力在 x 轴及 y 轴上的投影也均为零，所以空间平行力系的平衡方程只有三个，即

$$\begin{cases} \Sigma F_z = 0 \\ \Sigma M_x(F) = 0 \\ \Sigma M_y(F) = 0 \end{cases} \tag{1-2-46}$$

3. 空间任意力系平衡方程

取力系的作用面为 xy 坐标面，在此情形下，不论力系是否平衡，力系中各力在 z 轴上的投影均为零，同时各力对 x 轴和 y 轴之矩也均为零，所以空间任意力系的平衡方程只有三个，即

$$\begin{cases} \Sigma F_x = 0 \\ \Sigma F_y = 0 \\ \Sigma M_z(F) = 0 \end{cases} \tag{1-2-47}$$

此方程与上一任务所得到的平面任意力系的平衡方程完全一致。

求解空间力系的平衡问题，其步骤与求解平面力系一样：首先选取研究对象，进行受力分析，画受力图；其次建立适当的坐标系，列平衡方程，解出未知量。应当指出，在实际应用平衡方程解题时，可以分别选取适宜的轴线作为投影轴或力矩轴，使每一平衡方程包含的未知量最少，以简化计算。另外，为方便计算，也可以在六个平衡方程中列出三个以上的力矩式方程来代替部分或全部投影式方程。但与平面任意力系一样，对投影轴和力矩轴都有一定的限制条件。

【例 2-15】 半圆板的半径为 r，重为 W，如图 1-2-47 所示。已知板的重心 C 离圆心的距离为 $\frac{4r}{3\pi}$，在 A、B、D 三点用三根铅垂绳子悬挂于天花板上，使板处于水平位置，求三根绳子的拉力。

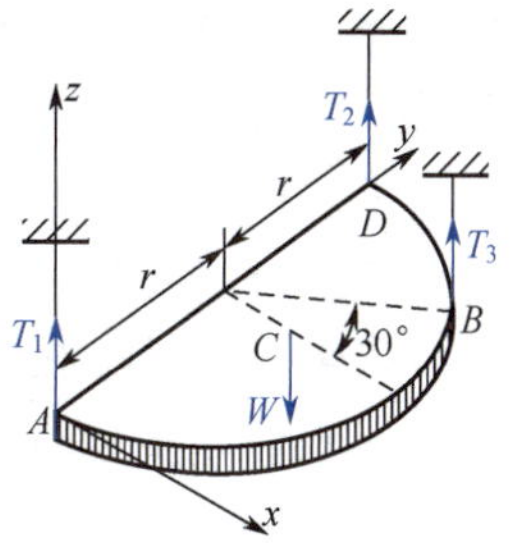

图 1-2-47　半圆板受力分析

解： 取半圆板为研究对象，三根绳子均承受拉力，作用在板上的力分别为 T_1，T_2，T_3，铅垂向上，此外还受到铅垂向下的重力作用。所以，作用在板上的力系为空间平行力系。建立如图所示的 $Axyz$ 坐标系。

列平衡方程

$$\begin{cases} \Sigma T_z = 0, \quad T_1 + T_2 + T_3 - W = 0 \\ \Sigma M_x(T) = 0, \quad -Wr + 2T_2 r + T_3(r + r\sin30°) = 0 \\ \Sigma M_y(T) = 0, \quad W\frac{4r}{3\pi} - T_3 r\cos30° = 0 \end{cases}$$

解此方程组可得

$$T_1 = 0.38W, \quad T_2 = 0.13W, \quad T_3 = 0.49W$$

即三根绳子承受的拉力分别为：$0.38W$，$0.130W$，$0.49W$。

任务实施

分析图 1-2-40（b）中绳索的拉力和杆 AB 所受的力。

解：取 AB 杆和重物为研究对象，其上受有主动力 W，A 处受绳索的拉力 T_{AD}、T_{AC}，杆的约束力为 R_{AB}。因为不计杆重，R_{AB} 必沿杆 AB 的轴线，设为压力。这些力组成一空间汇交力系。建立坐标轴 $Axyz$ 如图 1-2-40（b）所示。

列平衡方程

$$\begin{cases}\Sigma F_z = 0, & R_{AB}\cos\beta - W = 0\\ \Sigma F_x = 0, & T_{AC}\sin\alpha - T_{AD}\sin\alpha = 0\\ \Sigma F_y = 0, & -T_{AC}\cos\alpha - T_{AD}\cos\alpha + R_{AB}\sin\beta = 0\end{cases}$$

其中
$$\cos\alpha = \frac{EA}{DA} = \frac{24}{\sqrt{12^2 + 24^2}} = \frac{2}{\sqrt{5}}$$

将已知数值代入后解得

$$R_{AB} = 1414\text{N},\quad T_{AC} = T_{AD} = 559\text{N}$$

R_{AB} 为正值，说明图中假设的 R_{AB} 指向与实际指向相同，即杆 AB 受压力。

素质拓展

戴森硬核黑科技“气旋技术”

何谓气旋技术？早在 1885 年，美国人 John M. Finch 发明了全球首个“气旋分离器”，并获得技术专利，这款产品在尼克伯格公司作为“集尘器”应用。

20 世纪初，气旋技术开始有了它的用武之地，早期的应用基本在工业领域，例如，在工厂和磨坊中可作为大型分离器使用、在炼油厂中可用于分离油和气体。气旋分离器大体上可以分为两种不同类型：一种是液体气旋分离器，用于分离不同密度的液体；另一种是气体气旋分离器，主要去除气流中夹带的颗粒。以气体气旋分离器为例，工业应用中采用的气体介质是甲烷。夹带着水、灰尘、铁锈等的大量气体流入气旋分离器，这些气体进入气旋分离器后，沿着气旋分离器的内侧弯曲。如果颗粒中夹带着水、灰尘、铁锈等，则无法像气体一样迅速改变方向。重颗粒将立即撞击分离器的内表面，然后通过底部的剔除口掉落下来。

气旋技术的原理，本质上是在工作的时候产生强大的离心力，从空气中分离杂质和颗粒，应用到吸尘器当中，就是通过在吸尘器内制造旋转上升的气旋，以此将灰尘甩入吸尘器的集尘桶内。俗话说，创新的根本出发点是需求，需求的源头是在特定场景下被催生出来的，对气旋分离器而言，它拥有价格低、易维护的特点，在实际生活中有许多应用场景，这才有了戴森与气旋技术的故事。

就像是牛顿因树上坠落的苹果而产生有关万有引力的灵感那样，戴森与气旋技术的开始，也是始于创始人詹姆斯·戴森的一次意外发现。1978 年的某一天，戴森创始人詹姆斯·戴森正是从工业锯木厂获得灵感，率先将气旋技术应用于吸尘器，自此便开启了家庭清洁的全球技术革命。

气旋真空吸尘器的诞生，也是戴森真正走上商业化道路的开始。此后的 5 年时间里，詹姆斯·戴森一直在完善这个项目，在经过无数次尝试后，终于开创性发明了全球首款无尘袋吸尘器样机“G-Force”，这是世界上第一台收集灰尘时不会失去吸力的吸尘器，以此为起点，戴森开始颠覆整个吸尘器行业。

（资料来源：搜狐网．戴森硬核黑科技气旋技术是如何炼成的？［EB/OL］．（2020-03-17）［2024-05-20］．https：//www. sohu. com/a/380765813_ 116132，有改动。）

思考与练习

1. 立方块上作用的各力如题图 1-2-43 所示。各力的大小为：$F_1=50N$，$F_2=100N$，$F_3=70N$，试分别计算这三个力在 x、y、z 轴上的投影及其对三个坐标轴之矩。

2. 如题图 1-2-44 所示，长方形板 $ABCD$ 的宽度为 a，长度为 b，重为 W，在 A、B、C 三角用三个铰链杆悬挂于固定点使板保持在水平位置。求此三杆的内力。

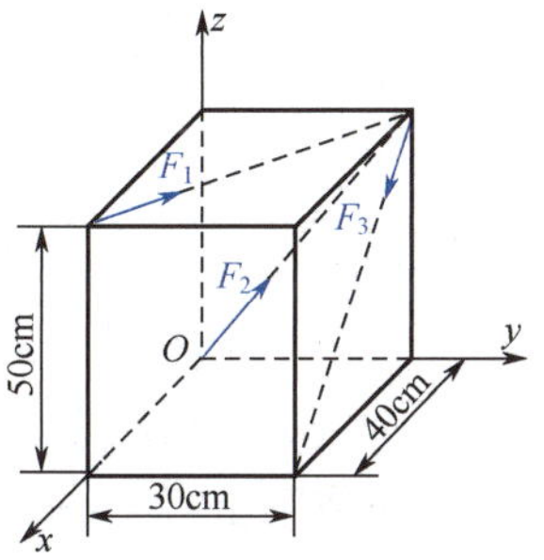

题图 1-2-43

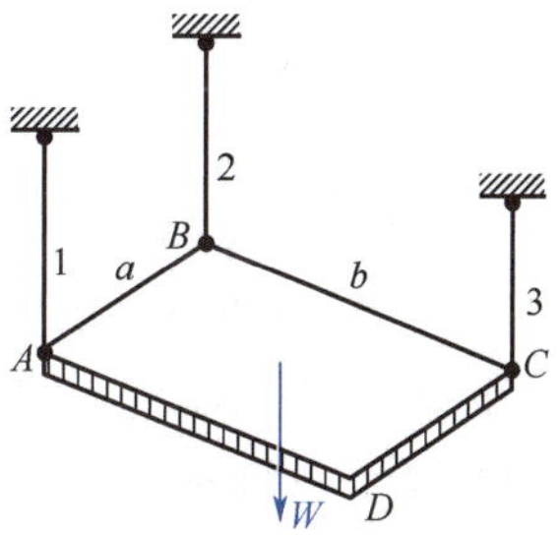

题图 1-2-44

3. 如题图 1-2-45 所示，三杆 AO、BO 和 CO 在 O 点用球形铰链连接，且在 A、B、C 处用球形铰链固定在墙壁上。杆 AO、BO 位于水平面内，且三角形 AOB 为等边三角形，D 为 AB 的中点。杆 CO 位于 COD 所在的平面内，且此平面与三角形 AOB 所在平面垂直，杆 CO 与墙成 30°角，在 O 点悬挂重为 W 的重物，试求三杆所受的力。

4. 如题图 1-2-46 所示，重为 W 的重物，由三杆 AO、BO 和 CO 所支撑。杆 BO 和 CO 位于水平面内，已知 $OC=a$，$AC=b$，$OB=c$，且三角形 OAC 和 OBC 在点 C 为直角，试求三杆所受的力。

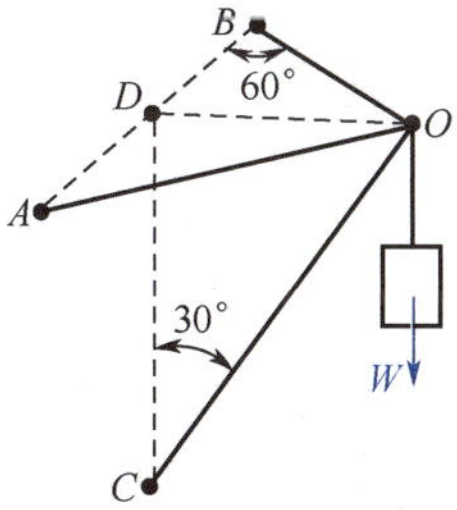

题图 1-2-45

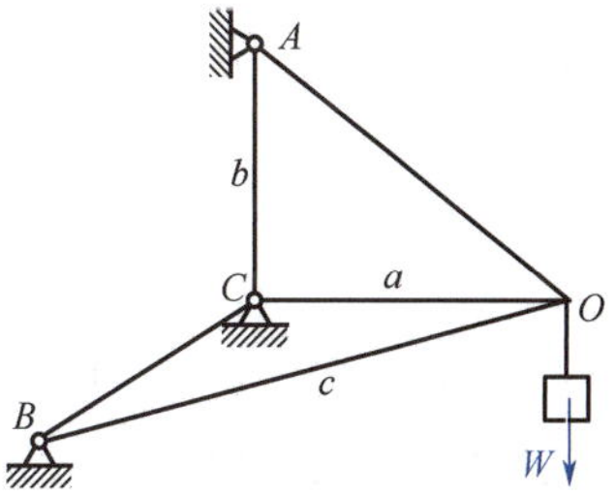

题图 1-2-46

5. 如题图 1-2-47 所示，作用于手柄的力 $F=100\mathrm{N}$，试计算 $M_x(F)$ 及 $M_z(F)$ 的值。

6. 如题图 1-2-48 所示，门重 $W=50\mathrm{N}$，可绕轴 AB 转动。轴 A 端用止推轴承支撑，B 端用径向轴承支撑。在门的顶部 C 处作用一力 $F=100\mathrm{N}$，其方向与门面垂直，在门的下部作用一力 Q 使门平衡，Q 位于 Axy 平面内，与门边 AD 成 45°角。已知尺寸 $a=2\mathrm{m}$，$b=0.6\mathrm{m}$，试求 Q 的大小及轴承 A、B 对轴的约束反力。

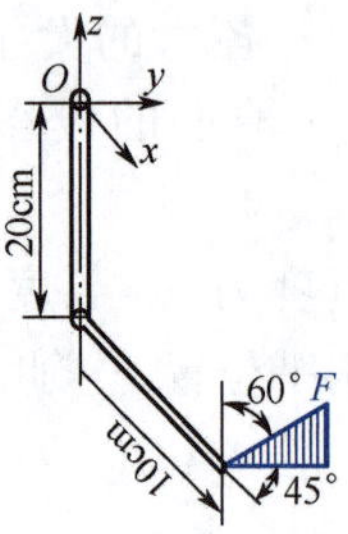

题图 1-2-47

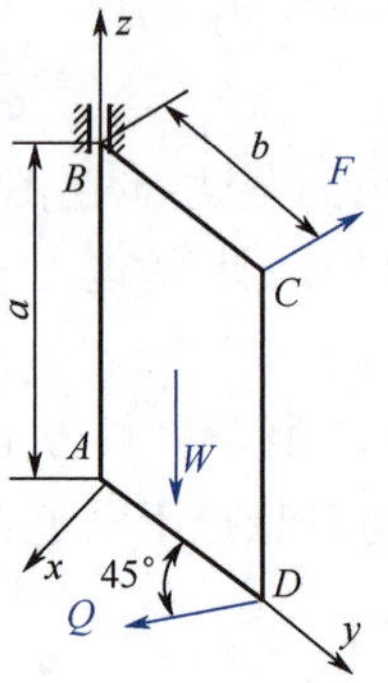

题图 1-2-48

7. 如题图 1-2-49 所示，重物 $W=10\mathrm{kN}$，借皮带轮传动而匀速上升，皮带轮半径 $R=200\mathrm{mm}$，鼓轮半径 $r=100\mathrm{mm}$，皮带轮紧边张力 F_1 与松边张力 F_2 之比为 $F_1/F_2=2$，皮带张力如题图 1-2-49 所示，求皮带张力及轴承 A、B 处的约束反力。

8. 齿轮传动轴受力如题图 1-2-50 所示。大齿轮的节圆直径 $D_1=100\mathrm{mm}$，小齿轮的节圆直径 $D_2=50\mathrm{mm}$。齿轮的压力角均为 $\alpha=20°$。已知作用在大齿轮上的切向力 $P_1=1950\mathrm{N}$，当传动轴匀速转动时，求小齿轮所受的切向力 P_2 的大小及两轴承处的约束反力。

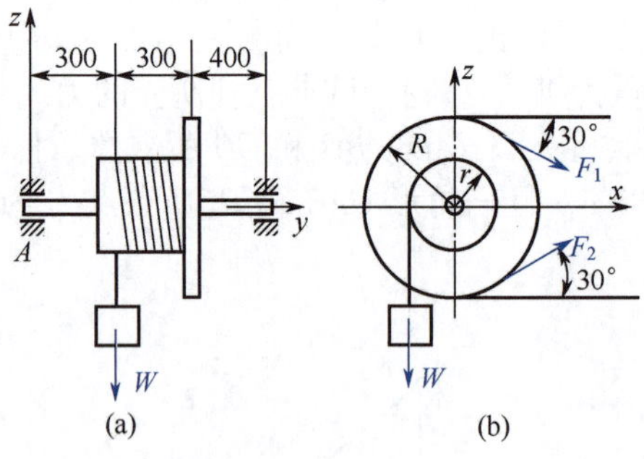

题图 1-2-49

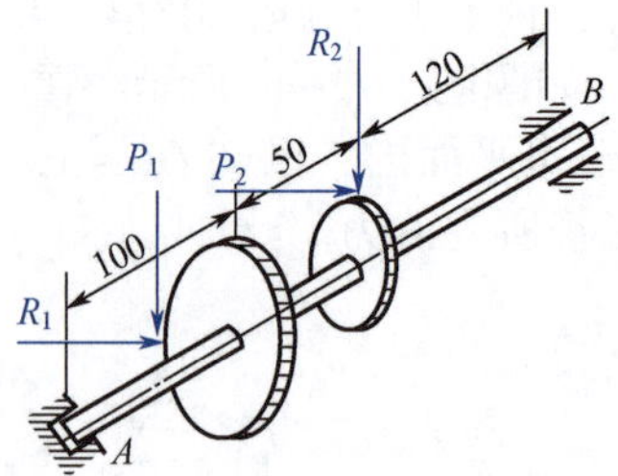

题图 1-2-50

9. 均质等厚矩形板重 $W=200\mathrm{N}$，用球铰链 A 和蝶铰链 B 与墙壁连接，并用绳索 CE 拉住，在水平位置保持平衡，如题图 1-2-51 所示。已知 A、E 两点同在一铅垂线上，且 $\angle ECA=\angle BAC=\alpha=30°$，试求绳索的拉力和铰链 A、B 的约束反力。

10. 变速箱中间轴装有两直齿圆柱齿轮，其分度圆半径 $r_1=100\mathrm{mm}$，$r_2=72\mathrm{mm}$，啮

合点分别在两齿轮的最低与最高位置，如题图 1-2-52 所示。图中的尺寸单位为 mm。已知齿轮压力角 $\alpha=20°$。求在齿轮 1 上的圆周力 F_2 与轴承 A、B 的约束力。

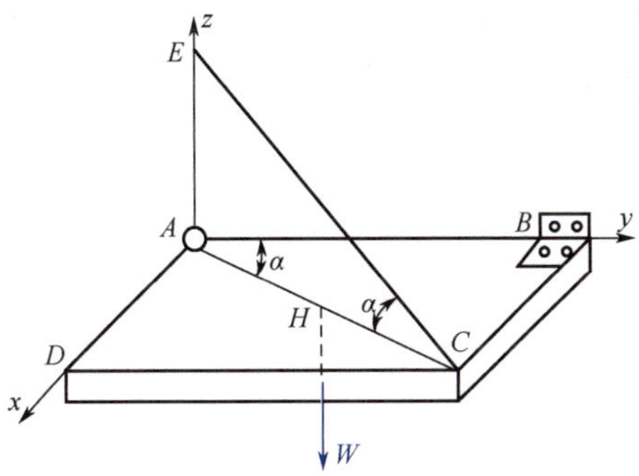

题图 1-2-51

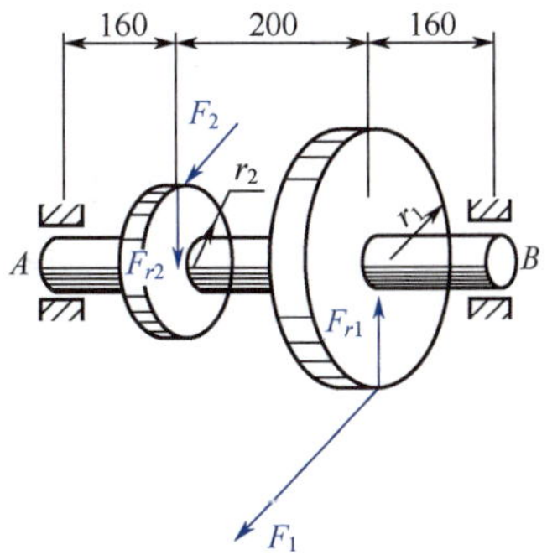

题图 1-2-52

11. 如题图 1-2-53 所示，轴上装有直齿圆柱齿轮和直齿圆锥齿轮。圆柱齿轮 C 的分度圆直径 $D_1=200\text{mm}$，其上作用有圆周力 $F_{t1}=7.16\text{kN}$，径向力 $F_{r1}=2.6\text{kN}$，圆锥齿轮在其平均直径处（平均直径 $D_2=100\text{mm}$）作用有径向力 $F_{r2}=4.52\text{kN}$，轴向力 $F_{a2}=2.6\text{kN}$，圆周力 F_{t2}。若已知 $AC=CB=BD=100\text{mm}$，求圆周力 F_{t2} 和轴承 A、B 的约束力。

12. 如题图 1-2-54 所示，绞车的轴 AB 上绕有绳子，绳子上挂重物 Q。轮 C 装在轴上，轮的半径为轴半径的 6 倍。绕在轮 C 上的绳子沿轮与水平线成 30°角的切线引出，绳跨过轮 D 后挂以重物 $P=60\text{N}$。求平衡时物重 Q，以及轴承 A、B 的约束力。各轮和轴的重量以及绳与滑轮 D 的摩擦均略去不计。

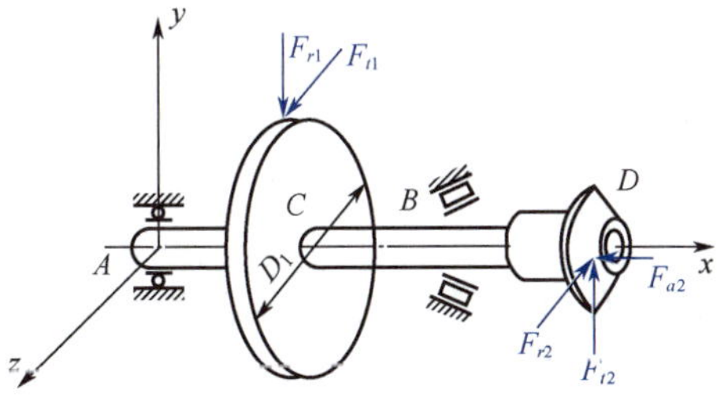

题图 1-2-53

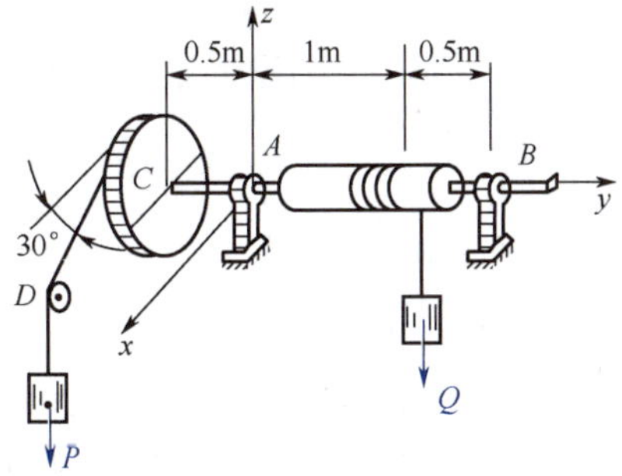

题图 1-2-54

13. 某减速箱由 3 轴组成，如题图 1-2-55 所示，动力由轴 I 输出，在轴 I 上作用转矩 $M_1=600\text{N}\cdot\text{m}$。如齿轮分度圆直径为 $D_1=120\text{mm}$，$D_2=550\text{mm}$，$D_3=200\text{mm}$，齿轮压力角为 20°。不计摩擦及轮和轴的重量，求等速传动时轴承 A、B、C、D 的约束力。

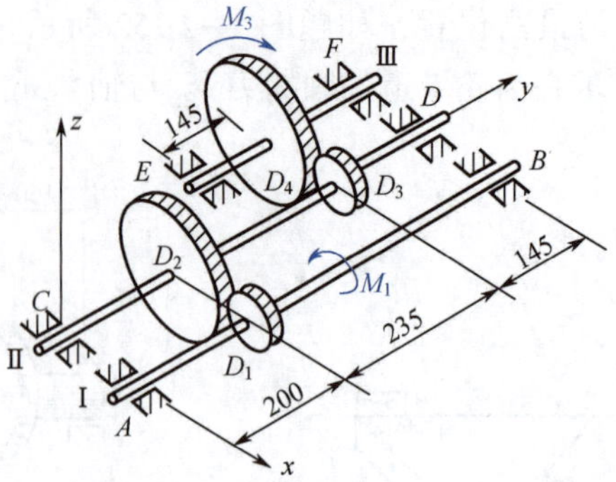

题图 1-2-55

项目总结

1. 平面汇交力系

（1）平面汇交力系的简化结果。平面汇交力系的简化结果为一合力，合力作用线通过汇交点。平面汇交力系的合力等于各分力的矢量和。

$$R = F_1 + F_2 + \cdots + F_n = \sum_{i=1}^{n} F_i$$

（2）合力投影定理。合力在任一轴上的投影等于各分力在该轴上投影的代数和。

（3）平面汇交力系合成的解析法：

$$\begin{cases} R_x = R_{1x} + F_{2x} + \cdots + F_{nx} = \Sigma F_{ix} \\ R_y = R_{1y} + F_{2y} + \cdots + F_{ny} = \Sigma F_{iy} \end{cases}$$

$$R = \sqrt{R_x^2 + R_y^2} = \sqrt{(\Sigma F_{ix})^2 + (\Sigma F_{iy})^2}$$

$$\tan\alpha = \frac{R_y}{R_x} = \frac{\Sigma F_{iy}}{\Sigma F_{ix}}$$

（4）平面汇交力系的平衡方程：

$$\begin{cases} \Sigma F_x = 0 \\ \Sigma F_y = 0 \end{cases}$$

2. 平面力偶系

（1）平面力对点之矩。

①力对点之矩的概念。力的大小与力臂的乘积冠以适当的正负号称为力对点之矩，它是力使物体绕矩心转动效应的度量，其值与矩心的位置及力的大小有关。

②力对点之矩的求法。

a. 用定义式求 $M_O(F) = \pm F \cdot h$

b. 用合力矩定理求 $M_O(R) = \Sigma M_O(F_i)$

（2）平面力偶系的简化与平衡。

①力偶的概念。作用在同一物体上大小相等、方向相反，但不共线的一对平行力组成的特殊力系称为力偶。它对物体只有转动效应而无移动效应，其三要素是力偶矩的大小、转向和力偶作用面的方位。

②力偶矩。力偶中力的大小与力偶臂的乘积冠以适当的正负号称为力偶矩，它是力偶对物体转动效应的度量，其大小与矩心的位置无关。

③力偶的性质。

a. 力偶在任意轴上的投影恒等于零，力偶无合力，不能与一个力等效，也不能用一个力平衡，力偶只能用力偶来平衡。

b. 力偶对其作用面内任一点之矩恒等于其力偶矩，而与矩心的位置无关。

c. 三要素相同的力偶彼此等效，因此力偶可以在其作用面内任意移动或转动，在不改变力偶矩大小和转向的前提下，可同时改变力偶中力的大小和力偶臂的长度。

④平面力偶系合成的结果为一合力偶，合力偶之矩等于各分力偶矩的代数和。

$$M = M_1 + M_2 + \cdots + M_n = \Sigma M_i$$

⑤平面力偶系的平衡条件为各分力偶之矩的代数和为零，即：

$$\Sigma M_i = 0$$

3. 平面任意力系

（1）力的平移定理。作用在刚体上的力可以平移到刚体内任意一点，要使力对刚体的作用效果不变，平移时必须附加一个力偶，附加力偶之矩等于原力对新的作用点之矩。

（2）平面任意力系向一点的简化。根据力的平移定理，将所有力向简化中心平移，平面任意力系等效于一平面汇交力系和一平面力偶系，分别将这两个简单力系合成，可得平面任意力系的主矢 F'_R 和主矩 M_O。主矢与简化中心无关，而主矩与简化中心有关，其最终结果分为以下四种情况：

主矢	主矩	合成结果	说明
$F'_R \neq 0$	$M_O = 0$	合力 F_R	主矢即为原力系的合力，合力作用线通过简化中心
	$M_O \neq 0$	合力 F_R	合力作用线距简化中心距离为 $d = M_O/F'_R$
$F'_R = 0$	$M_O \neq 0$	合力偶 M	此力偶为原力系的合力偶，在这种情况下，主矩与简化中心的位置无关
	$M_O = 0$	平衡	

（3）平面任意力系的平衡条件与平衡过程。平面任意力系平衡的充分必要条件为：力系的主矢 F'_R 和对于任意一点的主矩 M_O 都等于零，其平衡方程有如下三种形式：

形式	基本形式	二矩式	三矩式
平衡方程	$\Sigma F_x = 0$ $\Sigma F_y = 0$ $\Sigma M_O(F) = 0$	$\Sigma F_x = 0$ $\Sigma M_A(F) = 0$ $\Sigma M_B(F) = 0$	$\Sigma M_A(F) = 0$ $\Sigma M_B(F) = 0$ $\Sigma M_C(F) = 0$
限制条件	—	A、B 两点连线不垂直于 x 轴	A、B、C 三点不共线

（4）有摩擦时的平衡问题。静滑动摩擦力与接触面间相对滑动趋势的方向相反，摩擦力的大小是一个范围值，其取值应由静平衡方程来决定。当物体处于临界平衡状

态时，静摩擦力达到最大值。最大静滑动摩擦力的大小可由滑动摩擦定律决定：$F_{\mathrm{Smax}} = f_{\mathrm{S}} \cdot N$。

摩擦角 φ 为最大全约束反力与法线之间的夹角。当主动力的合力在摩擦角之内时将发生自锁现象。摩擦角与静摩擦因数之间的关系为：$\tan\varphi = f_{\mathrm{S}}$。

4. 空间力系

（1）力沿坐标轴的分解及其投影。一力可按照力的平行四边形法则分解为沿着坐标轴方向的三个分力。

若力与三个坐标轴的夹角已知，则其在三个坐标轴上的投影为

$$\begin{cases} F_x = F\cos\alpha \\ F_y = F\cos\beta \\ F_z = F\cos\gamma \end{cases}$$

若已知力与 z 轴正向夹角为 γ，其在 Oxy 平面上的分力与 x 轴正向的夹角为 φ，则该力在三个坐标轴上的投影为

$$\begin{cases} F_x = F\sin\gamma\cos\varphi \\ F_y = F\sin\gamma\cos\varphi \\ F_z = F\cos\gamma \end{cases}$$

（2）力对轴之矩及合力矩定理。空间力 F 对 z 轴之矩为力在 Oxy 平面内的分力对 z 轴与 Oxy 平面的交点 O 之矩

$$M_z(F) = M_O(F_{xy}) = \pm F_{xy}h$$

其正负号可由右手法则来确定。

合力矩定理

$$M_z(F_R) = \Sigma M_z(F_i)$$

项目测试

一、填空题

1. 平面汇交力系平衡的必要与充分条件是__________。

2. 合力的方向可由__________与 x 轴的夹角决定。

3. 平面汇交力系平衡的解析条件是：力系中各力在两个坐标轴上投影的__________分别为零。

4. 根据平衡方程进行计算，若求出的力为正值，则表示所假定的指向与实际指向__________。

5. 力使刚体绕某点的转动效应可用__________ 来度量。

6. 力作用点沿其作用线滑移时，力对点之矩__________ 。

7. 所谓力偶就是作用在同一物体上__________、反向、不共线的两个力组成的特殊力系。

8. 力偶对刚体的转动效应完全取决于__________的大小和转向。

9. 平面任意力系平衡的充要条件是：力系的__________和力系对于任意点的主矩

同时为零。

10. 平面任意力系向作用面内任意一点简化，可得到一个主矢和一个__________。

11. 静滑动摩擦力可以看作是接触面约束对具有滑动趋势物体施加的__________。

12. 当物体已经滑动时，接触面上作用着阻碍相对滑动的动滑动摩擦力，在数值上它也与接触面的__________成正比。

13. 接触面对物体的法向约束反力和切向反力可以合成一个合力，该合力称为__________。

14. 力的作用线在空间任意分布的力系和空间力偶系统称为__________。

15. 在空间力系中，各力作用线不在同一平面内，但互相平行的力系称为________。

二、判断题

1. 力在坐标轴上的投影是代数量。(　　)

2. 力在坐标轴上的投影与作用点的位置无关。(　　)

3. 合力在任意轴上的投影等于诸分力在同一轴上投影的矢量和。(　　)

4. 平面汇交力系平衡的几何条件是该力系的力多边形自行封闭。(　　)

5. 平面汇交力系平衡的充分必要条件是力系的合力等于零。(　　)

6. 分力是代数量。(　　)

7. 合力的方向可由合力矢与 x 轴的夹角决定。(　　)

8. 刚体在平面汇交力系作用下处于平衡状态时，各力在两个坐标轴上投影的代数和分别为零。(　　)

9. 利用平面汇交力系的平衡条件可列出三个独立的平衡方程。(　　)

10. 力对点之矩是一个代数量。(　　)

11. 力偶既能对物体产生移动效应，又能对物体产生转动效应。(　　)

12. 所谓力偶就是作用在同一物体上等值、反向、不共线的两个力组成的特殊力系。(　　)

13. 力偶对刚体的作用效应与力偶作用位置有关。(　　)

14. 平面力偶系可以合成一个合力偶。(　　)

15. 力偶只能用力偶来平衡。(　　)

16. 如果将力的作用线平行地移动到偏离其作用线的另一位置，作用效果不会发生改变。(　　)

17. 力系简化的主矩和主矢均与简化中心的位置无关。(　　)

18. 平面任意力系合成的最终结果为一合力或一合力偶。

19. 力系简化的主矢，其大小和方向与简化中心的位置无关。(　　)

20. 作用在刚体上的力能够平行移动的等效条件是：必须附加一个力偶。(　　)

三、简答题

1. 简述绕定点转动物体的平衡条件。

2. 简述力偶的性质。

3. 简述平面力偶系平衡的充要条件。

4. 平面任意力系向作用平面内任意一点的简化结果是什么？

5. 简述平面任意力系平衡的解析条件。

四、分析计算题

1. 如题图 1-2-56 所示结构，已知 $P=2\text{kN}$，求 CD 杆的拉力和支座 A 处的约束反力。

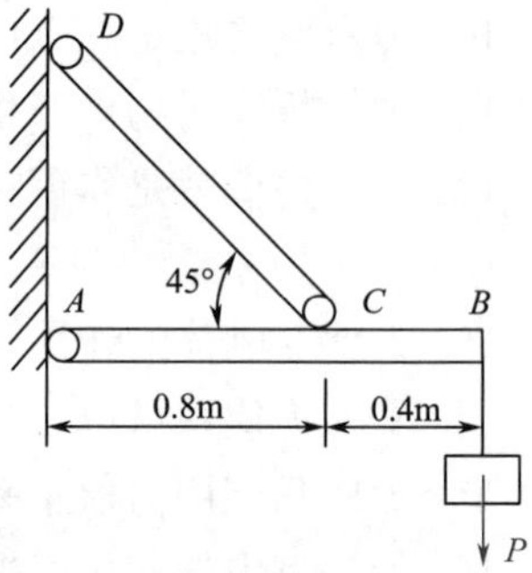

题图 1-2-56

2. 如题图 1-2-57 所示简支梁 AB，已知梁上作用一个力偶，力偶矩为 M，梁的长度为 a，梁的自重不计。试求支座 A 和 B 处的约束反力。

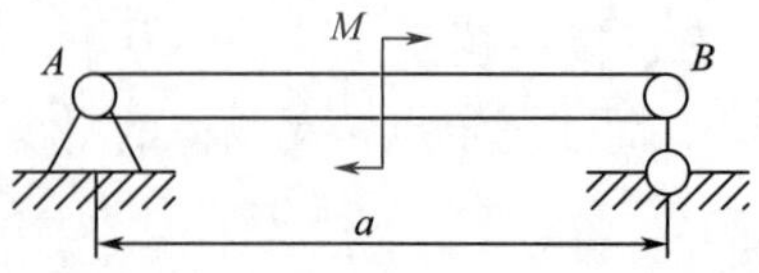

题图 1-2-57

3. 如题图 1-2-58 所示为汽车制动操纵装置，制动时用力 F 踩踏踏板，通过拉杆 CD 使汽车制动。$F=100\text{N}$，踏板和拉杆的自重不计，试求图示位置时拉力 F_Q 及制作 B 处的约束反力。

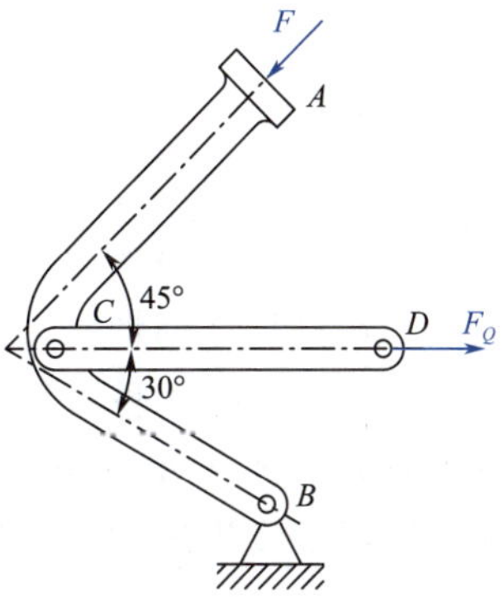

题图 1-2-58

项目三　变形分析

项目引入

在工程实际中，各种机械与结构得到广泛的应用。组成机械与结构的零、构件，统称为构件。当机械与结构工作时，构件受到外力作用，同时，其尺寸与形状也发生改变。构件尺寸与形状的改变称为变形。在项目一和项目二中研究了构件受外力的作用时，可以把构件看作刚体，但实际上在自然界中刚体是不存在的。本项目将进一步研究构件在外力作用下的变形和破坏规律，重点解决构件处于平衡状态时，在外力作用下发生的轴向拉伸和压缩变形、剪切与挤压变形、扭转变形、弯曲变形及组合变形等。如图 1-3-1 所示桥式起重机的大梁［图 1-3-1（a）］、火车轮轴［图 1-3-1（b）］及液压缸［图 1-3-1（c）］等构件在外力 F 作用下，都会引起构件变形。

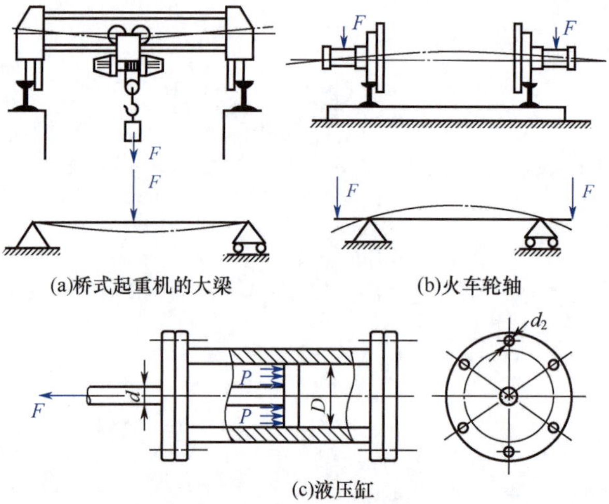

图 1-3-1　变形实例

目标要求

知识目标

（1）理解材料力学的基本概念。

（2）掌握构件基本变形形式和截面法求解各种变形形式的内力。

（3）掌握构件基本变形时横截面的内力和应力分析及计算方法，熟练绘制其内力图。

（4）掌握构件基本变形的强度和刚度计算。

（5）掌握材料力学性能的基本参数，并熟练掌握脆性材料和塑性材料的力学性能。

（6）掌握组合变形的基本概念及分析方法。

（7）掌握细长杆的稳定性概念及临界力和临界应力的求法。

能力目标

（1）能够熟练绘制基本变形的内力图。

（2）能够进行基本变形的强度和刚度计算。

素质目标

（1）践行崇尚科学精神、求真务实的科学精神。

（2）具备敢于担当、乐于奉献的职业素养。

（3）提高分析比较、概括推理的思维能力。

任务一　材料力学的基本概念

任务描述

材料力学的基本任务和基本假设有哪些？杆件变形的基本形式有哪些？

任务分析

了解材料力学的基本任务和基本假设，掌握杆件变形的四种基本形式。

知识准备

材料力学的基本概念

一、材料力学的任务

1. 研究构件的强度、刚度和稳定性

工程中广泛使用的各种结构物和机械，都是由若干基本部件组成的。这些基本部件称为构件。为了保证结构物或机械能够安全、正常地工作，构件必须有足够的承载能力。材料力学就是研究构件承载能力的一门科学。一般从三个方面来衡量构件的承载能力：一是强度，指构件抵抗破坏的能力；二是刚度，指构件抵抗变形的能力；三是稳定性，指构件保持原有平衡状态的能力。为所设计的构件提供有关强度、刚度和稳定性计算的基本原理和方法，是材料力学所要研究的主要内容。

2. 研究材料的力学性能

由不同材料所制成的构件，尽管几何形状和尺寸一样，在承受相同的荷载作用时产生的变形大小和破坏程度是不同的。这是由于构件的强度、刚度和稳定性与所用材料的力学性能有关。材料的力学性能是材料本身固有的特性，可以通过实验测定出来，并在此基础上为构件选择适宜的材料，是材料力学所要研究的内容之一。

3. 按照安全经济原则设计合理的截面形状和尺寸

在研究材料力学性能的基础上，根据构件承载情况，应选用适当材料和尽量减少材料消耗量，以达到节约资金、降低成本的要求。因此，构件的设计必须符合安全、实用和经济的原则。材料力学的任务之一，就是研究解决这些问题。

具体来说，材料力学的任务是：在保证满足强度、刚度和稳定性要求的前提下，以经济的代价，选择合适的材料，设计出合理的截面形状和尺寸，为设计构件提供必要的理论基础和计算方法。

二、材料力学的基本假设

在研究构件的强度、刚度和稳定性时，研究对象不再是刚体而是可变形固体，对于一般金属（如钢铁）、水泥等传统工程材料来说，可以作如下假设。

1. 连续性假设

忽略材料的内部微观空隙，认为材料内部是密实的，把材料看作是理想的连续介质。按此假设，构件中的一些力学量即可以用坐标的连续函数表示，并可采用微积分的数学方法来分析。此假设既适用于构件变形前，也适用于变形后。

2. 均匀性假设

材料在外力作用下所表现的性能，称为材料的力学性能。在材料力学中，假设材料的力学性能在整个构件中都是一样的，也即材料的力学性能与其在构件中的位置无关。按此假设，从构件内部任意取一点，它的力学性能就可以代表整个构件的力学性能。同样，通过测试试样所得到的材料的力学性能也适用于构件的任何部位。

3. 各向同性假设

沿各个方向均具有完全相同力学性能的材料，称为各向同性材料。金属的各个晶粒，均属于各向异性体，但是由于金属构件所含金属晶粒极多，排列又是杂乱无章的，宏观上显得各向同性，所以宏观上可将金属视为各向同性材料。

4. 小变形假设

材料力学一般研究在弹性范围内的小变形问题。在外力作用下，构件的几何形状和尺寸的变化称为变形。工程实际中，构件产生的变形同原始尺寸相比是极其微小的。因此在分析构件上力的平衡关系时，变形的影响可忽略不计，仍按构件原始尺寸来进行计算。

综上所述，在材料力学中，一般将实际材料看作是连续、均匀、各向同性的可变形固体。实践证明，在上述假设下建立的理论与计算结果，与大多数工程材料制成的构件的实际情况相吻合，符合工程实际要求。但是，上述假设并不适用于所有材料，例如很多复合材料，由于其力学性能在各个方向上差距很大，因此不能看作是各向同性的；某些高强度或超高强度钢材制成的构件对缺陷具有较强的敏感性，不能采用连续性假设。

三、杆件变形的基本形式

外力在杆件上的作用方式不同，产生的变形也不同。归纳起来，杆件变形有四种基本形式：轴向拉压、剪切与挤压、扭转和弯曲，如图 1–3–2 所示。杆件其他复杂的变形都可看成上述几种基本变形的组合。在本书中，将依次讨论四种基本变形下的问题，然后再讨论组合变形的问题。

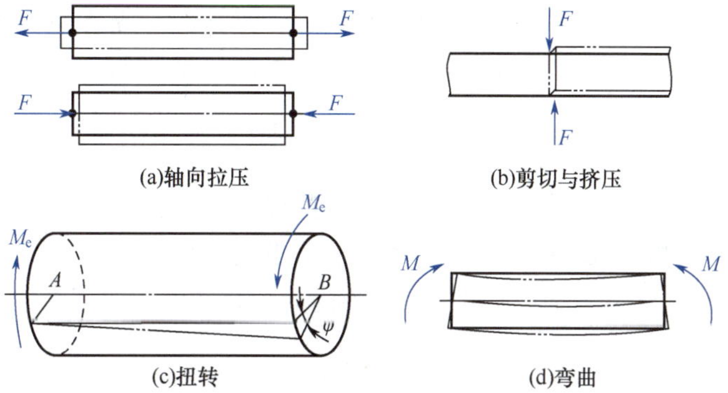

图 1-3-2 杆件变形的四种基本形式

四、内力和应力的概念

1. 内力的概念

任何一种构件都是由原子、分子等基本微粒构成，构件之所以能够保持一定的形状是因为组成构件的微粒之间存在着相互作用力，这种相互作用力就是物理上所说的内力。当构件受到外力的作用时，这些相互作用力就会发生改变，在材料力学上，把这个内力的改变量称为附加内力，简称内力。

2. 内力与截面法

材料力学的研究对象是构件，因此对于所研究的对象来说，其他构件和物体作用于其上的力均为外力，包括载荷和约束力。

实际构件具有一般固体的属性，即使不受外力作用，其各部分之间也存在着相互作用力。当构件受到外力作用时，将发生变形，其内部相连各部分的相对位置发生变化，从而产生“附加内力”。构件由于外力作用发生宏观变形而在内部相连各部分之间产生的“附加内力”，称为内力。构件的强度、刚度以及稳定性，与内力的大小及其在构件内的分布密切相关。因此，要研究构件的强度、刚度及稳定性，首先要对内力进行分析。

由刚体静力学可知，为了分析两物体之间的相互作用力，必须将两物体分离。同样，要分析构件某一截面 $m-m$ 上的内力，也必须假想地沿该截面将构件切开，分成两部分，使其内力得以显露。由连续性假设可知，内力是作用在切开截面上的连续分布力（图 1-3-3）。任取其中一部分作为研究对象，由静力平衡方程就可以确定截面上内力的大小和方向。

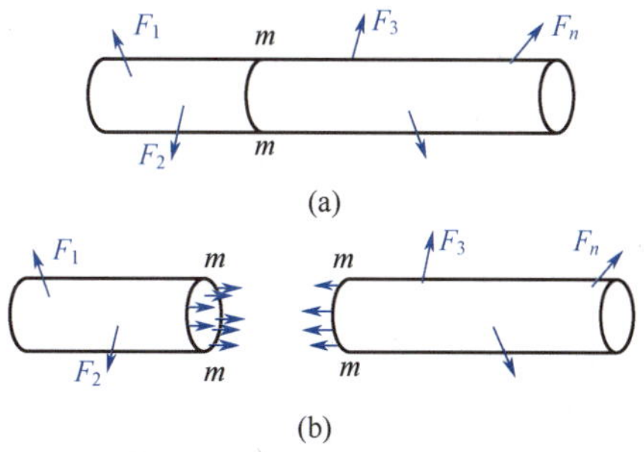

图 1-3-3 内力与截面法分析示意图

将构件假想地切开以显示内力并由平衡条件建立内力与外力间的关系或由外力确定内力的方法，称为截面法，它是分析内力的基本方法。

3. 应力

构件在外力的作用下，构件截面上会有内力，且连续分布在整个截面上，这样截面上各个点都有内力存在。在截面 $m-m$ 上任一点 K 的周围取一微元，面积记为 ΔA，作用在其上的内力记为 ΔF［图 1-3-4（a）］，则在该面上的平均内力为 $p=\frac{\Delta F}{\Delta A}$，如果内力在截面上匀布，则平均内力就表示了该截面上任意点内力的大小；如果内力在截面上非匀布，这时就不能用平均内力来表示一点处的内力大小，此时可以借助于微分来分析这一问题，让 ΔA 趋近于零，则平均内力的公式就变成了

$$p=\lim_{\Delta A\to 0}\frac{\Delta F}{\Delta A} \tag{1-3-1}$$

这里 p 表示了截面上一点处的平均内力的极值，称为该点的应力，应力的方向为 ΔF 的极限方向。为分析简便，通常将应力 p 沿截面的法向与切向进行分解［图 1-3-4（b）］。法向分力称为正应力，用 σ 表示；切向分力称为切应力，用 τ 表示。

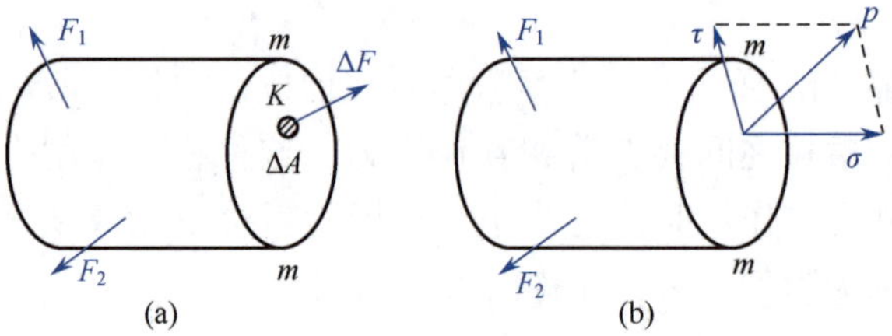

图 1-3-4　应力分析

在国际单位制中，应力的单位为牛/米²（N/m^2），也就是大家以前学过的压强的单位帕，用 Pa 表示。常用的单位还有兆帕（MPa），吉帕（GPa）。它们之间的换算关系为

$$1\text{MPa}=10^6\text{Pa} \tag{1-3-2}$$

$$1\text{GPa}=10^9\text{Pa} \tag{1-3-3}$$

任务实施

材料力学的任务主要是选择合适的材料，设计合理的截面形状和尺寸，具体参照前文所述内容进行分析。

材料力学的基本假设有四个，杆件变形的基本形式有四种，具体参照前文所述内容进行理解。

素质拓展

科学与艺术谁也离不开谁

科学与艺术之间到底存在什么关系？从表面上看，科学与艺术分属不同学科，差

异极大，科学具抽象性，艺术具形象性；科学重理性，严谨求真，依靠归纳与推理；艺术重感性，浪漫求美，依赖灵感与想象。但从历史上看，科学与艺术形影不离，共同描绘了人类灿烂的文明。正如诺贝尔物理学奖获得者李政道说：“科学与艺术是一个硬币的两面，谁也离不开谁。”

求真求美是科学与艺术的共性。科学是求真的探索，艺术是求美的探索。而科学家像艺术家一样追求美，艺术家像科学家一样追求真，这是二者取得突破性成就的重要途径。英国理论物理学家狄拉克，在获得诺贝尔物理学奖时说：“理论物理学家的工作，就是以漫长的一生追求美。”数学家邱成桐说：“数学的美和艺术的美是相通的……真与美总是联系在一起的，这种对美的探究和追求，是让数学家不停钻研的动力。”只有对科学从宏观上和整体上有所领悟，对科学产生美感，才可能做出杰出成就。对美的探究和追求，让科学家愿意克服种种困难，不断攀登高峰，以获得美的体验和精神享受。

同样，艺术家求真也是造诣精湛的必由之路。黄金分割比例 0.618 是世界上公认的最美数字，宇宙万物凡是符合黄金分割规律的无不是美丽的。这一神奇的数字具有很高的美学价值，广泛存在于各种艺术品中，如名画《蒙娜丽莎的微笑》和希腊的帕提农神庙。在艺术创作中主动运用黄金分割规律，无疑是艺术境界出神入化的秘密通道。

从这个角度说，科学与艺术更深层次的相通之处在于非功利的精神气质，体现在共同追求普遍性和永恒性，也就是既求真也求美。在这种境界中，所形成的科研成果和艺术作品往往具有里程碑意义。

艺术美学思维之所以能为科学研究开辟捷径，根本原因在于大自然在最基础的水平上是按美来设计的，以和谐统一、简洁有序、高度概括等美学要素来审视，大自然本身就很美，美是大自然天性和规律的表象。而揭示大自然真相和规律的实验、方程、科学原理，以美的形式来呈现也算顺其自然。爱因斯坦狭义相对论导出的质能方程，将自然界普遍存在的质量和能量，以极其简洁的形式呈现出来，成为美学史上和美学教科书中科学美的经典。再例如，欧拉公式、牛顿力学三大定律等著名理论，也是大道至简、大美天成。科学公式或科学理论越简单，概括自然现象越普遍，应用范围越广阔，在美学上价值越高。

科学与艺术有着异曲同工之妙。遵循科学规律同样是艺术创造的重要手法，从文艺复兴时期画家使用透视法，到 21 世纪用算法型塑艺术作品，以及电影《阿凡达》和《盗梦空间》利用电脑技术进行艺术创作等，都是以科学之真求美。比利时科学史专家乔治·萨顿认为：理解科学需要艺术，而理解艺术同样也需要科学。早在 19 世纪中叶法国著名文学家福楼拜就预言：“越往前走，艺术越要科学化，同时科学越要艺术化。两者在山麓分手，回头又在山顶会合。”艺术与科学之间，无论山上山下，始终心有灵犀。

总之，科学之美是客观的，艺术之美则离不开人类。在主观与客观的相长中，能开出异常瑰丽的花朵，结出奇异的硕果。这是科学家运用形象思维，发挥艺术家想象力，取得重大科学突破给世人的启示。

（资料来源：360 个人图书馆．科学与艺术谁也不离开谁［EB/OL］．(2019-08-29)［2024-05-20］．http：//www.360doc.com/content/19/0829/08/32418309_857689167.shtml，有改动。）

思考与练习

1. 材料力学的主要任务是什么？
2. 何谓强度、刚度和稳定性？
3. 材料力学的基本假设是什么？其依据是什么？
4. 杆件的基本变形有几种？其依据是什么？

任务二　轴向拉伸和压缩变形

任务描述

图 1-3-5 所示空心圆截面杆，外径 $D=20$mm，内径 $d=15$mm，承受轴向载荷 $F=20$kN 作用，材料的屈服应力 $\sigma_s=235$MPa，安全系数 $n=1.5$，试校核杆的强度。

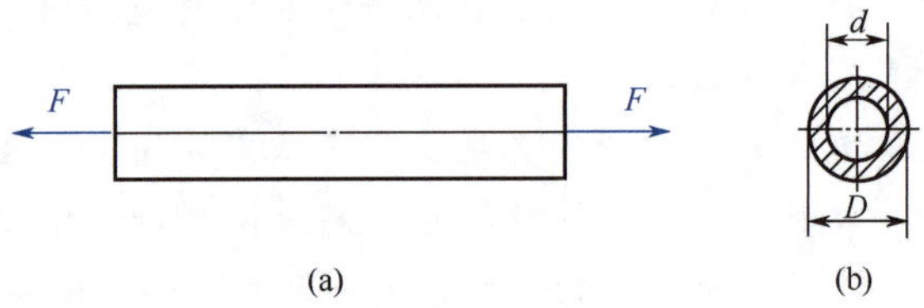

图 1-3-5　空心圆截面杆

任务分析

掌握典型构件轴向拉伸与压缩变形时的强度计算。

知识准备

轴向拉压变形为材料力学中最基本最简单的变形形式。本任务主要介绍构件受轴向拉压时截面上的内力、应力、强度、刚度以及材料在轴向拉压时的力学性能。通过本任务的学习要求大家掌握轴向拉压构件的横截面上的内力和应力的求法，任意斜截面上的应力的求法，变形的求法（胡克定律），并重点掌握分析材料力学问题的方法。

一、轴向拉伸与压缩变形概念

工程中很多构件承受拉伸或压缩，例如，液压传动机构的活塞杆、压缩机和蒸汽机的连杆，千斤顶的螺杆，如图 1-3-6（a）所示；工业厂房的中柱，桁架结构（如桁式桥梁、高耸建筑、屋架、发射塔、输电塔、塔式起重机的塔架和吊臂等）中的铰接杆，如图 1-3-6（b）、（c）所示；内燃机的挺杆，如图 1-3-6（d）所示；大型机加工和起重设备（如水压机、龙门式机床、门式起重机等）的立柱等。

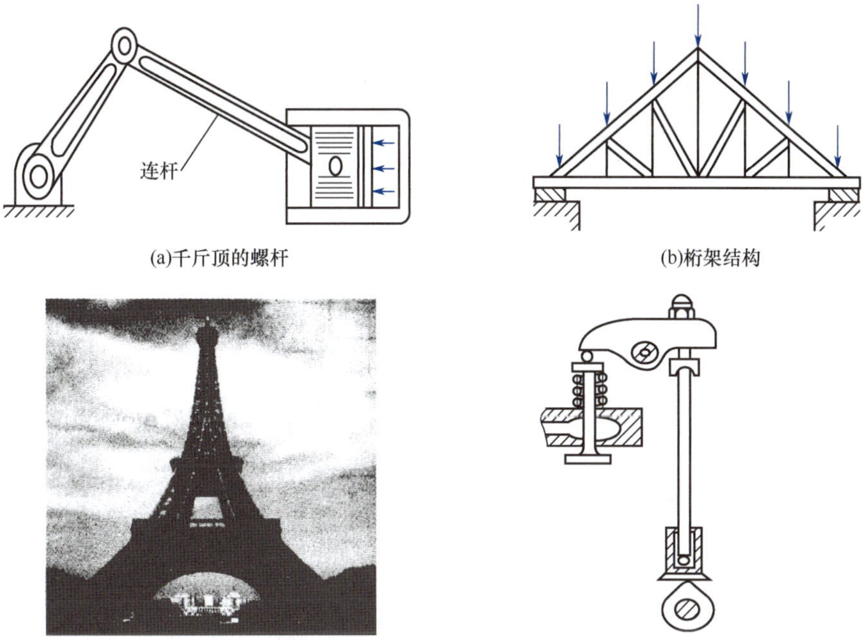

(a)千斤顶的螺杆　(b)桁架结构

(c)铁塔桁架　(d)内燃机的挺杆

图 1-3-6　轴向拉伸与压缩变形实例

以上这些杆件在工作时具有共同的受力特点：作用于杆件上的外力合力作用线与杆线重合。在这种受力状态下，杆件主要变形是纵向伸长，横向变细，如图 1-3-7（a）所示；或者纵向缩短，横向变粗，如图 1-3-7（b）所示，这种变形形式称为轴向拉伸与压缩变形。

(a)　(b)

图 1-3-7　轴向拉伸与压缩变形的形式

二、轴向拉伸与压缩变形时内力分析

1. 内力

如前所述，内力指的是在外力的作用下构件内部的相互作用力。对于拉压杆其内力是怎样的呢？下面用内力分析的截面法来对其进行分析。

拉压杆的内力分析

如图 1-3-8 所示的轴向拉压杆，分析 m-m 横截面上的内力。由截面法截取分离体［图 1-3-8（b）］，根据二力平衡和共线力系平衡方程可知，该截面上分布内力的合力 N 一定沿杆件的轴线方向，称为轴力。轴力或为拉力，或为压力（图 1-3-9），为区别起见，通常规定拉力为正，压力为负。按此规定，图 1-3-9（b）所示轴力为正，其值为

$$N = F$$

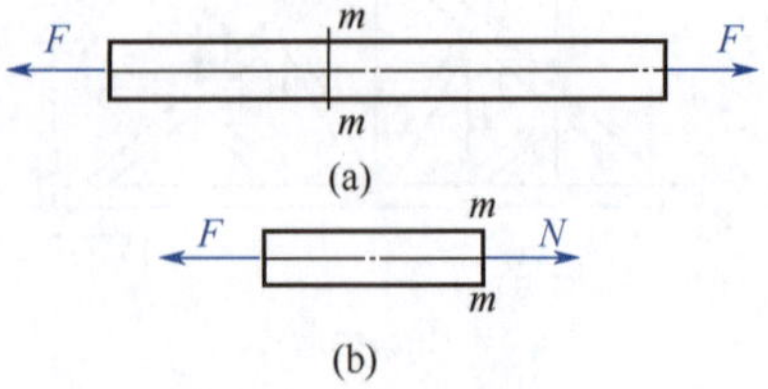

图 1-3-8　轴力为拉力

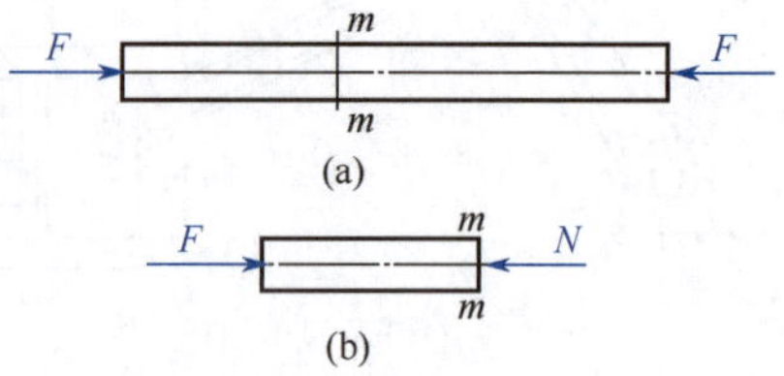

图 1-3-9　轴力为压力

某些情形下，拉压杆受到多个轴向载荷的联合作用，这时，杆件各部分的轴力将是不同的，因而应当分段应用截面法确定各段内的轴力。计算时，一般先假设轴力为正，然后根据平衡方程确定其大小和正负。

2. 轴力图

当杆件上的轴力随着横截面的位置不同而不同时，为了更形象地表示轴力沿杆件的分布规律，需要画出轴力沿杆件轴线方向变化的图形，即轴力图。下面通过一个例子来说明如何作轴力图。

【例 3-1】 试作图 1-3-10（a）所示杆的轴力图。

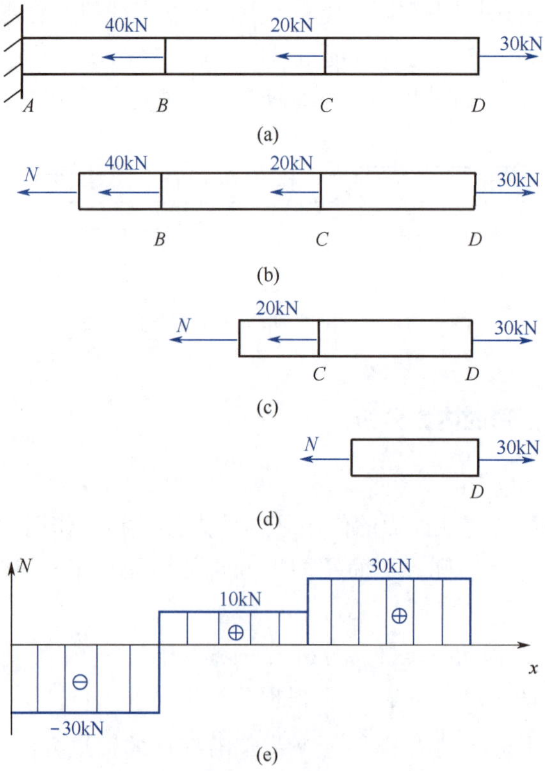

图 1-3-10　求直杆的轴力图

解：求各段的轴力。这里由于在 B，C，D 上都作用有外力，所以我们应该分 AB，BC 和 CD 三段分别求它们的轴力。

（1）AB 段：用截面法截取任意一个截面，由于截面的右半部分作用的约束反力未知，所以可取右半部分来分析［图 1-3-10（b）］，假设轴力为正值。利用平衡条件可求出轴力 N 的大小

$$-N-40-20+30=0$$

解得

$$N=-30\text{kN}$$

即 AB 段所有截面上的轴力都是-30kN。负号表示轴力为压力。

（2）BC 段：把 BC 段任意一个截面截开，取右半部分分析［图 1-3-10（c）］。利用平衡条件可求得

$$N=10\text{kN}$$

（3）CD 段：用一个假想的截面把 CD 段截开［图 1-3-10（d）］，由平衡条件可以求得

$$N=30\text{kN}$$

（4）作轴力图：用横轴表示杆件截面位置，用纵轴表示相应截面上轴力的大小，建立坐标系。即：横轴为 x 轴，纵轴为 N 轴。接下来按照一定的比例把轴力表示到图上。拉力画 x 轴的上方，压力画在下方。画好图线后还须标明轴力的大小和正负号。最后用均匀的竖线把画好的轴力图线和 x 轴之间的空白填充［图 1-3-10（e）］。

注意：作轴力图时，一般要求横坐标和杆件相应的位置要对齐。

通过轴力图我们还可以看出轴力的一个特点：在外力作用的地方轴力会产生突变，且其突变大小就是外力的值。

三、轴向拉伸和压缩变形时的应力分析

1. 横截面上的应力

拉压杆的应力分析

由于轴力 F_N 垂直于横截面且通过横截面的形心，横截面上应有正应力 σ，因为只有与 σ 相应的内力微分 $\sigma \cdot \mathrm{d}A$ 才能合成轴力 F_N。σ 在横截面上的分布规律还未知。

要了解 σ 在横截面上各点位置的变化规律，可先通过考察杆件受力后的表面规律，进而由表及里地推测杆件内部横截面上各点的变化情况，再根据力与变形的关系即可了解横截面上各点的应力分布规律。最后通过内力微分 $\sigma \cdot \mathrm{d}A$ 与轴力 F_N 的静力合成关系，就可导出横截面正应力 σ 的计算公式。

取等直均质杆进行分析。杆件受力变形前在其侧表面画两条垂直于轴线的横向直线 ab 和 cd，如图 1-3-11（a）所示。杆件拉伸变形后，可观察到两横向直线仍为直线，只是平行移动到 $a'b'$ 和 $c'd'$。根据这一现象，可以假设：原为平面的横截面在杆件变形后仍保持为平面，且仍垂直于轴线。此即为平面假设。

由平面假设可推知，杆中所有纵向纤维的伸长相等。又由于假设材料是均匀的，各点的力学性能相同，故各点的正应力 σ 与线应变 ε 关系均相同，所以横截面上各点正应力 σ 相同，即横截面上正应力 σ 均匀分布，如图 1-3-11（b）所示。

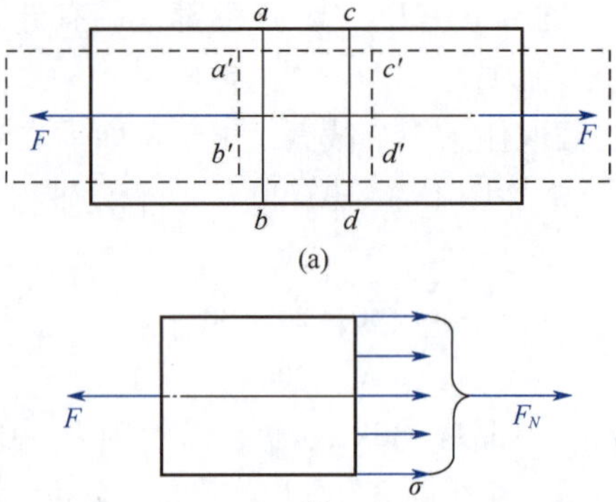

(a)

(b)

图 1-3-11　轴向拉压变形横截面应力分析

若以 A 表示横截面面积，其面积微分 dA 组成一个垂直于横截面的平行力系。于是按静力合成的方法可得

$$N = \int_A \sigma dA \qquad (1-3-4)$$

因为正应力 σ 均匀分布，故

$$N = \int_A \sigma dA = \sigma A \qquad (1-3-5)$$

于是得

$$\sigma = \frac{N}{A} \qquad (1-3-6)$$

此即为横截面上正应力 σ 的计算公式。式中，N 为轴力；A 为横截面面积。正应力 σ 的符号规定：拉应力为正，压应力为负。

此外还要说的是，应力均布是对杆内大部分区域而言，而在加载点附近局部区域，应力、变形是否均匀则与加载方式有关。当杆表面受均布外力作用时，载荷作用处应力和变形是均匀的；若杆表面所受外力是集中载荷或其他非均布载荷，载荷作用处应力、变形是并非均匀的。实验表明，载荷分布方式不同，只影响载荷作用处附近局部区域的应力和变形，而离此稍远区域则影响甚微，此即为圣维南原理。

因此，在材料力学及一般不能常规工程计算中通常都按上述公式计算拉压杆横截面应力。

【例 3-2】 如图 1-3-12 所示压紧机构，若已知液压缸推力 $F=60\text{kN}$，两连杆横截面积相同，$A=1000\text{mm}^2$，$\alpha=30°$。试求连杆 AB 和连杆 AC 的应力。

解：（1）受力分析。分析节点 A 的受力，如图 1-3-13 所示，该节点受汇交力系。

由汇交力系的平衡条件可得

$$\Sigma F_x = 0,\quad F_1\cos30° - F_2\cos30° = 0$$
$$\Sigma F_y = 0,\quad F - 2F_1\sin30° = 0$$

故 $F_1 = F_2 = \dfrac{F}{2\sin30°} = 60\text{kN}$。

$\Sigma F_y=0$，则选杆 AB 和连杆 AC 的轴力 $N_1=N_2=60\text{kN}$。

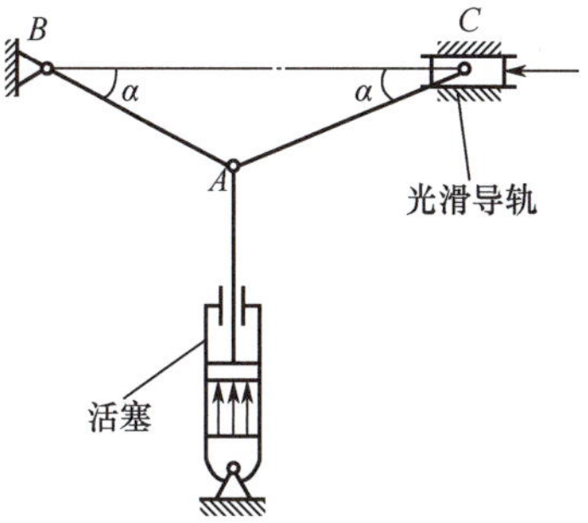

图 1-3-12 压紧机构

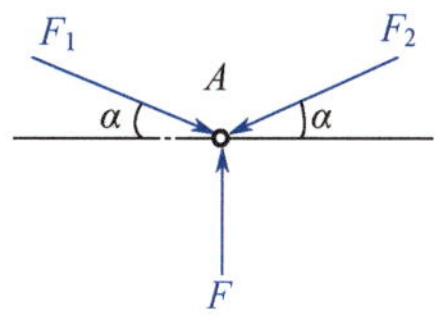

图 1-3-13 节点 A 受力分析

（2）应力计算。由式（1-3-6）计算两个连杆横截面的应力可得

$$\sigma_1 = \sigma_2 = \frac{N_1}{A} = \frac{-60 \times 10^3 \text{N}}{1000\text{mm}^2} = -60\text{MPa}$$

计算结果为负，两连杆横截面所受应力为压应力。

2. 斜截面上的应力

杆件受轴向拉压的时候，经常是先在斜截面上发生裂纹，紧接着沿斜截面发生断裂。可见要研究轴向拉压杆件的强度，仅知道横截面上的应力仍然不够，还需要知道任意斜截面上的应力，本节就来研究斜截面上的应力。

如图 1-3-14（a）所示的等截面直杆，受一对平衡力作用，现在利用截面法来分析它的任意一个斜截面 $m-m$ 上的应力。假想沿斜截面 $m-m$ 将杆切开，设 $m-m$ 截面与横截面的夹角为 α，则由几何关系可知，$m-m$ 截面的法线 On 与 x 轴的夹角亦为 α。由轴向拉压的变形实验可知，受力后，$m-m$ 截面上各个点的伸长量都是一样的，由此可推知 $m-m$ 截面上的内力是均匀分布的，因此各个点的应力也均匀分布，且其方向必与杆轴平行［图 1-3-14（b）］。

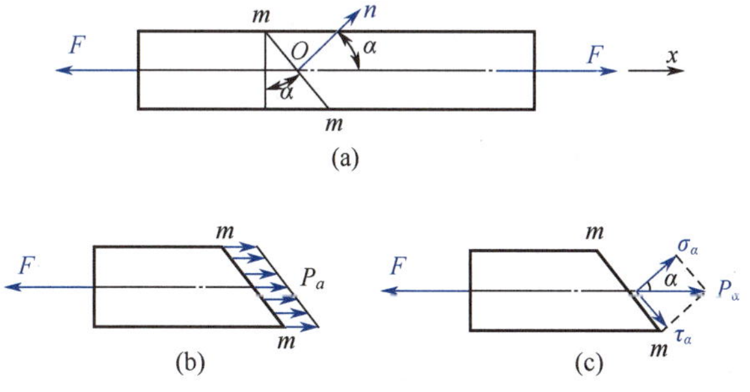

图 1-3-14 斜截面上应力分析

设杆横截面的面积为 A，根据上述分析，得杆左段的平衡方程为

$$p_\alpha \frac{A}{\cos\alpha} - F = 0 \tag{1-3-7}$$

由此得截面 $m-m$ 上各点应力为

$$p_\alpha = \frac{F}{A}\cos\alpha = \sigma\cos a \qquad (1-3-8)$$

式中　σ——横截面上的正应力。

可以看出 p_α 与 $m-m$ 截面既不垂直也不平行。把 p_α 沿截面的法向和切向分解［图 1-3-14（c）］，得斜截面上的正应力与切应力分别为

$$\sigma_\alpha = p_\alpha\cos\alpha = \sigma\cos^2\alpha \qquad (1-3-9)$$

$$\tau_\alpha = p_\alpha\sin\alpha = \frac{\sigma}{2}\sin2\alpha \qquad (1-3-10)$$

可见斜截面上既有正应力也有切应力，它们均为斜截面与横截面夹角 α 的函数。通过公式可以看出，在所有的截面上，当 $\alpha=0°$的时候，截面上的正应力达到最大，其值为

$$\sigma_{max} = \sigma \qquad (1-3-11)$$

即拉压杆的最大正应力发生在横截面上，其值为 σ。

由式（1-3-10）可知，当 $\alpha=45°$的时候，截面上的切应力达到最大，其值为

$$\tau_{max} = \frac{\sigma}{2} \qquad (1-3-12)$$

即拉压杆的最大切应力发生在与杆轴成 45°的斜截面上，其值为 $\sigma/2$。

此外当 $\alpha=90°$时，$\sigma_{90°}=\tau_{90°}=0$。可见在轴向拉压时，纵截面上是没有应力的。

四、拉压变形和胡克定律

胡克定律

1. 轴向拉压变形

当杆件受轴向拉压作用的时候，其横向和纵向尺寸都会发生相应的变化。如图 1-3-15 所示的受轴向拉压的等截面直杆，在外力的作用下，轴向会伸长，横向会缩短。假设杆件的原长为 L，变形后的长度为 L_1，横向宽度为 b，变形后的宽度为 b_1。

变形后轴向伸长量为：$\Delta L=L_1-L$，拉伸时为正值，压缩时为负值。

横向缩短量为：$\Delta b=b_1-b$，拉伸时为负值，压缩时为正值。

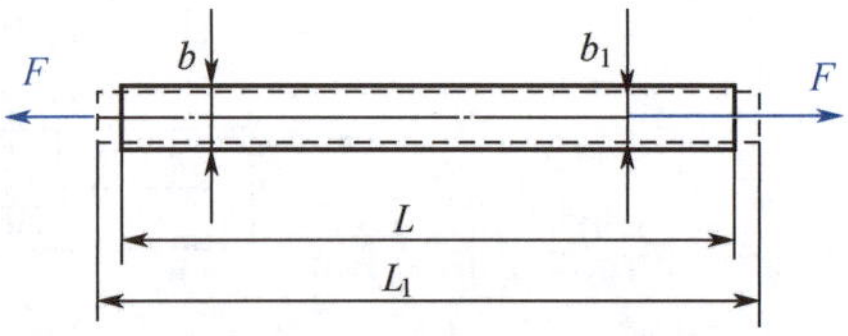

图 1-3-15　轴向拉压变形

上述两种变形量为杆件的实际变形量，称为绝对变形量。为了分析杆件的变形程度，需要知道杆件的相对变形量，即杆件的实际变形量与杆件的相应的原来尺寸的比值。我们把轴向变形量与轴向原长的比值称为轴向应变，也称为线应变，记为 ε。

$$\varepsilon = \Delta L/L = (L_1 - L)/L \qquad (1-3-13)$$

同样 ε 拉伸时为正值，压缩时为负值。

同理，把横向变形与横向原长的比值称为横向应变，记为 ε'。

$$\varepsilon' = \Delta b/b = (b_1 - b)/b \qquad (1-3-14)$$

ε' 拉伸时为负值，压缩时为正值。

ε，ε' 是同时发生的，所以它们之间必然有一定的关系。实验表明，在弹性范围

内，横向应变 ε' 与轴向应变 ε 绝对值之比为一个常数，即

$$\mu = \left|\frac{\varepsilon'}{\varepsilon}\right| \tag{1-3-15}$$

比值 μ 称为横向变形系数，或称为泊松比，它是一个无量纲的量，且只与杆件的材料有关，与其他的因素无关。例如，A3 钢的 $\mu = 0.3$。又因为 ε 与 ε' 的符号总是相反，所以二者的关系也可以写成：$\varepsilon' = -\mu\varepsilon$。

2. 胡克定律

在轴向拉压时，杆件的变形是由于外力、内力和应力引起的，所以变形与力之间必然存在某种关系。这种关系可以通过实验来测定。实验表明（该实验将在下一节具体讲述）：当杆件上的应力不超过某一数值（比例极限值）时，杆件的应力与轴向应变成正比，且比例系数为一常数

$$E = \frac{\sigma}{\varepsilon} \tag{1-3-16}$$

E 称为弹性模量，它的单位与应力的单位一样，为 Pa、MPa、GPa。E 只与材料的性质有关，E 越大变形越小，即材料越不容易产生变形，所以它是衡量材料抵抗变形能力的一个重要指标。上面的这一公式称为胡克定律。它是由英国科学家胡克在 1678 年发现的。对于式（1-3-16）还可以进一步作个变换，把 $\sigma = \dfrac{N}{A}$，$\varepsilon = \dfrac{\Delta L}{L}$ 代入式（1-3-16）得

$$\Delta L = \frac{NL}{EA} \tag{1-3-17}$$

这一公式为胡克定律的另外一种表达形式。它给出了杆件的轴向伸长量与内力，截面面积以及杆件的长度之间的关系。通过式（1-3-17）可看出，若 NL 均为常数时，EA 越大，杆件的变形量越小，因此称 EA 为抗拉（抗压）刚度。

【例 3-3】 如图 1-3-16（a）所示为一阶梯形钢杆，AC 段截面积为 $A_{AB} = A_{BC} = 500\text{mm}^2$，$CD$ 段截面积为 $A_{CD} = 200\text{mm}^2$，杆的各段长度和受力情况如图所示，已知杆的弹性模量 $E = 200\text{GPa}$，试求杆伸长后的总伸长量。

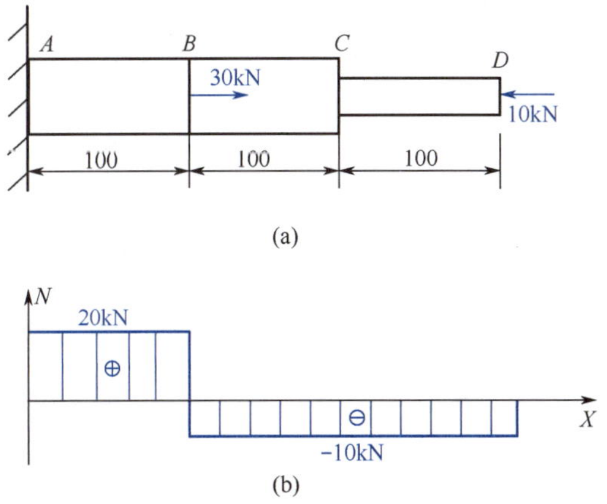

图 1-3-16　求阶梯形钢杆的变形

解：（1）求各段的轴力，并作轴力图：

利用截面法可求得：$N_{AB}=20\text{kN}$，$N_{BC}=N_{CD}=-10\text{kN}$

作轴力图，如图 1-3-16（b）所示。

（2）求杆的总变形量

$$
\begin{aligned}
\Delta L_{AD} &= \Delta L_{AB} + \Delta L_{BC} + \Delta L_{CD} \\
&= \frac{N_{AB}L_{AB}}{EA_{AB}} + \frac{N_{BC}L_{BC}}{EA_{BC}} + \frac{N_{CD}L_{CD}}{EA_{CD}} \\
&= -0.015\text{mm}
\end{aligned}
$$

3. 简单超静定问题

（1）静定与超静定。在前面所讨论的问题中，不论是约束反力还是内力，都可以通过静力平衡方程求得，这样的问题称为静定问题。如图 1-3-17（a）所示的结构，1、2 杆的轴力可通过平衡方程求得，属于静定问题。

有时候为了增加整个构件的刚度和强度需要再增加一根杆［图 1-3-17（b）］，此时未知轴力变成了三个，但是有效平衡方程却只有两个，显然未知力的个数多于平衡方程的个数，只通过平衡方程不能求出所有未知力，这样的问题就是超静定问题。未知力的个数与有效平衡方程个数之差称为超静定数，图 1-3-17（b）所示的结构为一次超静定。

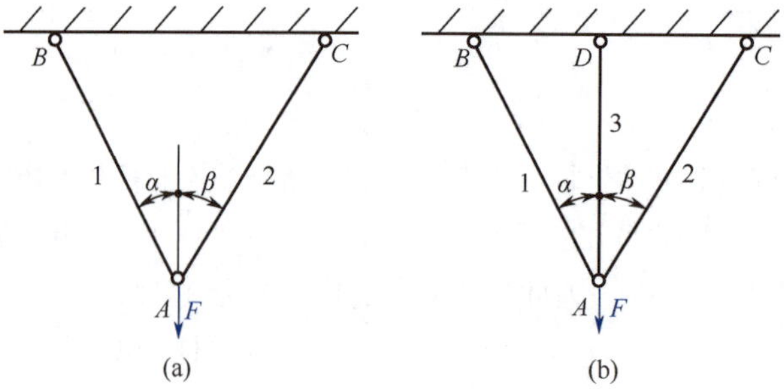

图 1-3-17　静定与超静定杆系

（2）超静定问题求解。求解超静定问题，除了要列出有效平衡方程外，还需要列补充方程，而列补充方程是求解超静定问题的关键。列补充方程要从杆件的变形着手，寻找杆件变形之间的几何关系，利用胡克定律把变形之间的关系转化成内力之间的关系，这一关系就是补充方程。下面通过一个例子具体说明。

【例 3-4】在图 1-3-18（a）所示的结构中，水平杆 AC 为刚性杆。竖直杆 1、2 长度为 L，截面面积为 $A_1=150\text{mm}^2$，$A_2=100\text{mm}^2$。两杆的材料为 A3 钢，其弹性模量 $E=200\text{GPa}$，$F=20\text{kN}$。试求两杆的内力。

解：为求两杆的内力很显然应取杆 AC 来分析。杆 AC 的受力如图 1-3-18（b）所示，未知力有 N_1、N_2、X_C、Y_C 四个，但是有效平衡方程只有三个，因此本题属于一次超静定问题。

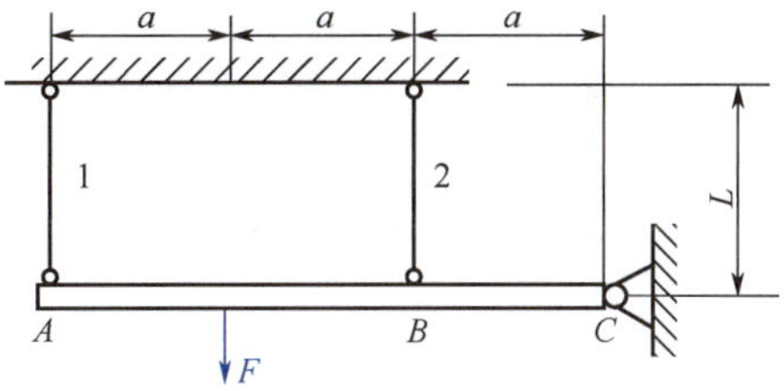

(a)

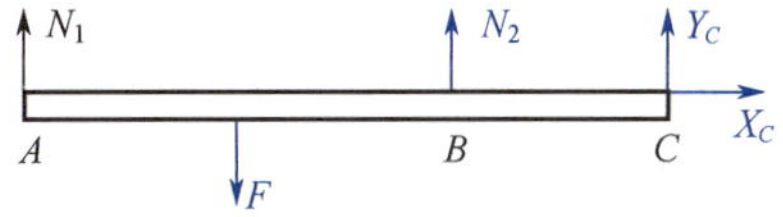

(b)

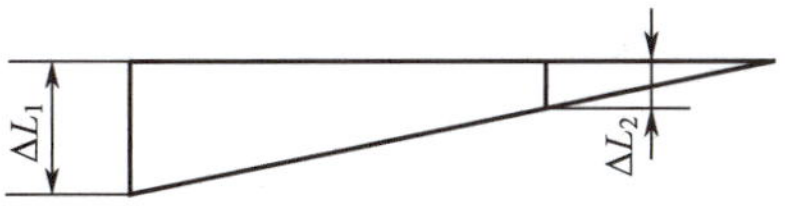

(c)

图 1-3-18　超静定问题求解

(1) 列平衡方程。

本题不需要求 X_C、Y_C，只需求 N_1、N_2，故静力平衡方程可列一个，即

$$\Sigma M_C = 0 \qquad 2Fa - 3N_1a - N_2a = 0$$

整理得

$$2F - 3N_1 - N_2 = 0 \tag{a}$$

(2) 列补充方程。

因为 AC 杆为刚性杆，所以 1、2 杆变形后变成图 1-3-18 (c)，由几何关系可知

$$\Delta L_1 = 3\Delta L_2 \tag{b}$$

根据胡克定律，可得

$$\Delta L_1 = \frac{N_1L_1}{EA_1} \tag{c}$$

$$\Delta L_2 = \frac{N_2L_2}{EA_2} \tag{d}$$

将式 (c)、式 (d) 代入式 (b)，并结合已知条件可得

$$N_1 - 4.5N_2 = 0 \tag{e}$$

方程 (e) 即为补充方程。

(3) 联立式 (a)、式 (e) 解得

$$N_1 = 12.42\text{kN}$$
$$N_2 = 2.76\text{kN}$$

五、轴向载荷下材料的力学性能

构件的刚度、强度和稳定性不仅与构件在外力的作用下所产生的内力应力有关，

还和构件自身的承载能力有关。我们把构件在抵抗破坏和变形时所表现出来的力学性质，称为材料的力学性能。对于材料的力学性能必须由实验测定，本节就来通过实验的方法测定材料的力学性能。

工程中使用的材料很多，也不可能对这些材料的力学性能一一测量，只能选取具有代表性的材料进行测定。为此选取低碳钢和铸铁两种典型材料为代表来说明材料在拉伸和压缩时的力学性能。

1. 低碳钢的拉伸力学性能

在材料实验中，静力拉伸和压缩实验是最简单和最重要的。本任务只简要说明一下静力拉伸实验的一般过程。

低碳钢拉伸实验

拉伸实验前，需按国家标准（GB/T 7124—2008）将实验所用的材料做成具有一定形状和尺寸的标准试件，如图 1-3-19 所示拉伸试样，标记 m 和 n 之间的杆段为实验段，其长度 l 称为标距。对于实验段直径为 d 的圆截面试样［图 1-3-19（a）］，通常规定

$$l = 10d \quad 或 \quad l = 5d \tag{1-3-18}$$

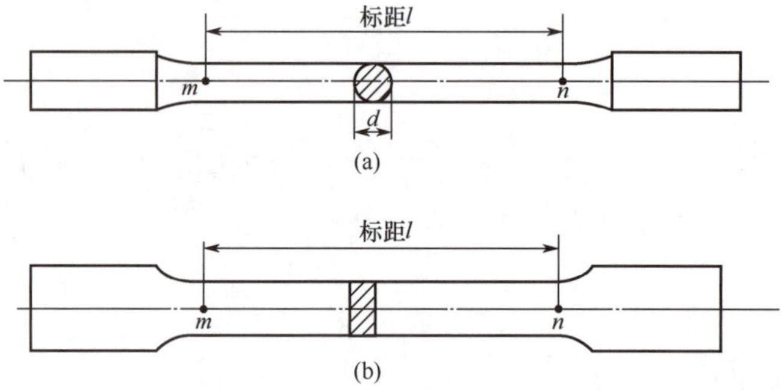

图 1-3-19　轴向拉伸标准试件

而对于实验段横截面面积为 A 的矩形截面试样［图 1-3-19（b）］，则规定

$$l = 11.3\sqrt{A} \quad 或 \quad l = 5.65\sqrt{A} \tag{1-3-19}$$

将准备好的试件装夹在万能材料实验机或材料拉压实验机上，然后缓慢加载，随着载荷 F 的增大，试样逐渐被拉长。以试件的横截面上的应力为纵坐标，试件的线应变为横坐标建立坐标系，由此所得到的应力应变关系曲线称为应力应变图。图 1-3-20 表示了试件从开始受拉到被拉断的过程中应力应变之间的关系。根据这一图线，可以把整个拉伸过程分为四个阶段。

（1）弹性阶段。在这一阶段，如果卸去外载荷，材料的变形能够完全恢复，即发生的是弹性变形，如图 1-3-20 所示 OA'段，称为弹性阶段，与 A'点对应的应力称为弹性极限，用符号 σ_e 表示。从图中可以看出，OA 是直线，说明在 OA 范围内应力和应变成正比，即符合胡克定律：$\sigma = E\varepsilon$。弹性阶段的 A 点所对应的应力，称为材料的比例极限，用 σ_P 表示。弹性模量 E 即为直线的斜率。对于 Q235 钢的比例极限 $\sigma_P = 200\text{MPa}$，弹性模量$E = 200\text{GPa}$。

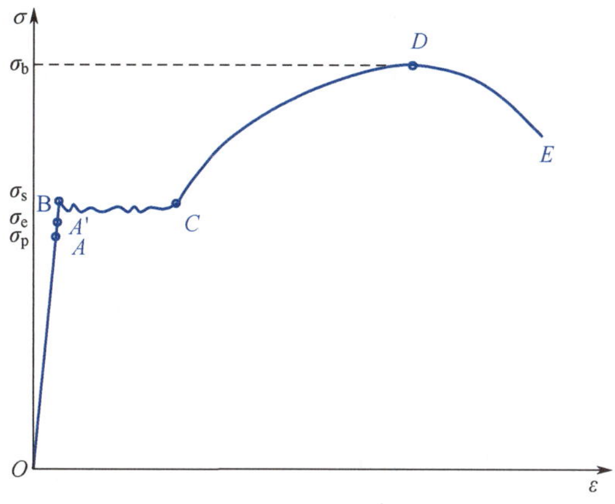

图 1-3-20 低碳钢的轴向拉伸 $\sigma-\varepsilon$ 曲线

（2）屈服阶段。超过比例极限后应力应变关系不再保持为直线。当应力增加到某一数值，应力应变关系图线呈微小的波浪线。在此阶段内，应力几乎不变，而应变却急剧增长，也就是说材料失去了抵抗变形的能力，这一现象称为屈服现象，对应图 1-3-20 上 *BC* 段。屈服阶段的最小应力称为屈服极限或屈服应力，用 σ_S 表示。低碳钢 Q235 的屈服应力为 $\sigma_S=235\text{MPa}$。仔细观察试件的表面，可以看到在这一阶段，光滑的试件表面出现了大约与轴线成 45°的滑移线，如图 1-3-21 所示。轴向拉压时，在 45°方向存在最大剪应力，所以会在 45°方向出现滑移线。剪应力使得材料的截面发生相对错动，在构件的表面就表现为滑移线。

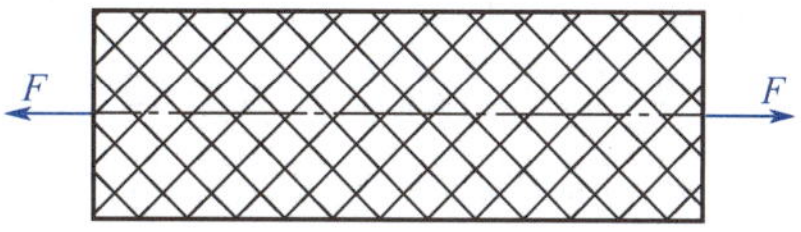

图 1-3-21 低碳钢在屈服变形时的滑移线

在屈服阶段卸载后，材料的变形不能恢复，残留有一部分塑性变形。这会使机器中的构件不能正常工作，工程中是不允许的。因此对低碳钢这一类材料常取屈服极限 σ_S 作为材料的强度指标。

（3）强化阶段。经过屈服阶段之后，材料又恢复了抵抗变形的能力。要使材料继续发生变形必须增大应力，这一阶段称为强化阶段，对应图 1-3-20 上的 *CD* 段。强化阶段的最高点 *D* 点所对应的应力称为材料的强度极限，用 σ_b 表示，低碳钢 Q235 的强度极限为 $\sigma_b\approx380\text{MPa}$。在此过程中，如果对试件卸载，材料的比例极限、屈服极限都将有所提高，塑性变形减小，塑性降低，材料的这种现象称为冷作硬化。冷作硬化可以提高材料的弹性极限，降低材料的塑性，所以工程中常利用这一特性提高构件的承载能力。

（4）颈缩阶段。当应力超过了材料的强度极限，试件的某一局部显著收缩（图 1-3-22），这一现象称为颈缩。颈缩出现后，试件的应力变小，应力应变图线下降（图 1-3-20 中 *DE* 段），直至试件断裂。

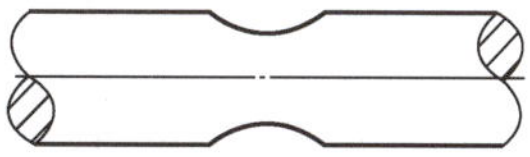

图 1-3-22 低碳钢的颈缩现象

试件被拉断后，有一部分变形会消失，还有一部分变形还留着，消失的这部分变形为弹性变形，残留的变形为塑性变形或永久变形。试件断开后，标距由原来的 L 变成了 L_1，断口的截面积也由原来的原始面积 A 变成了断裂后的面积 A_1。即

$$\delta = \frac{L_1 - L}{L} \times 100\% \qquad (1-3-20)$$

$$\psi = \frac{A - A_1}{A} \times 100\% \qquad (1-3-21)$$

称 δ 为延伸率，ψ 为断面收缩率。这两个量是材料塑性的两个重要指标，二者越大说明材料的塑性越好。我们把 $\delta \geqslant 5\%$ 的材料称为塑性材料，比如低碳钢、黄铜、铝合金等，其中低碳钢的延伸率 $\delta \approx 25\% \sim 30\%$，断面收缩率 $\psi \approx 60\%$。对于 $\delta < 5\%$ 的材料称为脆性材料，比如铸铁、高碳钢、玻璃、石料等。

2. 铸铁的拉伸力学性能

铸铁在拉伸时的应力应变曲线如图 1-3-23 所示，从图上可以看出，铸铁的拉伸曲线无屈服阶段、强化阶段以及颈缩阶段，整条曲线可近似看作是一条直线且符合胡克定律，其斜率就是弹性模量。曲线的最高点所对应的应力为铸铁拉断时的应力，即为强度极限，记为 σ_b。铸铁在应力很小、变形也很小的时候就发生了断裂，且断口截面与轴线垂直。经测量其延伸率还不到 0.5%，因此属于脆性材料。

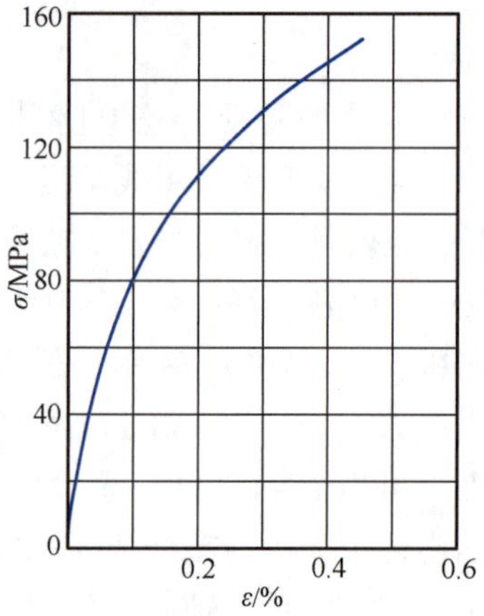

图 1-3-23 铸铁的轴向拉伸 $\sigma-\varepsilon$ 曲线

3. 一般金属材料的拉伸力学性能

塑性材料的拉伸曲线与低碳钢的拉伸曲线很相似，图 1-3-24 给出了几种不同塑性材料的拉伸曲线。通过这些图线可以看出，有的材料无明显的屈服阶段，但是屈服极限又是塑性材料的一个重要的强度指标，因此规定，以产生 0.2%的塑性应变的应力值作为材料的名义屈服极限，用 σ_0 表示。

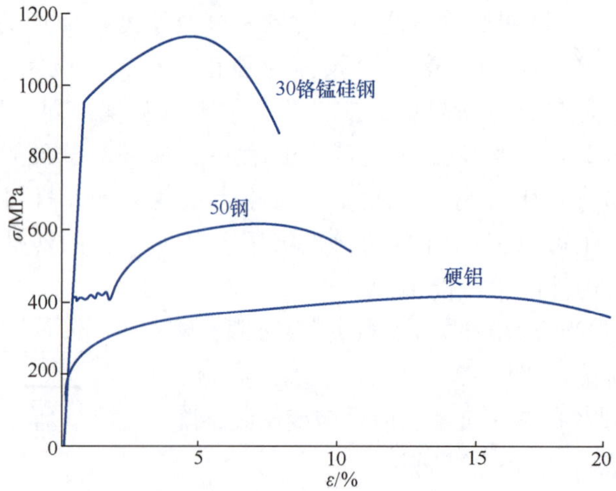

图 1-3-24 金属材料的拉伸曲线

4. 材料在压缩时的力学性能

材料的压缩实验也是测量材料力学性能的基本实验之一。一般较细长试样在压缩时容易失稳，因此在金属压缩实验中，通常采用短粗圆柱形试样。

低碳钢压缩实验

低碳钢在压缩时的应力应变曲线如图 1-3-25（a）所示，压缩曲线和拉伸曲线在屈服前基本重合，压缩与拉伸时的屈服应力与弹性模量大致相同。只不过低碳钢会被拉断，但不能被压碎，只能越压越扁平，如图 1-3-25（b）所示。

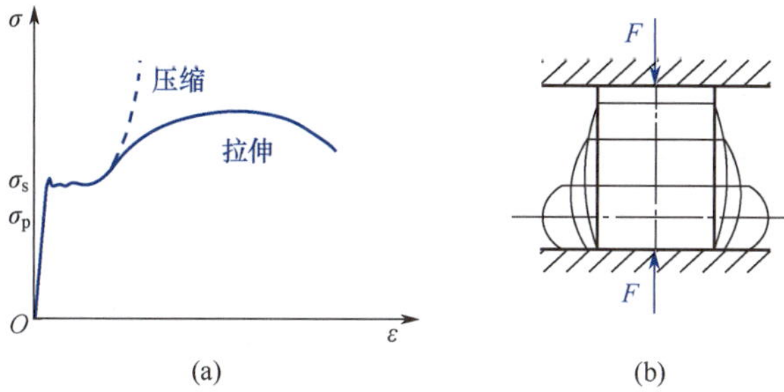

图 1-3-25 低碳钢的压缩

铸铁在压缩时的应力应变曲线如图 1-3-26（a）所示，基本上与拉伸曲线形状一致，但是压缩时的强度极限却远大于拉伸时的强度极限，为 3~4 倍，可见脆性材料承受压缩的能力远大于其承受拉伸的能力。根据这一特点，常把脆性材料用作承压构件，如混凝土、石料等。铸铁压缩时的破坏形式如图 1-3-26（b）所示，断口所在截面基本上与横截面成 45°角，这是因为当构件受压缩的时候在与轴线成 45°角的截面上存在最大剪应力，且铸铁的抗剪强度低于抗压强度，从而使铸铁被剪断。

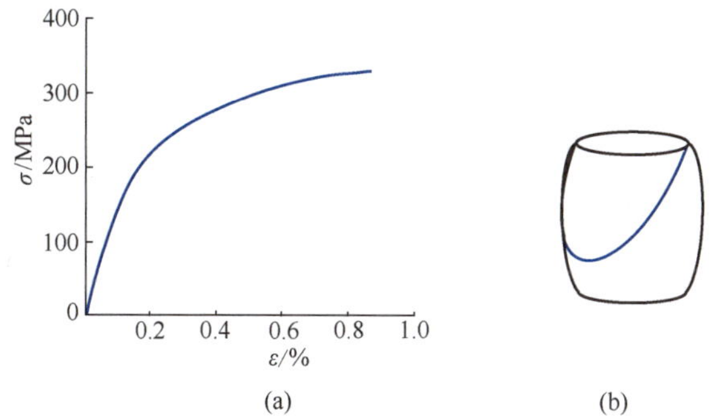

图 1-3-26 铸铁的压缩

通过上面的分析，将塑性材料和脆性材料的力学性能总结如下。

（1）塑性材料。

①塑性材料的拉伸和压缩过程很相似，其力学性能的重要指标有：比例极限、屈

服极限、强度极限、弹性模量、延伸率和断面收缩率。

②塑性材料的抗拉和抗压的能力相同，拉断前的变形很大，可做受冲击的构件或受拉构件。

（2）脆性材料。

①脆性材料力学性能指标只有强度极限。

②脆性材料的抗压能力远大于抗拉能力，适合做受压构件。

从材料拉压实验的全过程可见，衡量材料力学性能的主要指标：比例极限 σ_p、屈服极限 σ_s、强度极限 σ_b 和弹性模量 E、延伸率 δ 及断面收缩率 ψ 等。材料的上述指标往往受温度、热处理等条件的影响。表 1-3-1 中列出几种常用材料在常温、静载下的若干主要力学性能指标值。

表 1-3-1　几种常用材料的主要力学性能

材料名称	牌号	σ_s/MPa	σ_b/MPa	δ_5/%
普通碳素钢	Q235	216~235	373~461	25~27
	Q255	255~275	490~608	19~21
优质碳素结构钢	40	333	569	19
	45	353	598	16
普通低合金结构钢	Q345	274~343	471~510	19~21
	Q390	333~412	490~549	17~19
合金结构钢	20Cr	540	835	10
	40Cr	785	980	9
碳素铸钢	ZG270-500	270	500	18
硬铝	—	330	470	17
球墨铸铁	QT450-10	—	450	10
灰铸铁	HT150	—	120~175	—

注：表中 δ_5 是指 $l = 5d$ 的标准试样的延伸率。

5. 轴向拉伸（压缩）时的强度计算

（1）危险应力。通过实验分析知道，对于塑性材料当正应力达到屈服极限时将产生屈服和明显的塑性变形，当正应力达到强度极限时构件就会断裂，对于脆性材料正应力达到强度极限时构件也会断裂。在工程中，构件工作时不允许构件发生大的塑性变形，当然更不允许构件断裂。我们把构件破坏时的应力称为危险应力，记为 σ_0。对于塑性材料，屈服极限就是它的危险应力，即 $\sigma_s = \sigma_0$。而对于脆性材料，强度极限是它的危险应力，即 $\sigma_b = \sigma_0$。

拉压变形时的强度计算

（2）许用应力和安全系数。要保证构件安全地工作，只需要构件上产生的应力小于危险应力就可以了，但是在工程实际中，因为所用构件的工作条件不可能与试件理想条件相同，所以为排除这些因素的影响，往往要让构件具有一定的强度储备，这就

需要把危险应力除以一个大于 1 的系数，我们把这个结果称为材料的许用应力，记为 $[\sigma]$。即

$$[\sigma] = \frac{\sigma_0}{n} \tag{1-3-22}$$

式中　n——安全系数。

对于塑性材料：$[\sigma] = \frac{\sigma_s}{n}$；对于脆性材料：$[\sigma] = \frac{\sigma_b}{n}$。

安全系数是由多种因素决定的，各种材料在不同的工作环境下的安全系数可从有关规范和设计手册中查到。在一般的静强度计算中，对于塑性材料通常取 $n=1.5\sim2.2$；对于脆性材料，通常取 $n=3.0\sim5.5$。

6. 强度计算

为保证杆件在轴向拉压时具备足够的强度，需要保证杆件内产生的最大应力不能超过材料的许用应力，即

$$\sigma_{max} \leqslant [\sigma]$$

$$\frac{N_{max}}{A} \leqslant [\sigma] \tag{1-3-23}$$

这里 N_{max} 表示杆件危险截面上的轴力，A 表示危险截面的面积，$[\sigma]$ 为材料的许用应力。

【例 3-5】 如图 1-3-27 所示为一手动压力机，在工件 C 上所加最大压力为 150kN，已知压力机立柱和螺杆所用材料的许应力 $[\sigma]$ =170MPa，若螺杆 1 的内径 d=40mm，试校核其强度并按强度要求设计立柱 2 的直径 D。

解：（1）校核螺杆 1 的强度。受力分析如图 1-3-28 所示，显然，螺杆的受力 F_{N1} 即是在工作上所加的压力 F。

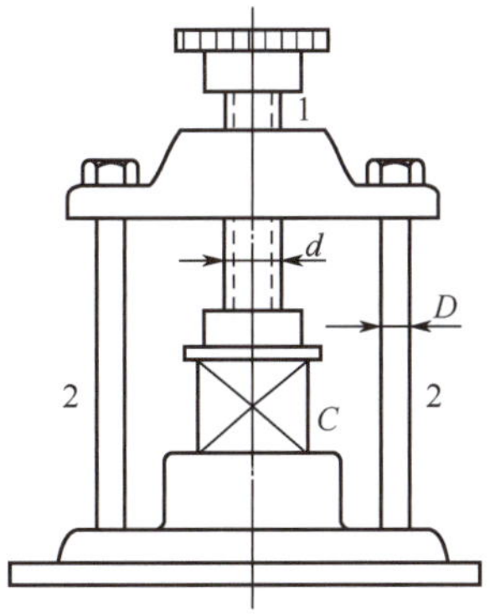

图 1-3-27　手动压力机

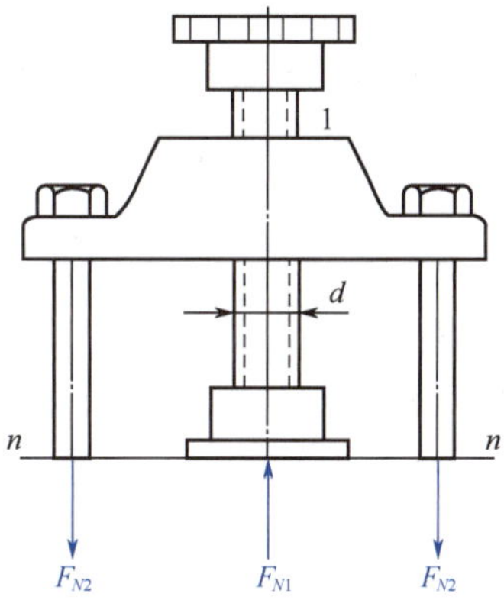

图 1-3-28　手动压力机受力分析

以假想截面 n-n 将压力机分为上下两部分，如图 1-3-28 所示，研究上半部分平衡可求出一根立柱的轴力 F_{N2} 为

$$F_{N2} = \frac{1}{2}F = \frac{1}{2} \times 150\text{kN} = 75\text{kN}$$

将相关数据代入公式，得

$$\sigma = \frac{F}{A} = \frac{150 \times 10^3 \mathrm{N}}{\pi(40 \times 10^{-3})^2/4} = 119.4\mathrm{MPa} < [\sigma]$$

所以，此螺杆是安全的。

（2）根据式（1-3-23），立柱的横截面面积应满足以下要求

$$A_2 = \frac{\pi D^2}{4} \geqslant \frac{F_{N2}}{[\sigma]} = \frac{75 \times 10^3 \mathrm{N}}{170\mathrm{MPa}}$$

由此可求出 $D \geqslant 23.7\mathrm{mm}$，圆整后可取直径 $D = 24\mathrm{mm}$。

【例 3-6】 如图 1-3-29 所示卧式拉床的油缸，内径 $D = 180\mathrm{mm}$，活塞杆直径 $d = 60\mathrm{mm}$，材料 $[\sigma]_1 = 100\mathrm{MPa}$，试按活塞杆和螺栓的强度确定最大油压。

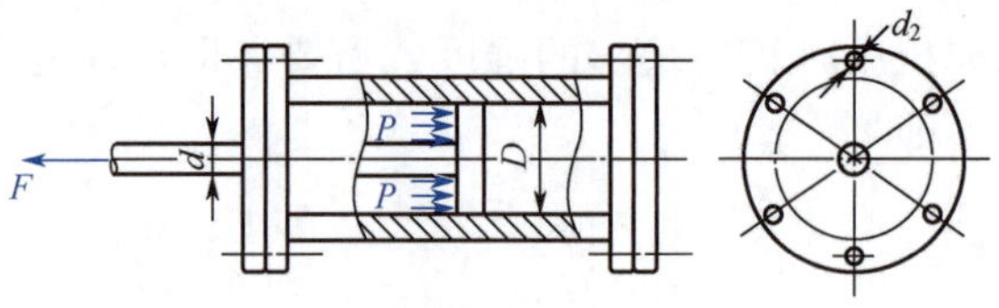

图 1-3-29　卧式拉床的油缸

解： 活塞杆左端承受拉力 F，右端承受活塞上的油液压力，故活塞杆和螺杆许用拉力的计算公式为

$$F_N \leqslant [\sigma]A$$

（1）由活塞杆的强度条件可得

$$F_{N1} \leqslant [\sigma]_1 A_1 = 130\mathrm{MPa} \times \frac{\pi(600\mathrm{mm})^2}{4} = 367.566\mathrm{kN} \tag{a}$$

（2）由螺栓的强度条件可得

$$F_{N2} \leqslant [\sigma]_2 A_2 \times 6 = 100\mathrm{MPa} \times \frac{\pi(17.3\mathrm{mm})^2}{4} \times 6 = 141.037\mathrm{kN} \tag{b}$$

（3）活塞上的油液压力为

$$F = p \cdot \frac{\pi(D^2 - d^2)}{4}$$

显然该值不可超过活塞杆和螺栓的许用拉力。比较式（a）和式（b）结果可知，应由螺栓的强度条件来确定油压，即有

$$F \leqslant F_{N2}$$

故最大油压

$$p \leqslant \frac{F_{N2}}{\pi(D^2 - d^2)/4} = \frac{141037\mathrm{N} \times 4}{\pi[(180\mathrm{mm})^2 - (60\mathrm{mm})^2]} = 6.24\mathrm{MPa}$$

【例 3-7】 如图 1-3-30 所示钢-铝结构的简易吊架。杆 BC 为铝杆，杆 AB 为钢杆。两杆横截面面积相同，$A_1 = A_2 = 600\mathrm{mm}^2$，铝的许用应力 $[\sigma]_1 = 100\mathrm{MPa}$，钢的许用应力 $[\sigma]_2 = 160\mathrm{MPa}$。试求许可吊重 F。

解：（1）外力分析。先求两杆轴力 F_{N1} 和 F_{N2} 与载荷 F 的关系。取节点 B 为分析对象，并假设 F_{N1} 为压力，F_{N2} 为拉力，其受力图如图 1-3-31 所示。

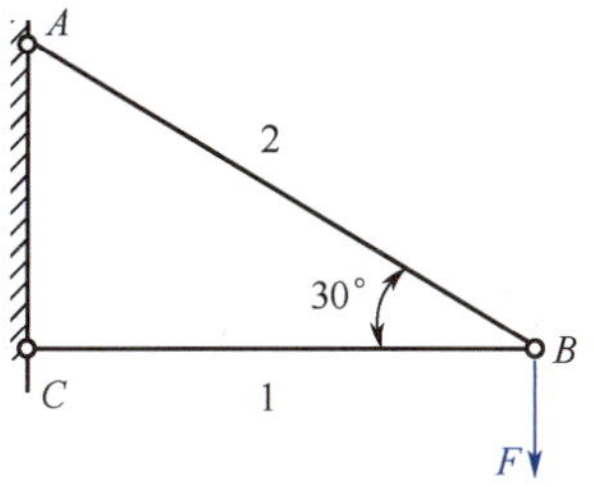

图 1-3-30　钢-铝结构的简易吊架

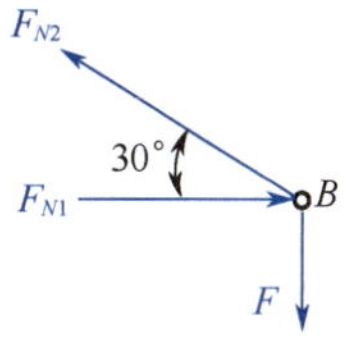

图 1-3-31　B 点受力分析

可得平衡方程

$$\Sigma F_x = 0,\quad F_{N1} - F_{N2}\cos 30° = 0$$

$$\Sigma F_y = 0,\quad F_{N2}\sin 30° - F = 0$$

所以

$$F_{N1} = \sqrt{3}F,\quad F_{N2} = 2F \tag{a}$$

（2）内力分析。根据强度条件，可得两杆的许用轴力分别为

$$[F_{N1}] \leqslant [\sigma]_1 A_1 = 100\text{MPa} \times 600\text{mm}^2 = 60\text{kN}$$

$$[F_{N2}] \leqslant [\sigma]_2 A_2 = 160\text{MPa} \times 600\text{mm}^2 = 96\text{kN}$$

（3）载荷分析。将 $[F_{N1}]$ 和 $[F_{N2}]$ 分别代入式（a），即得到分别按两杆各自强度所算出的许用载荷

$$[F_1] \leqslant \frac{[F_{N1}]}{\sqrt{3}} = 34.64\text{kN}$$

$$[F_2] \leqslant \frac{[F_{N2}]}{2} = 48\text{kN}$$

显然，如果将 $[F_{N2}]$ 作为该结构的许用载荷，则杆 BC 的工作应力将超过许用应力。因此该结构的许用许可吊重 F=34.64kN，圆整后取许可吊重 F=34kN。

任务实施

杆件拉压变形时承载能力的求解——校核杆的强度。

解：因为杆为等直杆，所以任何一个横截面都是危险截面。

横截面上的应力

$$\sigma = \frac{4F}{\pi(D^2 - d^2)} = 145\text{MPa}$$

许用应力

$$[\sigma] = \frac{\sigma_s}{n} = 156MPa$$

$$\sigma \leqslant [\sigma]$$

所以，构件的强度满足。

素质拓展

胡克：英国的“双眼和双手”

罗伯特·胡克是 17 世纪英国杰出的科学家之一。他在力学、光学、天文学等多方面都有重大成就。他所设计和发明的科学仪器在当时是无与伦比的，他不仅被誉为英国的“双眼和双手”，在欧洲科学界还享有“伦敦的列奥纳多·达·芬奇”之美誉。

在物理学方面，胡克提出了描述材料弹性的基本定律。在光学方面，胡克于1655年提出了光的波动说（日后与牛顿的粒子说产生争执，直到20世纪的波粒说问世才消解这一段公案）。在光学研究中，胡克主要的工作是进行了大量的光学实验，特别是致力于光学仪器的创制。他制作或发明了显微镜、望远镜等多种光学仪器。

胡克在生物学方面也有突出贡献。1665年，胡克根据英国皇家学会一位院士的资料设计出一台复杂的复合显微镜。一次，他从树皮上切下一小块软木薄片，放到显微镜下观察。结果他发现了植物细胞（已死亡），并且觉得它们的形状类似教士们所住的单人房间，因此他使用“cell”一词命名植物细胞——这也是该英文单词的由来。据说胡克所用的显微镜至今仍然保存在华盛顿国家健康与医学博物馆中。荷兰工匠列文虎克受此启发，利用改进了的显微镜（可放大200倍）进行观察，由此发现微生物。

相比而言，胡克在力学方面的贡献尤为卓著。他曾协助波义耳发现气体体积与压强成反比定律，并建立了弹性体变形与受力成正比的定律，即胡克定律。在研究引力可以提供约束行星沿闭合轨道运动的向心力问题上，胡克于1662年和1666年间做了大量实验，实验的结果支持吉尔伯特的引力和磁力相似论。1664年胡克推测彗星靠近太阳时轨道是弯曲的——这一推断为日后哈雷等人的科学发现指明了方向。1674年胡克根据修正的惯性原理，从行星受力平衡这一观点出发，提出了行星运动的理论，并在写给牛顿的信中正式提出了引力与距离平方成反比的假说——但由于缺乏数学手段，当时尚未得出定量研究的结论。

胡克的发现、发明和创造极为丰富。他对当时的机械进行了很多改造，发明了摆轮游丝。通过这一装置，可以按时间周期控制发条松紧，至今仍是钟表制作中的关键部件。他最先制造出万向节，可以允许刚性杆向任意方向运动，现在仍广泛应用于车辆的传动装置中（虽然意大利文艺复兴时期百科全书式的科学家卡尔达诺早在一个世纪前就提出了万能接头的想法，但是并未付诸实践）。此外，风向仪、水平仪等装置的发明权也常常归功于胡克。如今更鲜为人知的是，胡克还是一流的建筑设计师。1666年，伦敦大火烧毁一万多间民房，胡克作为助手，随同建筑大师雷恩爵士投入伦敦重建，设计出一批古朴优美的建筑，后来的格林尼治天文台便出自他们之手。

（资料来源：360个人图书馆．［原］科学革命之博物学罗伯特·胡克英国的双眼和双手［EB/OL］．（2022-06-18）［2024-05-20］. http：//www. 360doc. com/content/22/0618/10/58914821_ 1036483691. shtml，有改动。）

思考与练习

一、简答题

1. 什么是截面法？如何利用截面法求内力和画轴力图？

2. 拉压杆横截面上的应力有什么特点？如果外力与杆件的轴线平行但是不沿着轴线，那么横截面上的应力又会是怎样的？

3. 拉压杆斜截面的应力公式是怎样的？最大正应力和最大剪应力分别在哪个面上？其值分别是多少？

4. 低碳钢在拉伸时的应力-应变曲线可分为几个阶段？试说明各个阶段的特点。

5. 塑性材料和脆性材料都有哪些力学指标？

6. 材料在轴向拉压破坏时，断口形状是怎样的？请分析其原因。

7. 什么是危险应力？什么是许用应力？利用强度条件可以解决哪些问题？

8. 什么是超静定？如何利用胡克定律分析超静定问题？

二、分析计算题

1. 试求题图 1-3-1（a）所示各杆 1-1，2-2，3-3 截面上的轴力，并作轴力图。

2. 试求题图 1-3-1（b）所示各杆中 3-3 截面的应力，其中，$d=20$mm，$D=40$mm，$p=30$kN。

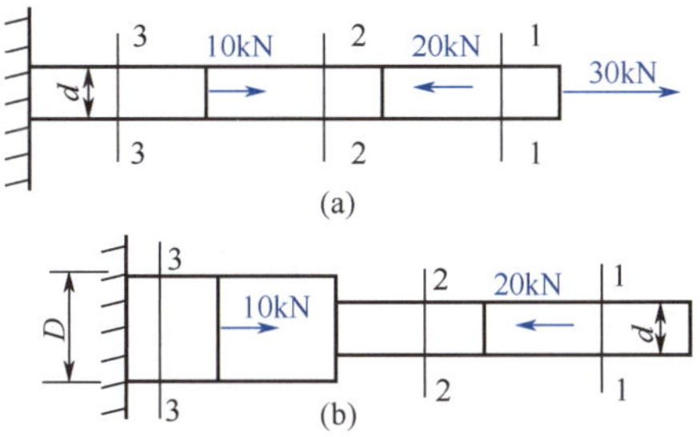

题图 1-3-1

3. 如题图 1-3-2 所示轴向受拉等截面杆，横截面面积 $A=500\text{mm}^2$，载荷 $F=50$kN，试求斜截面 $m-m$ 上的正应力与剪应力，以及杆内的最大正应力和最大剪应力。

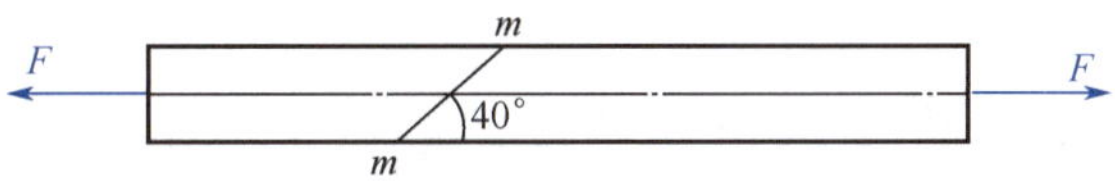

题图 1-3-2

4. 如题图 1-3-3 所示结构中，杆 AB 为刚性杆，B 端作用力 $P=30$kN，斜杆 CD 为钢制圆截面直杆，许用应力 $[\sigma]=160$MPa，试设计 CD 杆的直径 d。

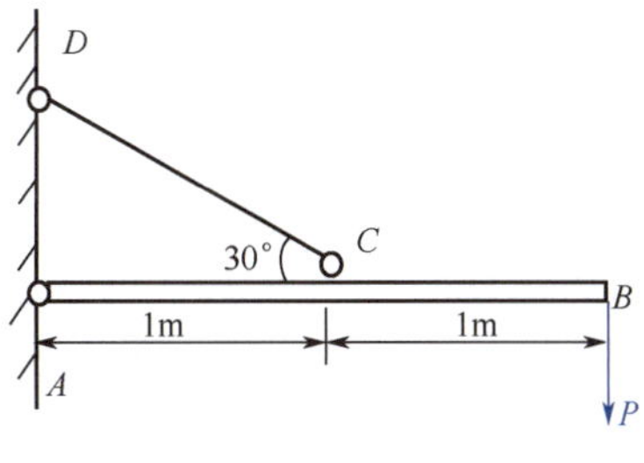

题图 1-3-3

5. 如题图 1-3-4 所示结构中 AC 为刚性杆，杆 1，2 由直径为 $d=20\text{mm}$ 的圆钢制成。材料的许用应力 $[\sigma]=160\text{MPa}$，外载荷 $P=40\text{kN}$，试校核 1，2 两杆的强度。

6. 如题图 1-3-5 所示机构，杆 1，2 横截面拉压刚度相同，均为 E_1A_1，杆 3 的横截面拉压刚度为 E_3A_3。杆 1 的长度为 L_1。在载荷 F 的作用下发生变形。试求三根杆的内力。

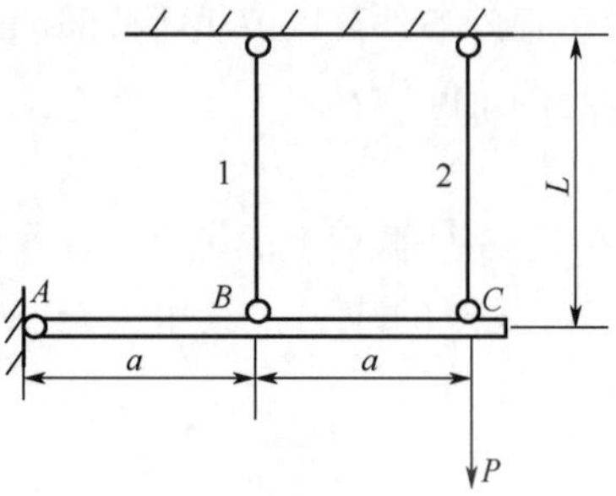

题图 1-3-4

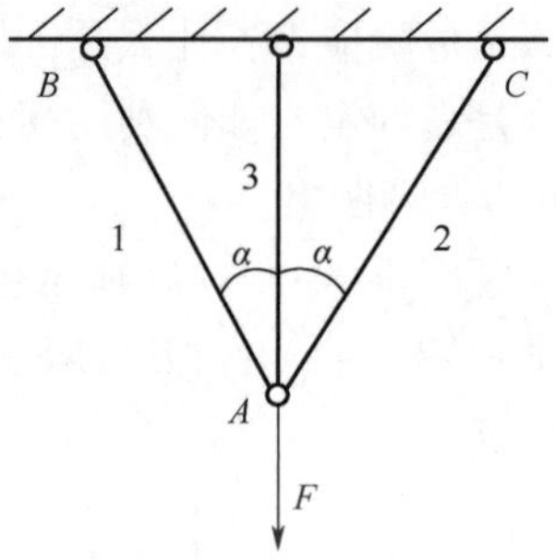

题图 1-3-5

7. 如题图 1-3-6 所示钢架，横截面面积 $A=2500\text{mm}^2$，弹性模量 $E=210\text{GPa}$，轴向载荷 $F=200\text{kN}$，试确定当间隙 $\delta=0.6\text{mm}$ 的时候，杆端的约束反力。

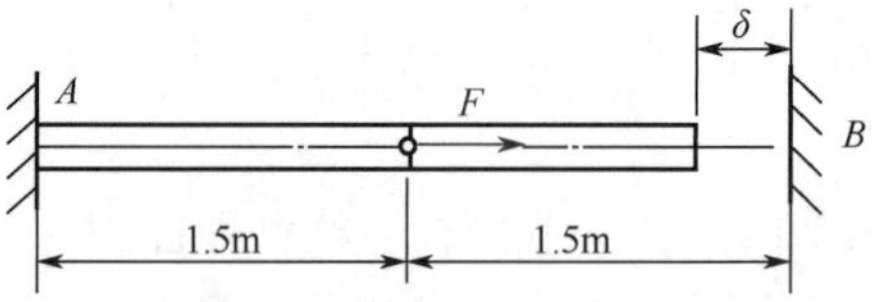

题图 1-3-6

8. 如题图 1-3-7 所示结构，杆 1 为圆截面钢杆，杆 2 为正方截面木杆，在节点 A 处承受铅垂方向的载荷 F 的作用，试确定钢杆的直径 d 和木杆的截面宽度 b，已知载荷 $F=50\text{kN}$，钢的许用应力为 $[\sigma]_1=160\text{MPa}$，木的许用应力为 $[\sigma]_2=10\text{MPa}$。

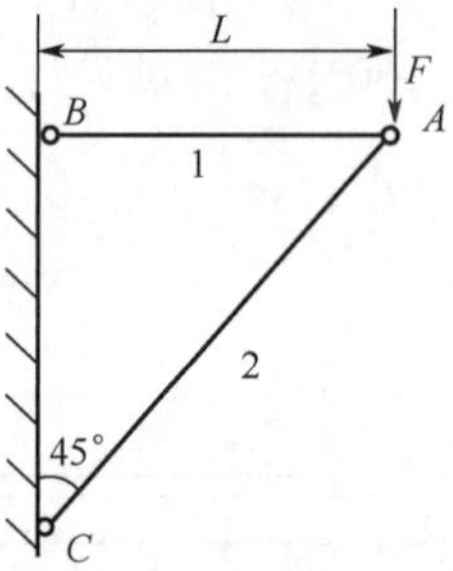

题图 1-3-7

任务三　剪切与挤压变形

任务描述

图 1-3-32 所示钢板铆接件中，已知钢板的许用应力 $[\sigma]=98\text{MPa}$，许用挤压应力 $[\sigma_{bs}]=196\text{MPa}$，钢板厚度 $\delta=10\text{mm}$，宽度 $b=100\text{mm}$，铆钉直径 $[d]=17\text{mm}$，许用铆钉切应力 $[\tau]=137\text{MPa}$，许用挤压应力为 $[\sigma_{bs}]=314\text{MPa}$。若 $F_P=23.5\text{kN}$，试校核钢板与铆钉的强度。

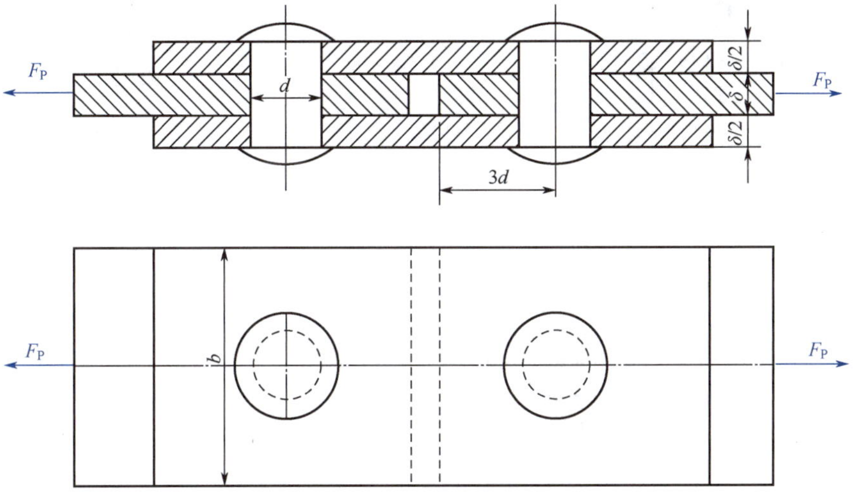

图 1-3-32　钢板铆接件

任务分析

熟悉典型构件剪切与挤压变形时的实用计算。

知识准备

工程中经常用到各种各样的连接，连接处会发生剪切和挤压变形，其变形及应力分布较复杂，本任务主要介绍剪切和挤压的实用计算。

一、剪切与挤压变形概念与实例

在工程中，经常需要把一些构件相互连接起来，如房屋建筑中的桁架、起重用的构架等，这些由拉、压杆组成的工程结构物，一般采用键、铆钉、螺栓、销钉或榫等连接起来。这些起连接作用的部件称为连接杆。如图 1-3-33 所示为常见的一些连接。

连接件在工作中主要承受剪切和挤压作用。如图 1-3-34（a）所示为两块钢板用铆钉连接，并受轴向拉力 F 的作用。铆钉的受力简图如图 1-3-34（b）所示。在铆钉上受有上下板给它的压力 F，此压力是作用在铆钉半圆柱面上的分布压力的合力，并且这两个合力大小相等，方向相反，作用线相距很近而且垂直于铆钉的轴线。在这样的外力作用下，铆钉连接件的破坏有两种形式：

（1）剪切破坏。连接件铆钉将沿截面 $m-m$ 发生相对错动，如图 1-3-34（c）所示。铆钉的这种变形称为剪切变形。发生相对错动的截面 $m-m$ 称为剪切面，剪切面与外力的作用面平行，当外力足够大时，铆钉将沿剪切面被剪断。

（2）挤压破坏。由于铆钉与钢板在接触面上相互挤压，致使铆钉或钢板的孔壁发生过大的塑性变形，这种破坏形式称为挤压破坏［图 1-1-34（d）］。图 1-3-34（e）所示为铆钉发生挤压变形的情况。

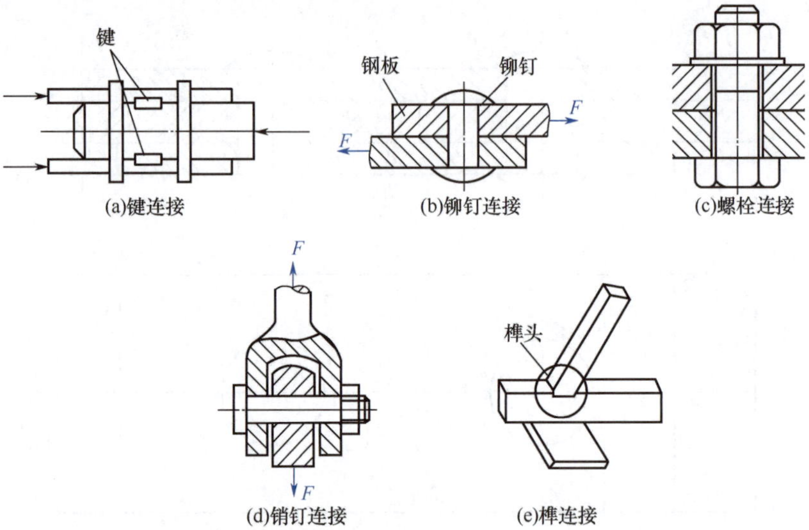

图 1-3-33　常见的一些连接

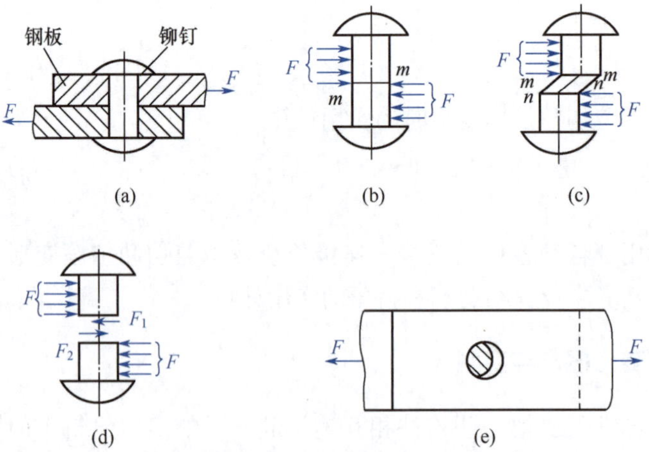

图 1-3-34　铆钉连接受力分析

在连接件工作时，剪切和挤压是同时发生的，它们都可能导致连接破坏。它们的受力及变形比较复杂，用精确的理论方法分析它们对应的应力比较困难，因此工程中常根据构件的受力特点和实践经验，做出一些假设进行简化计算，这种计算方法称为实用计算法。

二、剪切变形的实用计算

剪切变形时的强度计算

剪切和挤压变形实验

下面以铆钉连接件为例来说明剪切受力的实用计算法。

1. 剪切受力和变形特点

（1）受力特点。连接件受大小相等、方向相反、作用线相距很近并且垂直于连接件轴线的两个外力的作用，如图 1-3-34（b）所示。

（2）变形特点。连接件将沿两外力作用线之间的截面发生相对错动变形，如图 1-3-34（c）所示。

2. 剪切力的计算

（1）剪力 F_S。首先要计算铆钉在剪切面上的内力，称之为剪力，用 F_S 表示。

应用截面法将受剪构件沿剪切面 $m-m$ 分成两部分，并以其中的一部分为研究对象，如图 1-3-34（b）所示，$m-m$ 截面上的内力（即剪力）与截面相切，由平衡条件可得

$$F_S = F \tag{1-3-24}$$

（2）切应力 τ。设剪切面上任一点处的切应力为 τ，则剪力 F_S 是剪切面上各点处微内力 τdA 的合力。由于实际变形比较复杂，切应力并非均匀分布，而且还有正应力，为了计算的方便，假设在剪切面上切应力是均匀分布的，并且与剪切面相切。按此假设计算的切应力实际上是剪切面上的平均切应力，称之为名义切应力。若以 A 表示剪切面面积，则名义切应力 τ 可表示为

$$\tau = \frac{F_S}{A} \tag{1-3-25}$$

（3）剪切强度条件。为了保证连接件不被剪断，要求连接件在工作时剪切面上切应力 τ 不得超过材料的许用切应力［τ］，因此剪切强度条件为

$$\tau = \frac{F_S}{A} \leqslant [\tau] \tag{1-3-26}$$

根据以上强度条件，便可进行强度计算。

材料的许用切应力［τ］由剪切实验确定。对材料进行剪切破坏性实验，可测得剪断时的切应力 τ_u，然后除以安全系数 n，即可得到材料的许用切应力［τ］。

各种材料的许用切应力可从有关技术手册中查得。一般情况下，材料的许用切应力［τ］与许用拉应力［σ］之间有如下关系。

对脆性材料，有 $[\tau]=(0.6\sim0.8)[\sigma]$；对塑性材料，有 $[\tau]=(0.8\sim1.0)[\sigma]$。

【例 3-8】 如图 1-3-35 所示的凸缘联轴节，传递的力偶矩为 $M_e=200\text{N·m}$，凸缘之间用 4 个对称分布在 $D_0=80\text{mm}$ 圆周上的螺栓连接，螺栓的内径 $d=10\text{mm}$，螺栓材料的许用切应力［τ］$=60\text{MPa}$，试校核螺栓的剪切强度。

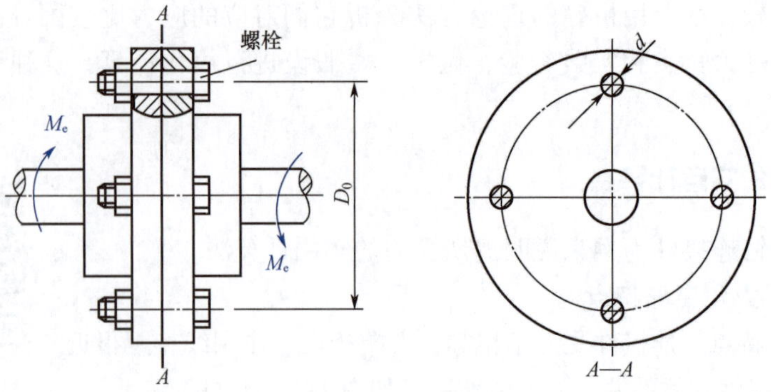

图 1-3-35　凸缘联轴节

解：设每个螺栓承受的剪力为 F_S，则由

$$F_S \times \frac{D_0}{2} \times 4 = M_e$$

可得

$$F_S = \frac{M_e}{2D_0}$$

因此，螺栓的剪应力 τ 为

$$\tau = \frac{F_S}{A} = \frac{\frac{M_e}{2D_0}}{\frac{\pi D^2}{4}} = \frac{2M_e}{\pi d^2 D_0} = \frac{2 \times 200}{\pi \times 10^2 \times 10^{-6} \times 80 \times 10^{-3}} \text{Pa} = 15.9\text{MPa} < [\tau]$$

因此，螺栓满足剪切强度条件。

三、挤压变形的实用计算

在外力的作用下，连接件除发生剪切破坏外，连接件在接触面上相互压紧，使接触处的局部区域发生塑性变形或压溃，所以除对连接件进行剪切强度计算之外，还要对其进行挤压强度计算。

1. 挤压力

挤压面上的压力称为挤压力，用 F_{bs} 表示，其大小可根据被连接件所受的外力，由静力平衡条件求得。在挤压面上发生的变形称为挤压变形。

2. 挤压应力

在挤压面上应力的分布比较复杂，因此在工程上通常采用挤压的使用计算方法，即假设应力在挤压面上是均匀分布的，则挤压应力的计算公式为

$$\sigma_{bs} = \frac{F_{bs}}{A_{bs}} \tag{1-3-27}$$

式中　F_{bs}——挤压面上的挤压力；

A_{bs}——挤压面面积。

相应的强度条件是

$$\sigma_{bs}=\frac{F_{bs}}{A_{bs}}\leqslant[\sigma_{bs}] \qquad (1-3-28)$$

挤压应力 σ_{bs} 与直杆压缩时压应力 σ 不同。压应力 σ 遍及整个杆件的内部，在横截面上是均匀分布的，而挤压应力 σ_{bs} 则只限于接触面附近的局部区域，而且在接触面上的分布情况比较复杂。

3. 挤压面面积的计算

（1）连接件与被连接件的接触面为平面。图 1-3-36 所示的键连接，其接触面为平面，接触面面积就是挤压面面积 A_{bs}。若接触面的尺寸如图 1-3-36 所示，则挤压面面积

$$A_{bs}=l\frac{h}{2} \qquad (1-3-29)$$

（2）连接件与被连接件的接触面为圆柱面。螺栓、销钉和铆钉等与孔间的接触面均为圆柱面，其挤压应力的分布情况大致如图 1-3-37（a）所示。最大应力在挤压面的中点处，而两侧应力为零。

在实际计算中，以实际挤压面的正投影面积（称之为直径面面积）作为挤压面的计算面积，如图 1-3-37（b）所示，即挤压面面积为 $A_{bs}=\delta d$，这样所得的应力大致与实际最大应力接近。

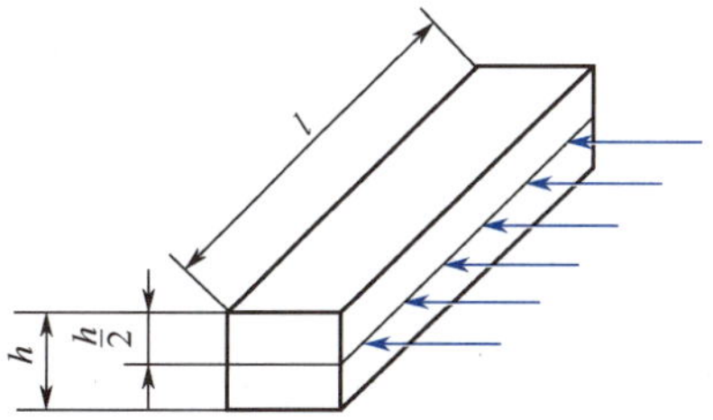

图 1-3-36　键连接

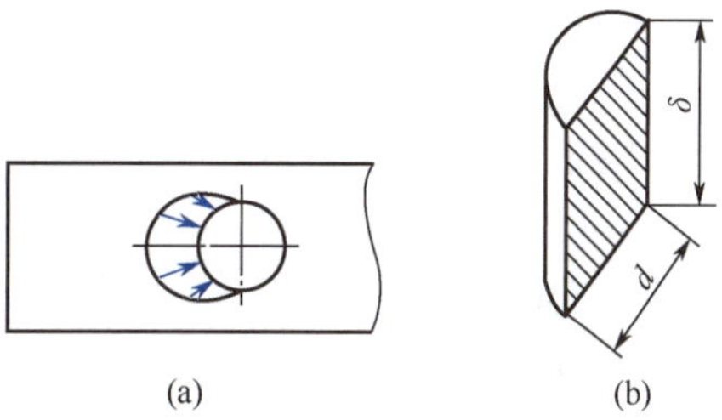

图 1-3-37　挤压应力的分布

【例 3-9】 如图 1-3-38 所示齿轮用平键与轴连接（图中只画出了轴与键，没有画齿轮）。已知轴的直径 $d=70$mm，键的尺寸为 $bhl=20\text{mm}\times12\text{mm}\times100\text{mm}$，传递的扭转力偶矩为 $M_e=2\text{kN}\cdot\text{m}$，键的许用切应力 $[\tau]=60$MPa，许用挤压应力为 $[\sigma_{bs}]=100$MPa。试校核键的强度。

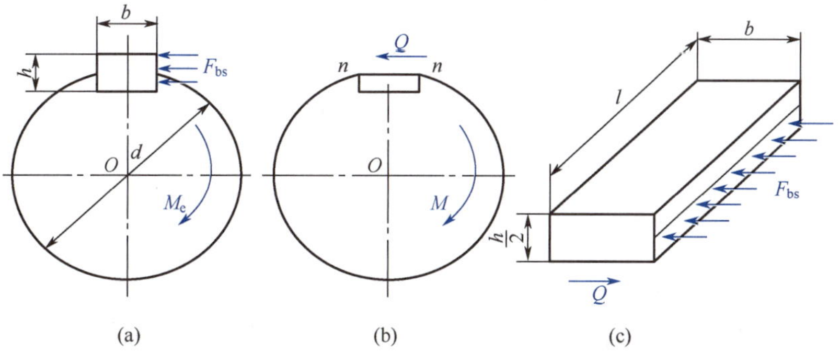

图 1-3-38　平键连接的剪切现象

解：（1）校核键的剪切强度。

键的剪切面为 $n-n$ 面，其面积为 $A=bl$，因为假设在 $n-n$ 截面上切应力均布，故 $n-n$ 截面上的剪力为

$$Q = A\tau = bl\tau$$

对矩心 O 取矩，由平衡条件 $\Sigma M_O(F)=0$，得

$$Q\frac{d}{2} = bl\tau\frac{d}{2} = M_e$$

故有

$$\tau = \frac{2Me}{bld} = \frac{2\times 2\times 10^6}{20\times 100\times 70} = 28.6\text{MPa} < [\tau]$$

可见，平键满足剪切强度条件。

（2）校核键的挤压强度。

由图 1-3-38（a）、（b）、（c）可以看出，键 $n-n$ 截面以上右侧面为挤压面，挤压面面积为 $A=hl/2$，挤压力 F_{bs} 与剪力 Q 的大小相等。

由挤压强度条件

$$\sigma_{bs} = \frac{F_{bs}}{A} = \frac{\frac{2M_e}{d}}{\frac{h}{2}l} = \frac{4M_e}{dhl} = \frac{4\times 2\times 10^6}{70\times 12\times 100} = 95.2\text{MPa} < [\sigma_{bs}]$$

故平键也满足挤压强度条件。

任务实施

构件剪切和挤压变形时的承载能力求解——校核钢板与铆钉的强度。

解：对于钢板，由于自铆钉孔边缘线至端部的距离较大，该钢板纵向承受剪切的面积较大，因而具有较高的抗剪切强度。因此，本例中只需校核钢板的拉伸强度和挤压强度，以及铆钉的挤压和剪切强度。现分别计算如下：

（1）对钢板进行拉伸强度校核。考虑到铆钉孔对钢板的削弱，有

$$\sigma = \frac{F_N}{A} = \frac{F_P}{(b-d)\delta} = \frac{23.5\times 10^3}{(100-17)\times 10} = 28.3\text{MPa} < [\sigma]$$

故钢板的拉伸强度是安全的。

（2）挤压强度校核。在图示情况下，钢板所受的总挤压力大小等于 F_P，有效挤压面面积为 $A=\delta d$，于是有

$$\sigma_{bs} = \frac{F_P}{\delta d} = \frac{23.5\times 10^3}{17\times 10} = 138\text{MPa} < [\sigma_{bs}]$$

故钢板的挤压强度也是安全的。

（3）对铆钉进行剪切强度校核。在如图 1-3-34 所示的情况下，铆钉有两个剪切面，每个剪切面剪力相等为 $Q=F_P/2$，于是有

$$\tau = \frac{Q}{A} = \frac{F_P/2}{\pi d^2/4} = \frac{2F_P}{\pi d^2} = \frac{2\times 23.5\times 10^3}{3.14\times 17^2} = 51.8\text{MPa} < [\tau]$$

故铆钉的剪切强度是安全的。

（4）挤压强度校核。铆钉的总挤压力与有效挤压面面积均与钢板相同，而且挤压许用应力较钢板为高，因而铆钉的挤压强度是安全的，无须重复计算。

所以整个连接结构的强度都是安全的。

素质拓展

钱令希：要有“创”的精神

1916 年，钱令希出生于江苏省无锡县（现无锡市）。1938 年钱令希获比利时布鲁塞尔自由大学工程师学位。回国后曾从事铁路桥梁工程设计，1942 年任云南大学教授，1943 年任浙江大学教授。1952 年起到大连工学院（现大连理工大学）执教，历任数理力学系主任、研究部主任、工程力学研究所所长、大连工学院院长等职。

在学术研究上，钱令希重视“闯”的精神，他敢于接受新知识和新鲜事物，在国内倡导计算结构力学和结构优化设计。钱令希的治学之道以国家利益为先，注重将理论应用于实践，将结构力学理论用于许多建筑、桥梁、船舶等结构工程中的大型计算任务。同时，作为著名力学家，钱令希拥有众多的学术成果，其作品《静定结构学》与《超静定结构学》在培养我国土木工程师上发挥了重要的作用。1950 年，钱令希在《中国科学》发表“余能原理”论文，在学术界产生了深远的影响。

钱令希对倡导和发展我国计算力学也起了重要作用。早在 20 世纪 60 年代初，钱令希就已敏锐地观察到电子计算机的应用将会给科学技术领域带来一场深刻的变革，它会影响到各门学科的进程。他预感到计算机将给结构力学带来全新的面貌和前景，于是带领自己的研究生，共同勤奋学习数学和电子计算机的有关知识，进行知识更新；他在力学界竭力倡导把古典的结构力学和现代化的电子计算机结合起来，努力在我国兴建计算力学这一新学科。在 1973 年中国科学院力学规划座谈会上，他作了题为《结构力学中最优化设计理论与方法的近代发展》的学术报告，引起了力学界和工程界的关注和响应。

此外，钱令希还非常惜才爱才，培养了胡海昌、潘家诤、钟万勰、程耿东等国内外著名的力学与水利工程大师。这些弟子也秉承着钱令希“闯”的精神，延续他的思路“闯”出了一般变分原理、耐压壳稳定性、辛数学方法等一系列原理和方法。

2009 年 4 月 20 日，钱令希在大连逝世。时代需要大师精神，钱令希“科学报国”的情怀、“开拓创新”的精神和“严谨治学”的风范值得广大科研工作者学习和后人敬仰。

（资料来源：科普中国．钱令希：要有闯的精神［EB/OL］．（2018-10-30）［2024-05-20］. https：//www. kepuchina. cn/person/jcrs/201810/t20181030_ 769129. shtml，有改动。）

思考与练习

一、简答题

1. 挤压应力与一般的压应力有何区别？

2. 说明机械中连接承受剪切时的受力及变形特点。

3. 挤压面面积是否与两构件的接触面积相同？试举例说明。

二、分析计算题

1. 如题图 1-3-8 所示销钉连接，已知 $F=18\text{kN}$，板厚 $t_1=8\text{mm}$，$t_2=5\text{mm}$，销钉与板的材料相同，许用切应力为 $[\tau]=60\text{MPa}$，许用挤压应力为 $[\sigma_{bs}]=200\text{MPa}$，试设计销钉的直径 d。

2. 两块钢板厚度 $t=6\text{mm}$，用三个铆钉连接如题图 1-3-9 所示。已知 $F=50\text{kN}$，材料的许用切应力为 $[\tau]=100\text{MPa}$，许用挤压应力为 $[\sigma_{bs}]=280\text{MPa}$，试设计铆钉的直径 d。现在若用直径为 12mm 的铆钉，则铆钉数应该是多少？

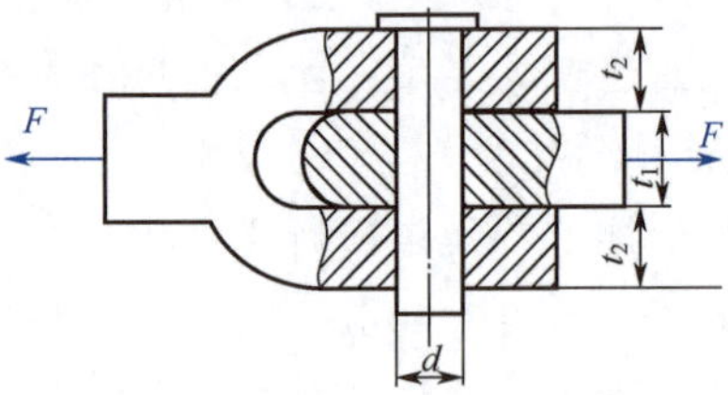

题图 1-3-8

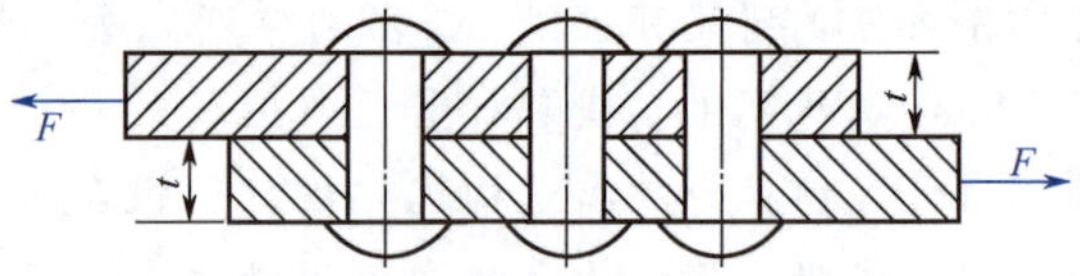

题图 1-3-9

3. 木榫接头如题图 1-3-10 所示。已知 $a=b=12\text{cm}$，$h=35\text{cm}$，$F=40\text{kN}$。试求接头的剪切和挤压应力。

4. 题图 1-3-11 为测定抗剪强度的实验装置。若已知低碳钢试件的直径 $d=10\text{mm}$，剪断试件时的外力 $F=50.2\text{kN}$，试求材料的抗剪切强度极限。

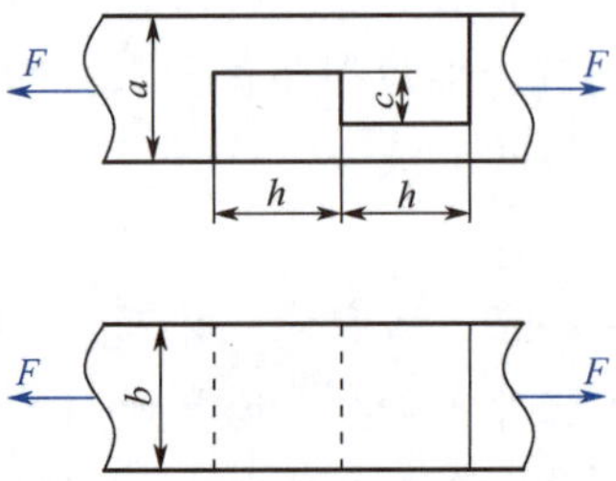

题图 1-3-10

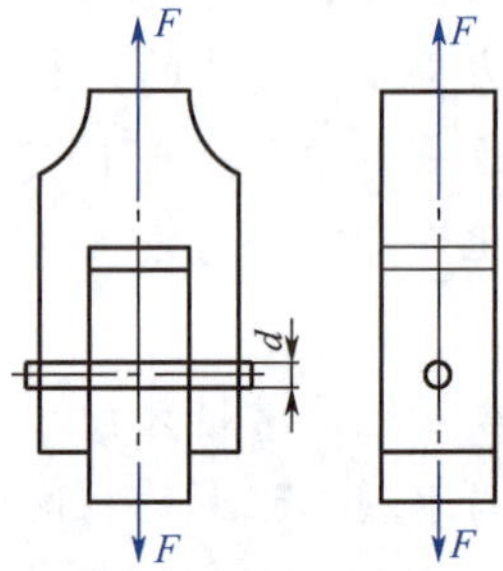

题图 1-3-11

5. 已知钢板的厚度 $\delta=10\text{mm}$，剪切强度极限为 360MPa（题图 1-3-12）。试求用冲床将钢板冲出直径为 $d=20\text{mm}$ 的孔所需的最大冲力 F。

6. 如题图 1-3-13 所示，车床的传动光杆上装有安全联轴器，当传递的扭力矩超过一定值时，安全销即被剪断。已知安全销的平均直径为 $d=5\text{mm}$，轴的直径为 20mm，销钉的剪切极限应力为 $\tau_b=370\text{MPa}$，求安全联轴器所能传递的最大力偶矩。

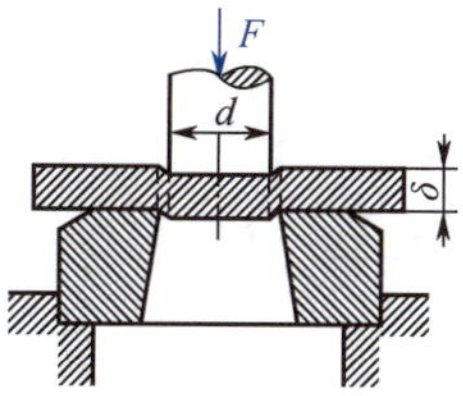

题图 1-3-12

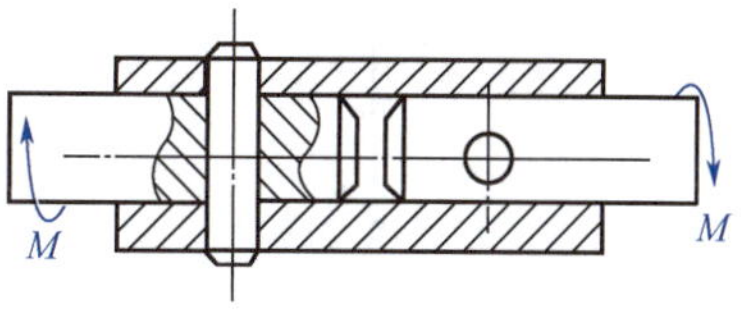

题图 1-3-13

任务四　圆轴扭转变形

任务描述

一等截面圆轴，转速 $n=300\mathrm{r/min}$，传递功率 $P=331\mathrm{kW}$，若圆轴材料的许用切应力 $[\tau]=40\mathrm{MPa}$，单位长度许用扭转角 $[\theta]=0.5(°)/\mathrm{m}$，材料的切变模量 $G=80\mathrm{GPa}$。试设计圆轴直径 d。

任务分析

典型构件扭转变形的强度、刚度计算和提高圆轴承载能力的措施。

知识准备

工程中有些杆件在两端作用有两个大小相等、方向相反且作用面垂直于杆件轴线的力偶，使杆件的任意两个横截面都发生绕杆件轴线作相对转动的变形，这种变形称为扭转变形。本任务主要介绍圆轴扭转变形时的内力、应力、强度及刚度计算等问题。

一、圆轴扭转变形概念和实例

扭转变形在工程中很常见，例如，如图 1-3-39（a）所示的钻探机钻杆，上端受到来自动力机械的主动力偶，下端受到来自泥土的分布阻力偶，在这些外力偶的作用下，钻杆将发生扭转变形，如图 1-3-39（b）所示为工程机械的传动轴，功率由 A 轮输入，由 B、C 轮输出，A 轮作用有主动力偶，B、C 作用有阻力偶。在这些外力偶作用下，传动轴将发生扭转变形。另外汽车方向盘的操纵杆［图 1-3-39（c）］、水轮机的水轮主轴［图 1-3-39（d）］和攻制螺丝时的丝锥等构件在工作时都会发生扭转变形。尽管不少杆件在发生扭转变形的同时会伴随发生其他的变形，但只要是以扭转变形为主，其他变形为辅并可以忽略不计的杆件，都可以按纯扭转变形来讨论。

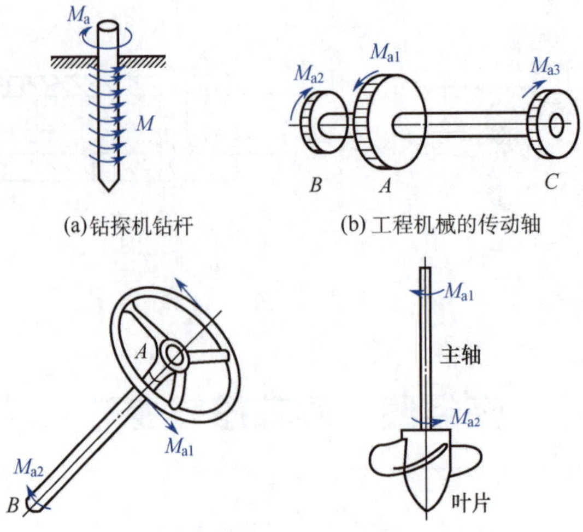

(a) 钻探机钻杆　(b) 工程机械的传动轴

(c) 汽车方向盘的操纵杆　(d) 水轮机的水轮主轴

图 1-3-39　扭转变形示例

通过上述工程实例可总结出扭转变形的受力特点：杆件在作用面和其轴线相垂直的外力偶作用下将发生扭转变形，其变形特点：对等直圆杆来说，其轴线仍然是直线，但各横截面将发生相对扭转，如图 1-3-40 所示截面 AB 相对转过了 φ 角，称之为相对扭转角。相应的杆件表面的纵向线也发生了倾斜面成为螺旋线。

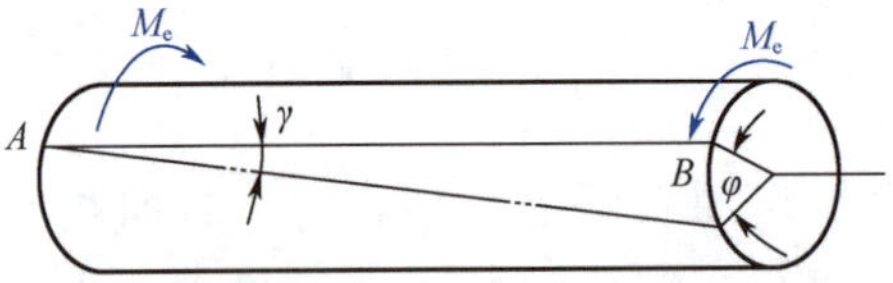

图 1-3-40　相对扭转角示意

本任务将主要讨论等截面直圆杆的扭转变形，对非圆截面杆等仅作简单介绍。

二、圆轴扭转变形时横截面的受力分析

1. 外力分析——外力偶矩的计算

传动轴是机械设备中的重要构件，其功能是通过轴传递动力，对于传动轴等转动构件，工程实际中往往并不直接给出作用于轴的外力偶矩，而是给出轴的转速与其所传递的功率，因此，在传动轴的分析和设计中，首先需要根据转速和功率计算出轴所承受的外力偶矩。

由物理学可知，力偶在单位时间内所作之功即功率 P，等于该力偶矩 M_e 与角速度 ω 的乘积，即

$$P = M_e\omega \qquad (1-3-30)$$

在工程实际中，功率 P 的常用单位为 kW，转速 n 的常用单位为 r/min（转/分），力偶矩的常用单位为 N·m。又因为 1W = 1N·m/s，于是，采用上述常用单位时，式（1-3-30）

变为

$$P \times 10^3 = M_e \times \frac{2\pi n}{60}$$

由此可得计算外力偶矩的表达式

$$M_e = 9549\,\frac{P}{n} \qquad (1-3-31)$$

其单位为 N·m。

对于传动轴，外力偶矩的方向可根据下列原则确定：输入功率的齿轮或皮带轮为主动轮，所承受的外力偶矩方向与轴的转动方向一致；输出功率的齿轮或皮带轮为从动轮，所承受的外力偶矩方向与轴的转动方向相反。

2. 内力分析及扭矩图

为了计算圆轴的应力和变形，首先要分析圆轴横截面上的内力，这里求内力仍采用截面法。如图 1-3-41（a）所示圆轴，在外力偶矩 M_e 作用下，现分析任一横截面 $n-n$ 上的内力。由截面法，在 $n-n$ 截面处假想将圆轴切开，取其左段来分析，作用在轴左段上的外力偶矩为 M_e，由平衡可知，作用在 $n-n$ 截面上的分布内力必然构成一力偶，而且该力偶的作用面在横截面内。将作用于横截面 $n-n$ 上的内力偶矩称为该截面的扭矩，用 T 来表示［图 1-3-41（b）］。由轴左段平衡条件

扭转变形的内力分析

$$\Sigma M_x = 0,\quad T - M_e = 0$$

得 $n-n$ 截面的扭矩

$$T = M_e$$

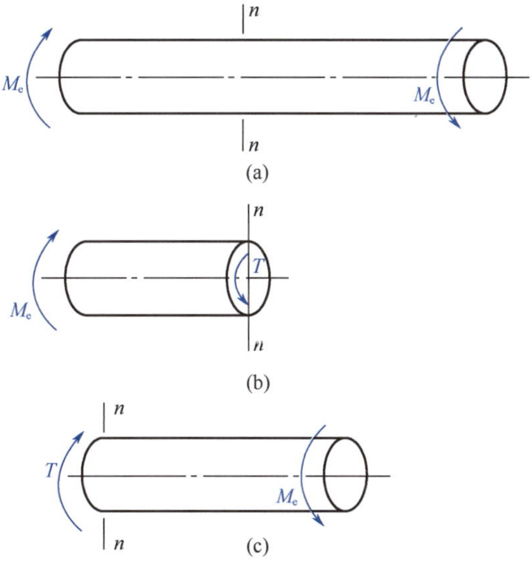

图 1-3-41　扭转时横截面上的扭矩

如果研究右段［图 1-3-41（c）］，由平衡条件也可求得 $n-n$ 截面上的扭矩，其数

值与研究左段求得的相同，但方向相反。为使由左段和右段所求得的同一截面上的扭矩保持相同的正负号，对扭矩 T 的正负号作如下规定：按右手螺旋法则将扭矩用矢量表示，矢量方向与横截面外法线方向一致的扭矩规定为正，反之为负。

按此规定，图 1-3-41（b）、（c）所示扭矩均为正。与求轴力的方法类似，用截面法计算扭矩时，可将扭矩设为正值，计算结果为负则说明扭矩转向与所设的转向相反。

对于承受几个外力偶矩作用的轴，其不同横截面上的扭矩不尽相同。为了清晰地表示扭矩随截面位置的不同而发生的变化，需用扭矩图来形象描述之。作图时，以平行于杆轴线的坐标 x 表示横截面的位置，以垂直于杆轴线的坐标 T 表示扭矩的数值。

下面通过例题来说明扭矩图的画法。

【例 3-10】 已知传动轴［图 1-3-42（a）］的转速 $n=300\text{r/min}$，主动轮 A 输入功率 $P_A=50\text{kW}$，两个从动轮 B、C，其中 B 轮输出功率 $P_B=30\text{kW}$。试作轴的扭矩图。

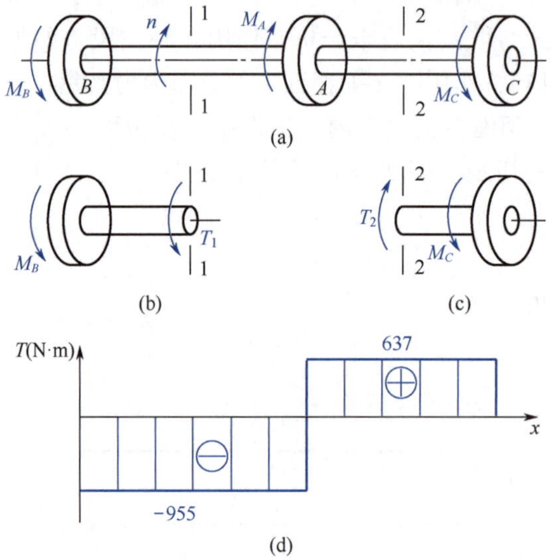

图 1-3-42　用截面法求扭矩与扭矩图

解：（1）外力分析。

首先计算各轮上的外力偶矩。因为 A 轮为主动轮，故 M_A 的方向与轴的转向一致；而作用在从动轮 B、C 上的外力偶矩 M_B、M_C 的方向与轴的转向相反。

$$M_A = 9549\times\frac{P_A}{n} = 9549\times\frac{50}{300} = 1592(\text{N}\cdot\text{m})$$

$$M_B = 9549\times\frac{P_B}{n} = 9549\times\frac{30}{300} = 955(\text{N}\cdot\text{m})$$

由轴的平衡条件

$$\Sigma M_x = 0,\quad M_B + M_C - M_A = 0$$

求得

$$M_C = M_A - M_B = 1592 - 955 = 637(\text{N}\cdot\text{m})$$

（2）内力分析。

用截面法求各段扭矩。在 AB 段内，任选 1-1 截面为代表，从该截面切开，研究左段［图 1-3-42（b）］，在 1-1 截面上画出规定正向的扭矩 T_1，由左段平衡条件

$$\Sigma M_x = 0 \qquad M_B + T_1 = 0$$

得

$$T_1 = -M_B = -955\text{N}\cdot\text{m}$$

同理，在 AC 段内，任选 2-2 截面为代表，从该截面切开，研究右段，在 2-2 截面上画出规定正向的扭矩 T_2［图 1-3-42（c）］，由平衡条件亦可求得

$$T_2 = M_C = 637\text{N}\cdot\text{m}$$

（3）作扭矩图。

以横坐标 x 表示横截面位置（与轴的受力图上下对应），以纵坐标表示相应的扭矩，按选定比例做出 BA、AC 的两段轴扭矩图。因为在每段内扭矩是不变的，故扭矩图由两段水平线组成，如图 1-3-42（d）所示。由图知，该传动轴的扭矩最大值为

$$|T|_{\max} = 955\text{N}\cdot\text{m}$$

发生在 AB 段内。

由此可知，在无外力偶作用的一段轴上，各个截面上的扭矩值相同，扭矩图为水平直线。因此，只要根据轴的外力偶将轴分成若干段，每段任选一截面，计算出该截面上的扭矩值，则可画出轴的扭矩图。

【例 3-11】 如图 1-3-43 所示的等截面圆轴传动装置，已知转速 $n = 200\text{r/min}$，由主动轮 A 输入功率 $P_A = 40\text{kW}$，由从动轮 B、C、D 输出功率分别为 $P_B = 20\text{kW}$，$P_C = P_D = 10\text{kW}$，试作扭矩图。

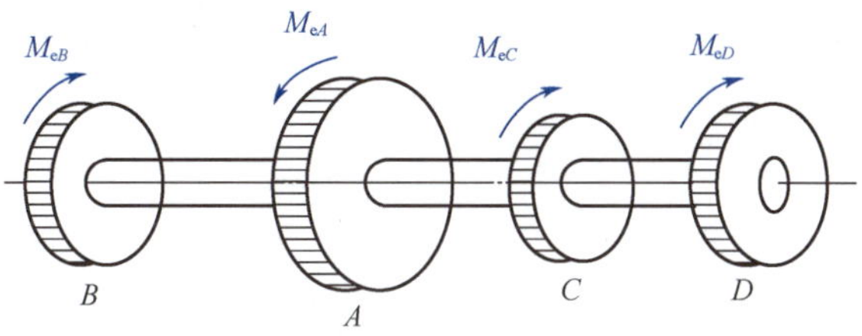

图 1-3-43　等截面圆轴传动装置

解：（1）外力分析。

$$M_{eA} = 9549\frac{P_A}{n} = 1909.8\text{N}\cdot\text{m}$$

$$M_{eB} = 9549\frac{P_B}{n} = 954.9\text{N}\cdot\text{m}$$

$$M_{eC} = M_{eD} = \frac{P_C}{n} = 477.45\text{N}\cdot\text{m}$$

（2）内力分析。

圆轴 BA 段内各截面上的扭矩相同，在 BA 段内任取一个截面 1-1，并假想地由 1-1 截面将轴分为两部分，如图 1-3-44（a）所示，取左端部分为研究对象。

设该截面上的扭矩 T_1 为正，受力情况如图 1-3-44（b）所示，由静力平衡方程，

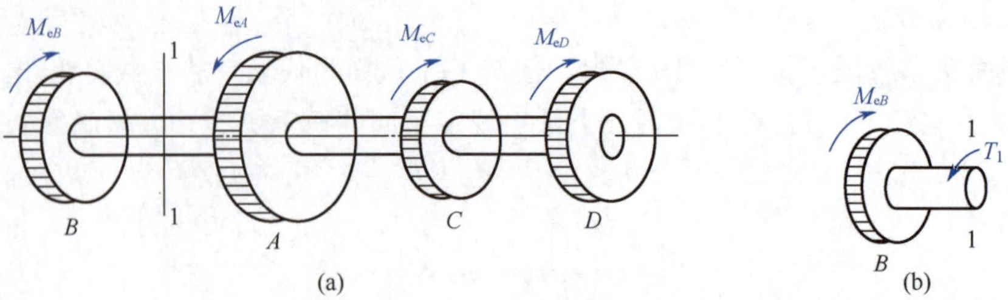

图 1-3-44　*BA* 段扭矩分析

得 $T_1=M_{eB}=954.9\text{N}\cdot\text{m}$。结果为正值，说明对截面 1-1 上假设的扭矩符号是正确的，该截面上的扭矩确实为正值。

同理，假想地将圆轴由截面 2-2 分成两部分，仍取左端部分为研究对象，设截面上扭矩 T_2 仍为正，受力情况如图 1-3-45 所示。

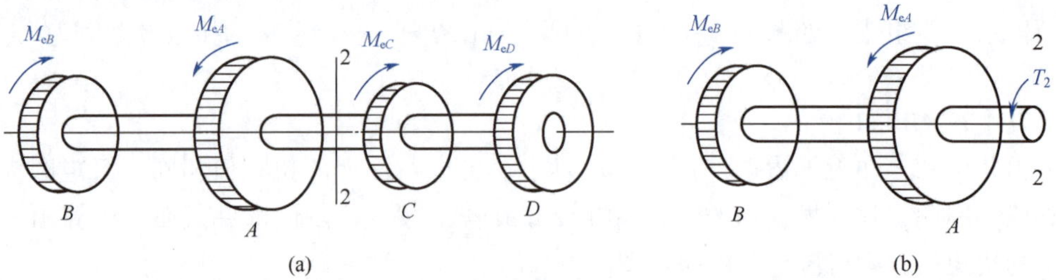

图 1-3-45　*AC* 段扭矩分析

得 $T_2=-954.9\text{N}\cdot\text{m}$。结果为负值，说明截面 2-2 上假设的扭矩符号与实际相反，即 T_2 应为负扭矩。

同理，如图 1-3-46 所示可求出截面 3-3 上的扭矩 $T_3=-477.45\text{N}\cdot\text{m}$，即截面 3-3 上的扭矩也为负值。

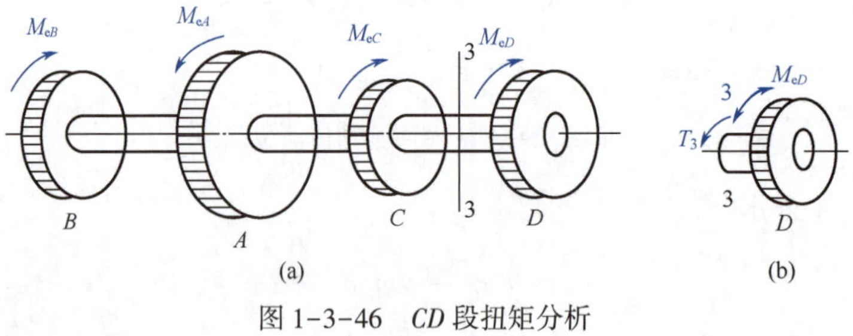

图 1-3-46　*CD* 段扭矩分析

（3）作扭矩图。

取 *x* 轴和圆轴的轴线相平行，*T* 轴垂直向上。坐标原点与圆轴左端对齐，用 *x* 表示横截面的位置，*T* 表示横截面上的扭矩，根据第（2）步求出的各截面上扭矩做扭矩图，如图 1-3-47 所示。由图知绝对值最大的扭矩发生在 *AB* 段或 *AC* 段。

三、圆轴扭转变形时横截面的应力分析

圆轴是工程中最为常见的受扭构件，下面将推导受扭圆轴横截面上的切应力计算

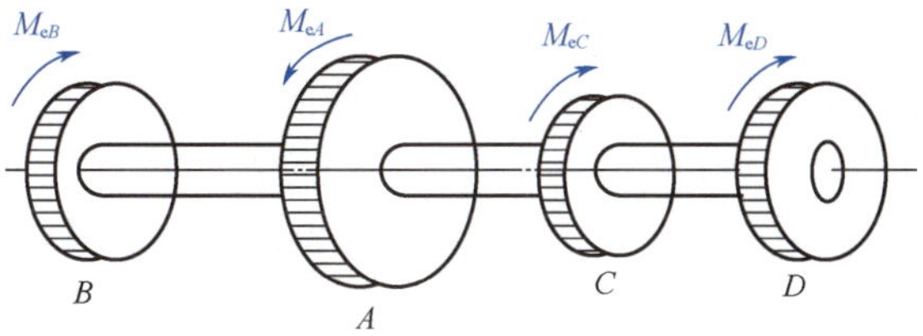

(a)

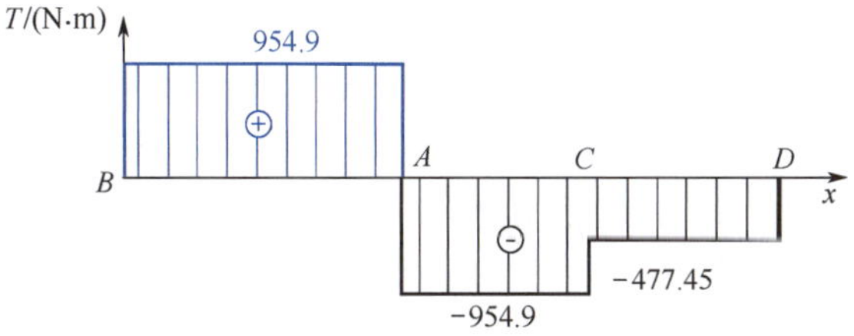

(b)

图 1-3-47　扭矩图

公式并讨论其强度计算。工程中的问题往往受到很多因素的影响而显得非常复杂，为了得到简单而又能满足工程精度要求的计算公式，一般需要首先进行实验研究，通过观察和测量等来了解问题的本质，从而抓住主要因素，忽略次要因素，建立起简单适用的研究模型。然后对研究模型进行理论分析，推导出所需要的计算公式。

扭转变形的应力分析

扭转变形分析

1. 实验研究

首先通过实验观察圆轴的扭转变形，并对其内部做出假设。

取一等截面圆轴，并在其表面画上垂直于轴线的圆周线和平行于轴线的纵向线，如图 1-3-48（a）所示，然后在轴两端加上一对大小相等、方向相反的外力偶矩。在小变形的情况下，可观察到，如图 1-3-48（b）所示。

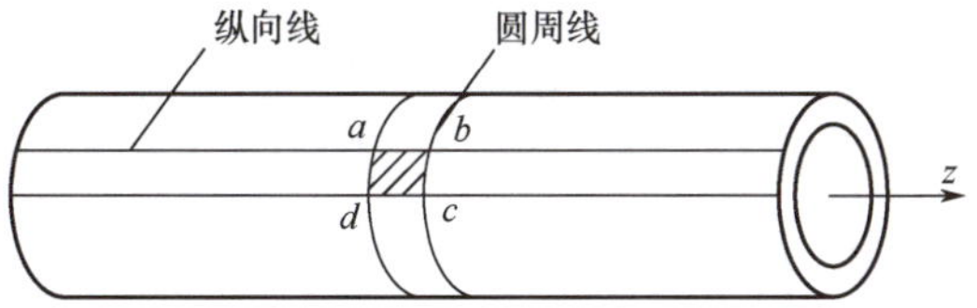

(a)

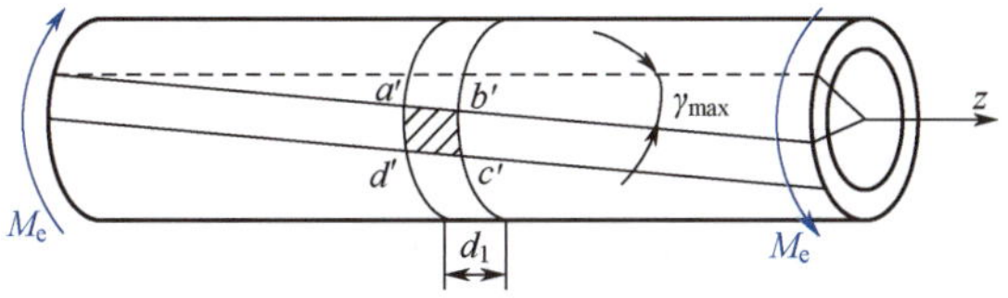

(b)

图 1-3-48　扭转变形

（1）各圆周线大小、形状和间距都不变，只是绕轴线转过了不同角度。

（2）各纵向线倾斜了同一角度 γ_{max}，变形前的小矩形变成了平行四边形。

由于圆周线大小、形状和间距都不变，可以设想，圆轴扭转时，各横截面如同刚性圆片一样，绕轴线做相对转动，即变形前的横截面，变形后仍保持平面，其形状、大小和各横截面之间的间距保持不变且半径仍保持直线。此假设称为圆轴扭转的平面假设，该假设已得到理论和实验的证实。

在上述假设的基础上，可以由表及里地推断圆轴扭转时的内部应力的变形情况。由于两横截面之间距离不变，表示杆的轴向没有伸长或缩短，因而，在横截面上没有正应力存在；横截面大小、形状不变，但绕自身的圆心转动了一个角度，表明在沿横截面半径方向没有剪应力存在，剪应力分布在垂直于半径的方向。

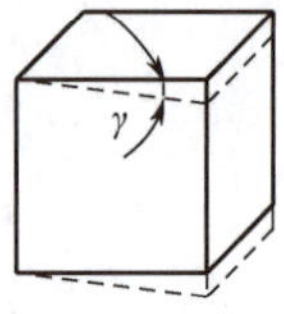

(a)

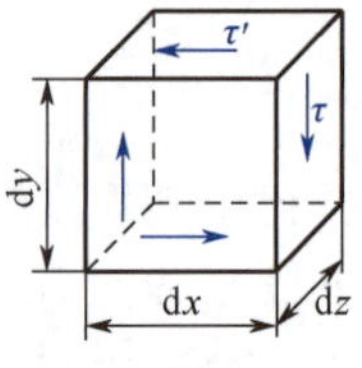

(b)

图 1-3-49　扭转剪应变

2. 纯剪切与剪切胡克定律

图 1-3-49 是用相邻的两个横截面、两个径向纵截面及与轴表面平行的两个圆柱面从圆轴内切出的微小正六面体。扭转变形前，微体三对面相互垂直，扭转变形后，微体变成了斜平行六面体。由平面假设可知，微体轴向和径向均无伸缩，即在轴向和径向均无正应变。而横截面发生了相对错动，使原来的直角改变了一微小角度 γ，γ 称为切应变。微体左右横截面上只存在着垂直于半径方向的切应力，由于平衡，径向截面也存在着切应力 τ'，圆柱面上不存在任何应力，这种微体仅承受切应力的状态，称为纯剪切应力状态。由微体平衡方程得

$$\Sigma M = 0,\quad \tau \mathrm{d}y\mathrm{d}z\mathrm{d}x - \tau' \mathrm{d}x\mathrm{d}z\mathrm{d}y = 0$$

在材料力学中将此关系式称为切应力互等定理，即在微体互相垂直的两个平面上，垂直于两平面交线的切应力数值相等，而切应力的方向则同时指向或同时背离该交线。同样可以证明，即使截面上还存在正应力，切应力互等定理仍然成立。

为建立切应力与切应变的关系，利用薄壁圆筒的扭转，可以实现纯剪切实验。纯剪切实验表明：对于大多数工程材料，如果切应力不超过一定限度（剪切比例极限 τ_p），则切应力与切应变成正比，即

$$\tau = G\gamma \tag{1-3-32}$$

上述关系称为剪切胡克定律，比例常数 G 称为切变模量，其单位与弹性模量 E 相同，不同材料的 G 值可通过实验测定。

理论和实验都表明，对于各向同性材料，弹性模量 E、泊松比 μ 与切变模量 G 之间存在如下关系

$$G = \frac{E}{2(1+\mu)} \tag{1-3-33}$$

因此，当已知任意两个弹性常数时，由式（1-3-33）可以确定第三个弹性常数。由此可见，各向同性材料只有两个独立的弹性常数。

3. 扭转应力的一般公式

基于上述假设和圆轴扭转的纯剪切应力状态，进一步从几何、物理和静力学三方面考虑，可以建立圆轴扭转的应力计算公式。

（1）几何方面。为了确定横截面上各点处的应力，需要了解轴内各点的变形。为此，用相距 dx 的两个横截面以及夹角无限小的两个径向纵截面，从轴内切取一楔形体 O_1ABCDO_2 来分析，如图 1-3-50（a）所示。

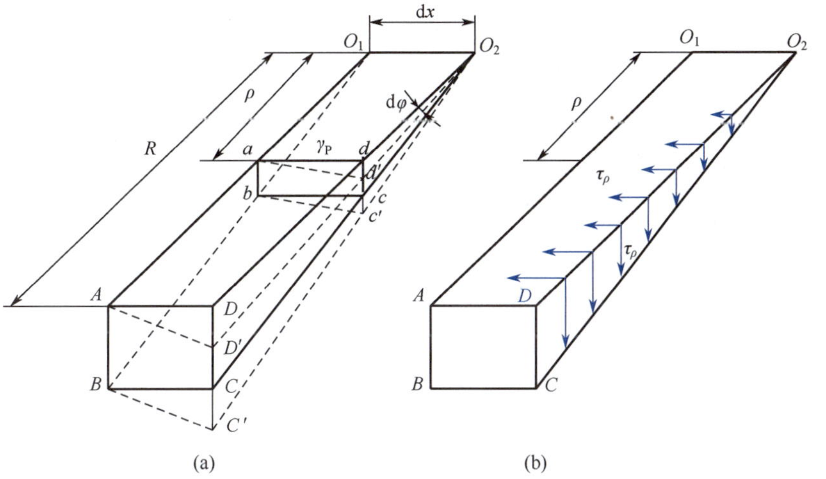

图 1-3-50　楔形体的应力分析

根据平面假设可知，楔形体的变形如图中虚线所示，轴表面的矩形 $ABCD$ 变为平行四边形 $ABC'D'$，距轴线距离为 ρ 处的矩形 $abcd$ 变为平行四边形 $abc'd'$，即均在垂直于半径的平面内发生剪切变形。设楔形体左右两截面间的相对转角为 dφ，矩形 $abcd$ 的切应变为 γ_ρ，则由图可知

$$\gamma_\rho \approx \tan\gamma_\rho = \frac{dd'}{ad} = \rho\frac{\mathrm{d}\varphi}{\mathrm{d}x} \qquad (1-3-34)$$

式中，$\frac{\mathrm{d}\varphi}{\mathrm{d}x}$ 是扭转角 φ 沿 x 轴的变化率。对于一个给定的截面来说，它是常量。上式表明，横截面上任意点的切应变与该点到圆心的距离成正比。

（2）物理方面。由剪切胡克定律可知，在剪切比例极限内，切应力与切应变成正比，因此，距圆心距离为 ρ 处的切应力为

$$\tau_\rho = G\gamma_\rho = G\rho\frac{\mathrm{d}\varphi}{\mathrm{d}x} \qquad (1-3-35)$$

由此可得圆轴扭转时横截面上应力分布规律：横截面上各点的切应力与该点至截面形心的距离成正比。据剪切胡克定律知，横截面上各点必有切应力存在，且垂直于半径呈线性分布，如图 1-3-50（b）所示。实心与空心圆截面扭转切应力分布分别如图 1-3-51（a）、（b）所示。因为 $\frac{\mathrm{d}\varphi}{\mathrm{d}x}$ 尚未求出，所以仍不能用该公式计算切应力，这

就要用静力学关系来分析解决。

(3) 静力学方面。如图 1-3-52 所示，在横截面上取一微面积 dA，该微面积距离圆距离为ρ，其上微内力为$\tau_\rho dA$，对圆心 O 的力矩为$\tau_\rho dA \cdot \rho$。在整个截面上，所有微内力矩之和等于该截面上的扭矩 T，即

$$T = \int_A \tau_\rho \rho dA$$

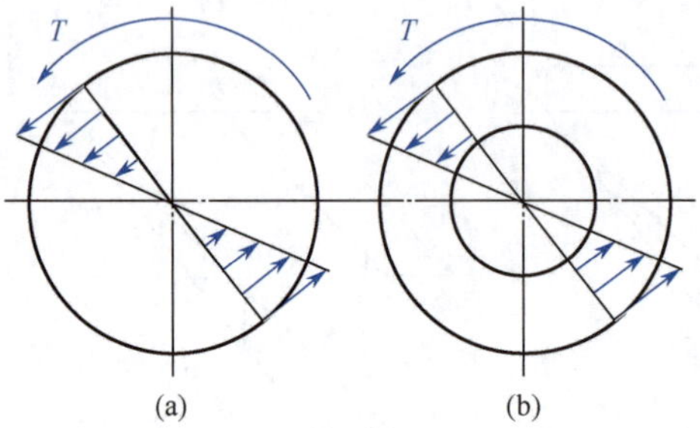

图 1-3-51　切应力分布规律

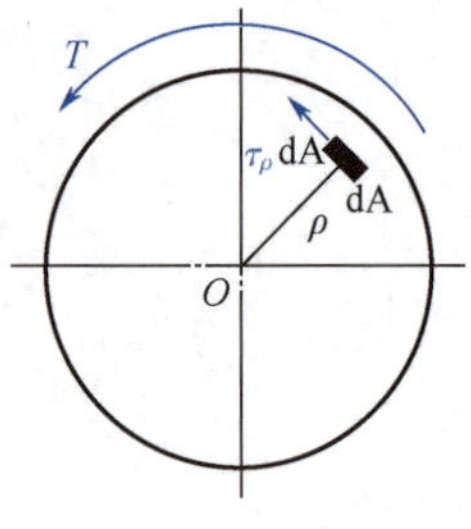

图 1-3-52　扭矩和切应力关系

将式（1-3-35）代入上式，并将常数 $G\dfrac{d\varphi}{dx}$ 提到积分号外，则得

$$T = G\frac{d\varphi}{dx}\int_A \rho^2 dA$$

式中的 $\int_A \rho^2 dA$ 即为截面的极惯性矩 I_P，于是上式可改写为

$$\frac{d\varphi}{dx} = \frac{T}{GI_P} \qquad (1-3-36)$$

此即圆轴扭转变形的基本公式。

最后将式（1-3-36）代入式（1-3-35），得

$$\tau_\rho = \frac{T}{I_P}\rho \qquad (1-3-37)$$

此即圆轴扭转时切应力的一般公式。

4. 最大扭转切应力

由式（1-3-37）知，在$\rho = \dfrac{d}{2}$即圆截面周边各点处，切应力最大，其值为

$$\tau_{max} = \frac{T}{I_P} \cdot \frac{d}{2} = \frac{T}{W_P} \qquad (1-3-38)$$

式中　W_P—— 等于$\dfrac{2I_P}{d}$。

由式（1-3-38）可以看出，在同一扭矩 T 作用下，W_P 越大，轴的最大剪应力就越小，W_P 称为抗扭截面系数。对于实心圆截面，其极惯性矩和抗扭截面系数分别为

$$I_P = \frac{\pi}{32}d^4, \quad W_P = \frac{\pi}{16}d^3 \qquad (1-3-39)$$

而对于内径为 d、外径为 D 的空心圆截面，其极惯性矩和抗扭截面系数分别为

$$I_P = \frac{\pi}{32}(D^4 - d^4) = \frac{\pi}{32}D^4(1 - \alpha^4) \qquad (1-3-40)$$

$$W_P = \frac{\pi(D^4 - d^4)}{16D} = \frac{\pi}{16}D^3(1 - \alpha^4) \qquad (1-3-41)$$

式中　α—— 等于 d/D，代表内外径的比值。

5. 圆轴的扭转变形

如前所述，圆轴的扭转变形，是用横截面绕轴线的相对转动角度 φ 来表示的。由式（1-3-36）可得微段 dx 的扭转角为

$$d\varphi = \frac{T}{GI_P}dx$$

相距为 l 的两截面的扭转角则为

$$\varphi = \int_l d\varphi = \int_l \frac{T}{GI_P}dx$$

对于长为 l、扭矩 T 为常数的等截面圆轴，两端截面间的扭转角为

$$\varphi = \frac{Tl}{GI_P} \qquad (1-3-42)$$

上式表明：扭转角 φ 与扭矩 T、轴长 l 成正比，与切变模量和截面极惯性矩的乘积 GI_P 成反比。乘积 GI_P 称为圆轴截面的抗扭刚度，反映了截面抵抗扭转变形的能力。当两截面间的 T、G 或 I_P 为变量时，需分段计算扭转角，然后求其代数和，扭转角的正负号与扭矩相同。

还应指出，本任务所述所有的应力及变形公式仅适用于圆截面轴（包括实心圆轴和空心圆轴），同时，横截面的最大切应力不得超过材料的剪切比例极限。

【例 3-12】已知在例 3-10 中的圆轴中，AB 段直径 $d_1 = 50$mm，长度 $l_1 = 700$mm，AC 段直径 $d_2 = 35$mm，长度 $l_2 = 300$mm，轴材料切变模量 $G = 80$GPa。试计算该轴内的最大切应力及截面 B、C 间的扭转角 φ_{BC}。

解：（1）计算轴内最大切应力。

由例 3-10 知，圆轴 AB、AC 段内的扭矩分别为

$$T_1 = -955\text{N}\cdot\text{m}, \quad T_2 = 637\text{N}\cdot\text{m}$$

而各段内的最大切应力均在横截面周边处，由式（1-3-38）求得 AB 段内最大切应力

$$\tau_{1\max} = \frac{T_1}{W_{P1}} = \frac{16T_1}{\pi d_1^3} = \frac{16 \times 955}{\pi \times (50 \times 10^{-3})^3} = 39\text{MPa}$$

这里在计算切应力时，没有考虑扭矩的正负号；同理可求得 AC 段内最大切应力

$$\tau_{2\max} = \frac{T_2}{W_{P2}} = \frac{16T_2}{\pi d_2^3} = \frac{16 \times 637}{\pi \times (35 \times 10^{-3})^3} = 75.7\text{MPa}$$

比较知，轴内最大切应力

$$\tau_{\max} = 75.7\text{MPa}$$

产生在 AC 段内任一横截面周边处。

（2）计算扭转角 φ_{BC}。

由于 AB、AC 两段的扭矩、截面直径不同，故需要分段计算扭转角。同时要注意扭

转角为代数量，其正负号由该段内扭矩的正负号来决定，而轴两端的扭转角为各段扭转角的代数和。因此，由式（1-3-42）可计算 AB 与 AC 段的扭转角分别为

$$\varphi_{BA}=\frac{T_1 l_1}{GI_{P1}}=\frac{32T_1 l_1}{G\pi d_1^4}=\frac{32\times(-955)\times700\times10^{-3}}{80\times10^9\times\pi\times(50\times10^{-3})^4}=-1.36\times10^{-2}\text{rad}$$

$$\varphi_{AC}=\frac{T_2 l_2}{GI_{P2}}=\frac{32T_2 l_2}{G\pi d_2^4}=\frac{32\times637\times300\times10^{-3}}{80\times10^9\times\pi\times(35\times10^{-3})^4}=1.62\times10^{-2}\text{rad}$$

该轴两端截面的扭转角为

$$\varphi_{BC}=\varphi_{BA}+\varphi_{AC}=(-1.36+1.62)\times10^{-2}=0.26\times10^{-2}\text{rad}=0.149°$$

四、圆杆扭转变形的强度和刚度计算

1. 扭转极限应力

扭转实验是用圆柱试件在扭转实验机上进行的。实验表明：塑性材料试件在受扭过程中，先是发生屈服，如图 1-3-53（a）所示，如果继续增大扭转力矩，试件最后沿横截面被剪断，如图 1-3-53（b）所示。脆性材料试件受扭时，变形始终很小，最后在与轴线成 45°倾角的螺旋面发生断裂，如图 1-3-53（c）所示。

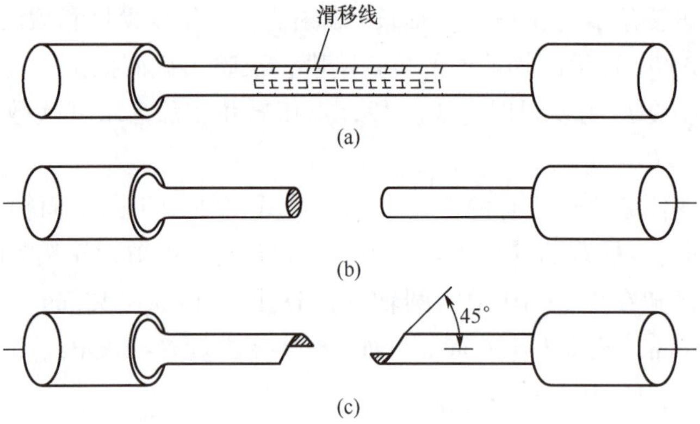

图 1-3-53　扭转破坏

由此可见，对于受扭轴，塑性材料失效的标志是屈服，试件屈服时横截面上的最大切应力即为材料的扭转屈服极限；脆性材料失效的标志是断裂，试件断裂时横截面上的最大切应力即为材料的扭转强度极限。扭转屈服极限和扭转强度极限又统称为材料的扭转极限应力，并用 τ_u 来表示。

2. 圆轴扭转强度条件

用材料的扭转极限应力 τ_u 除以安全系数 n，得到材料的扭转许用应力为

$$[\tau]=\frac{\tau_u}{n}$$

因此，为了保证圆轴工作时不发生破坏，则要使轴内最大扭转切应力 τ_{max} 不得超过材料的扭转许用切应力，对于等截面圆轴，则要求

$$\tau_{max}=\frac{|T|_{max}}{W_P}\leqslant[\tau] \tag{1-3-43}$$

此时 $|T|_{max}$ 作用截面即为轴的危险截面；而对于变截面圆轴，则要求

$$\tau_{max}=\left(\frac{T}{W_P}\right)_{max}\leqslant[\tau] \tag{1-3-44}$$

此时，由于圆轴各段的抗扭截面系数不同，最大扭矩作用截面不一定是危险截面。需要综合考虑扭矩和抗扭截面系数的大小，判断可产生最大切应力的各横截面。式（1-3-43）、式（1-3-44）称为圆轴扭转强度条件。

理论和实验表明，材料的扭转许用切应力 $[\tau]$ 与许用应力 $[\sigma]$ 之间存在下列关系：

对于塑性材料　　$[\tau]=(0.5\sim0.577)[\sigma]$

对于脆性材料　　$[\tau]=(0.8\sim1.0)[\sigma_l]$

式中　$[\sigma_l]$——许用拉应力。

3. 圆轴扭转刚度条件

工程中的有些轴，为了能正常工作，除要求满足强度条件外，还要求轴不能产生过大的变形，即要求轴具有一定的刚度。例如机床主轴的扭转角过大会影响加工精度，高速运转轴的扭转角过大会引起强烈的振动。一般来说，对于有精度要求和限制振动的机械，都需要考虑轴的刚度满足要求。在扭转问题中，通常是限制最大的单位长度扭转角 θ_{max} 不得超过单位长度许用扭转角 $[\theta]$。因此，对于等截面圆轴，其扭转刚度条件为

$$\theta_{max}=\frac{|T|_{max}}{GI_P}\leqslant[\theta] \tag{1-3-45}$$

对于变截面圆轴

$$\theta_{max}=\left(\frac{T}{GI_P}\right)_{max}\leqslant[\theta]$$

上两式中，θ_{max} 的单位为 rad/m，而工程上单位长度许用扭转角的单位一般用（°）/m 给出，因此，应用时要注意单位的统一。考虑 rad/m 和（°）/m 的单位换算，则得

$$\theta_{max}=\frac{|T|_{max}}{GI_P}\times\frac{180}{\pi}\leqslant[\theta] \tag{1-3-46}$$

对于一般传动轴，$[\theta]$ 为 0.5~1（°）/m，对于精密机器和仪表中的轴，$[\theta]$ 值可根据有关设计标准和规范确定。

【例 3-13】 如图 1-3-54 所示阶梯圆轴，其半径 $d_1=38$mm，$d_2=50$mm，$d_3=36$mm。受外力偶矩 $M_{e1}=300$N·m，$M_{e2}=1200$N·m，$M_{e3}=540$N·m，$M_{e4}=360$N·m 的作用，材料的许用切应力 $[\tau]=40$MPa，试校核该轴的强度。

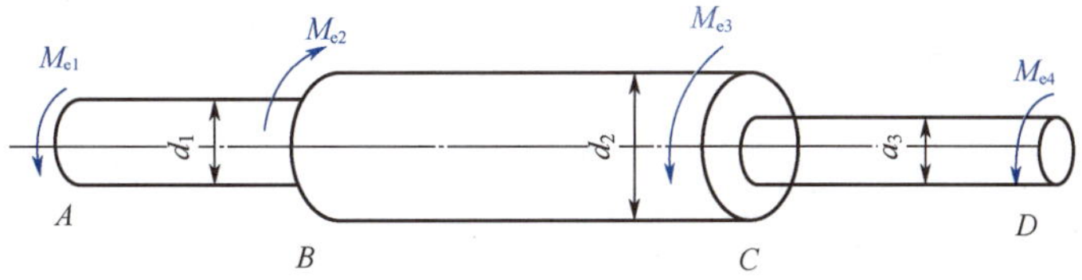

图 1-3-54　阶梯圆轴

解：（1）作扭矩图，确定危险截面。

利用截面法分别求出 *AB* 段、*BC* 段、*CD* 段的扭矩［图 1-3-55（a）］，画扭矩图如图 1-3-55（b）所示。

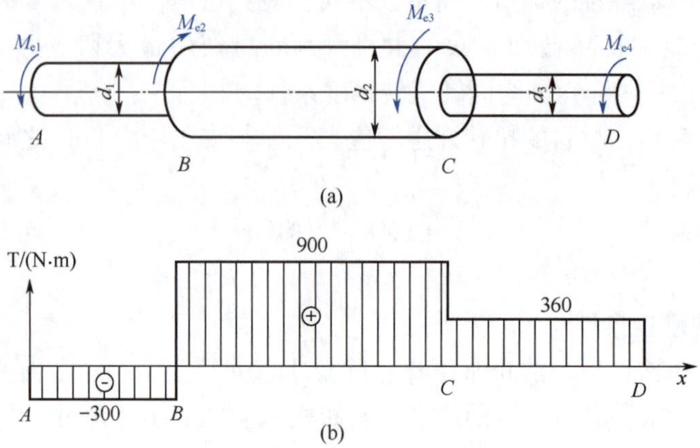

图 1-3-55　阶梯圆轴扭矩图

由于 *AB* 段扭矩绝对值小于 *CD* 段扭矩绝对值，但 $d_1>d_3$，所以 *CD* 段比 *AB* 段更危险，和 *CD* 段相比，*BC* 段的扭矩大，其直径也大，所以 *BC* 段和 *CD* 段都危险，都要进行强度校核。

（2）强度校核。

$$BC\text{ 段}: \tau_{max} = \frac{T_2}{W_{P2}} = \frac{900\text{N}\cdot\text{m}}{\frac{\pi}{16}(50\times10^{-3}\text{m})^3} = 36.7\times10^6\text{Pa} = 36.7\text{MPa} < [\tau]$$

$$CD\text{ 段}: \tau_{max} = \frac{T_3}{W_{P3}} = \frac{360\text{N}\cdot\text{m}}{\frac{\pi}{16}(36\times10^{-3}\text{m})^3} = 39.3\times10^6\text{Pa} = 39.3\text{MPa} < [\tau]$$

所以该轴满足强度条件。

【例 3-14】传动轴转速为 300r/min，传递功率为 47kW，材料的许用应力［τ］=60MPa，试在下列两种情况下设计轴的直径并计算两种情况下所用材料的比例：①传动轴为等截面实心圆轴，如图 1-3-56（a）所示。②传动轴为等截面空心圆轴，内外径之比 $a=\dfrac{d}{D}=0.8$，如图 1-3-56（b）所示。

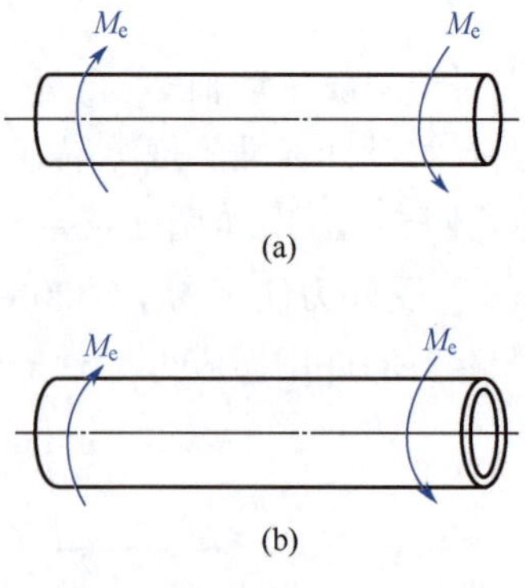

图 1-3-56　实心和空心圆轴

解：（1）计算外力偶矩。

$$M_e = 9549\frac{P}{n} = 9549\times\frac{47}{300}\text{N}\cdot\text{m} = 1496\text{N}\cdot\text{m}$$

（2）设计实心轴直径 *D*。

由强度条件 $$\tau_{max} = \frac{T}{W_P} = \frac{16T}{\pi D^3} \leqslant [\tau]$$

得 $$D \geqslant \sqrt{\frac{16T}{\pi[\tau]}} = \sqrt{\frac{16 \times 1496\text{N}\cdot\text{m}}{\pi \times 60 \times 10^6\text{Pa}}} = 5 \times 10^{-2}\text{m} = 50\text{mm}$$

即实心轴的外直径不得小于50mm。

(3) 设计空心轴的内外直径。

由强度条件 $$\tau_{\max} = \frac{T}{W_P} = \frac{16T}{\pi D^3(1 - a^4)} \leqslant [\tau]$$

得 $$D \geqslant \sqrt{\frac{16T}{\pi(1 - a^4)[\tau]}} = \sqrt{\frac{16 \times 1496\text{N}\cdot\text{m}}{\pi(1 - 0.8^4) \times 60 \times 10^6\text{Pa}}} = 6 \times 10^{-2} = 60\text{mm}$$

$$d = aD = 0.8 \times 60 = 48(\text{mm})$$

即空心轴的外径不得小于60mm。

(4) 确定空心轴与实心轴所用材料之比。

$$\frac{\text{实心轴横截面积}}{\text{空心轴横截面积}} = \frac{\frac{\pi}{4} \times (50 \times 10^{-3})^2}{\frac{\pi}{4} \times [(60 \times 10^{-3})^2 - (48 \times 10^{-3})^2]} = 1.929$$

即实心轴所用材料为空心轴的1.929倍。

任务实施

圆轴扭转变形时承载能力的求解。

解： 圆轴所传递的外力偶矩

$$M_e = 9549\frac{P}{n} = \frac{9549 \times 331}{300} = 10536(\text{N}\cdot\text{m})$$

此时，横截面上的扭矩

$$T = M_e = 10536\text{N}\cdot\text{m}$$

由圆轴扭转的强度条件

$$\tau_{\max} = \frac{T}{W_P} = \frac{16T}{\pi d^3} \leqslant [\tau]$$

得圆轴直径

$$d \geqslant \sqrt[3]{\frac{16T}{\pi[\tau]}} = \sqrt[3]{\frac{16 \times 10536 \times 10^3}{\pi \times 40}} = 110.2(\text{mm})$$

为了用刚度条件计算圆轴直径，首先将单位长度许用扭转角 $[\theta]$ 进行单位换算

$$[\theta] = 0.5(°)/\text{m} = 0.5 \times \frac{\pi}{180} \times 10^{-3}\text{rad/mm} = 8.73 \times 10^{-6}\text{rad/mm}$$

由圆轴扭转的刚度条件

$$\theta = \frac{T}{GI_P} = \frac{32T}{G\pi d^4} \leqslant [\theta]$$

得圆轴直径

$$d \geqslant \sqrt[4]{\frac{32T}{G\pi[\theta]}} = \sqrt[4]{\frac{32 \times 10536 \times 10^3}{80 \times 10^3 \times \pi \times 8.73 \times 10^{-6}}} = 111.4(\text{mm})$$

比较并取整数，圆轴直径 $d = 112\text{mm}$。注意此处一般不采用四舍五入法取整。

素质拓展

黄克智：生命不息，奋斗不止

黄克智，1927 年 7 月生于江西南昌，著名力学家与力学教育家，长期从事弹塑性力学、薄壳理论和塑性理论的研究和教育工作。他在压力容器、智能材料本构关系、应变梯度塑性理论、可伸展柔性电子元件力学等研究中，取得了重要成就，也是清华大学工程力学系创建人之一，培养了一批固体力学研究人才。

"健康加勤奋，一生不虚度。"在送给记者的书上，黄克智院士工工整整地写下了这样一句话。话语如是，践行亦如是。年逾九旬的黄克智一直坚持清晨 4 点半起床，每天长时间工作，"从不浪费点滴时间"。在与记者约定 9 点见面之前，黄克智已完成打网球、阅读等"固定动作"。71 岁开始练习网球，黄克智已坚持 20 多年。说起这项运动，他热情高涨，"其实我和老伴的球艺并不高，但我们乐在兴趣，享受坚持。"

70 余年科研工作中，黄克智始终很忙：发表学术论文 400 余篇，出版专著 7 部；发展求解壳体问题的合成分解法，把极复杂的壳体问题改变为几个更简单的问题；带领团队推动压力容器设计方法的进步，解决了两个国际压力容器界曾经公认的难题；坚持从交叉学科的角度研究页岩气高效开采问题，瞄准技术发展前沿……

1955 年，教育部首次派出高校教师进修代表团赴苏联进修，刚被提拔成讲师的黄克智在清华大学的五人名单之中。在苏联学习期间，黄克智夜以继日发奋学习，三年没能同家里通上电话。最终，他的努力得到了导师——著名力学家拉包特诺夫的肯定。在一次小组会议上，黄克智的导师发出赞叹"从来没有见过这么努力的学生"，并且建议黄克智争取莫斯科大学博士学位。

1958 年年底，正当黄克智初步拟就博士论文、准备答辩之际，一封召其回国、组建我国第一个工程力学系的电报被送到他手中。"我想这是国家最需要我的时候。"经过一番思想斗争之后，黄克智放弃了即将获得的博士学位，坐了六天六夜的火车回到清华大学。

回国后，他在六七年时间里开设了弹性力学、塑性力学等八门课程，为我国第一个工程力学系的创建与发展打下了基础。

教书育人，躬耕不辍。大学毕业后的 72 年，黄克智有 71 年都是在清华大学的讲台或办公室里度过的。"这一辈子我做了一件值得骄傲的事——把我的一生奉献给科学和祖国！"黄克智先生说。

投身固体力学研究领域 70 余年，黄克智不曾觉得寂寞，"总觉得时间不够用，怕赶不上发展。"黄克智说："固体力学的每一个领域都足够奋斗一生。"

（资料来源：百度文库 .92 岁院士黄克智每天工作六七个小时：成就出了勤奋［EB/OL］．（2019－04－15）［2024－05－20］．https：//baijiahao. baidu. com/s? id = 1630836871025503978&wfr = spider&for = pc，有改动。）

思考与练习

一、简答题

1. 轴的转速、所传递功率和外力偶矩之间有何关系？各物理量应选取什么单位？

2. 何谓扭矩？扭矩的正负号是如何规定的？怎样计算扭矩？怎样作扭矩图？

3. 何谓剪切变形？何谓切应变？其单位是什么？

4. 何谓剪切胡克定律？该定律的应用条件是什么？

二、分析计算题

1. 试作题图 1-3-14 所示各轴的扭矩图。

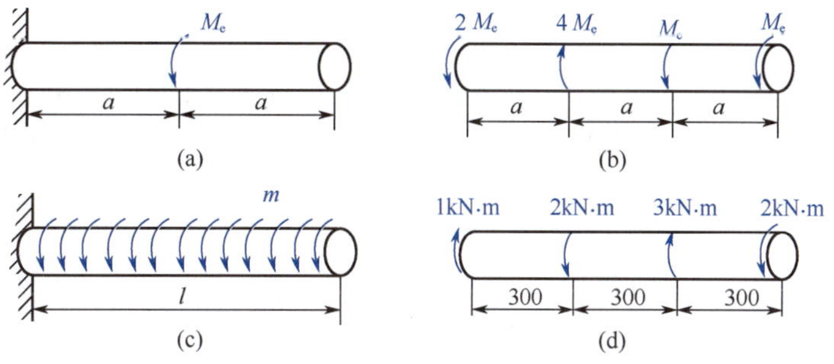

题图 1-3-14

2. 题图 1-3-15 所示圆截面轴，直径 $d=50$mm，扭矩 $T=1$kN·m。试计算横截面上最大切应力以及 A 点处（$\rho_A=20$mm）的切应力。

3. 题图 1-3-16 所示空心圆截面轴，外径 $D=50$mm，内径 $d=20$mm，扭矩 $T=1$kN·m。试计算横截面上最大切应力以及 A 点处（$\rho_A=15$mm）的切应力。

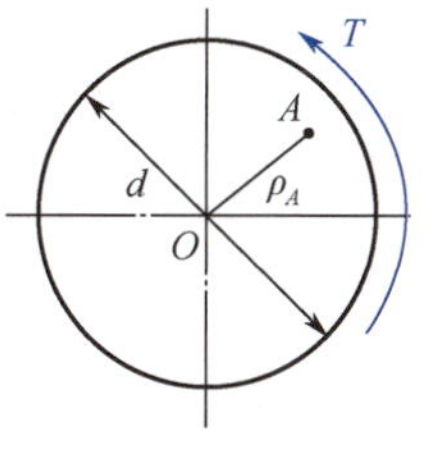

题图 1-3-15

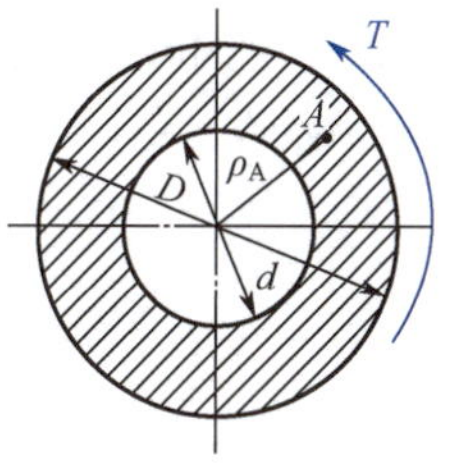

题图 1-3-16

4. 如题图 1-3-17 所示，已知轴传递功率，若两段轴的 τ_{max} 相同，试计算此两段轴的直径比及扭转角比。

5. 受扭圆筒，外径 $D=42$mm，内径 $d=40$mm，外力偶矩 $M_e=500$N·m，切变模量 $G=75$GPa。试计算圆筒横截面上的切应力，并计算筒表面纵线的倾角。

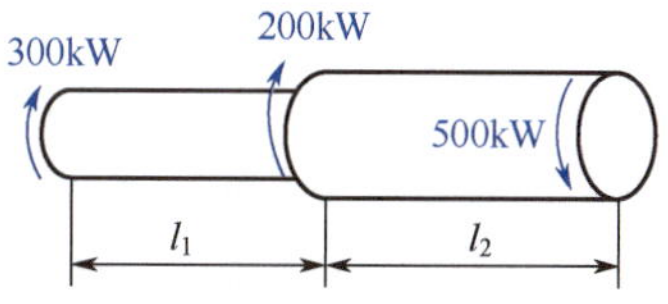

题图 1-3-17

6. 试计算题图 1-3-14（b）所示圆轴的扭转角，其中圆轴直径为 d，材料切变模量为 G。

7. 如题图 1-3-18 所示，切蔗机主轴由电动机经三角皮带轮带动。已知电动机功率 $P=35kW$，主轴转速 $n=580r/min$，主轴直径 $d=120mm$，轴的许用切应力 $[\tau]=40MPa$，试校核主轴强度（不考虑传动损耗）。

8. 一带有框式搅拌桨叶的主轴，其受力如题图 1-3-19 所示。搅拌轴由电动机经过减速箱及圆锥齿轮带动。已知电动机功率 $P=2.8kW$，机械传动效率 $\eta=85\%$，搅拌轴的转速 $n=5r/min$，轴的直径 $d=75mm$，轴的材料的许用切应力 $[\tau]=60MPa$。试校核轴强度。

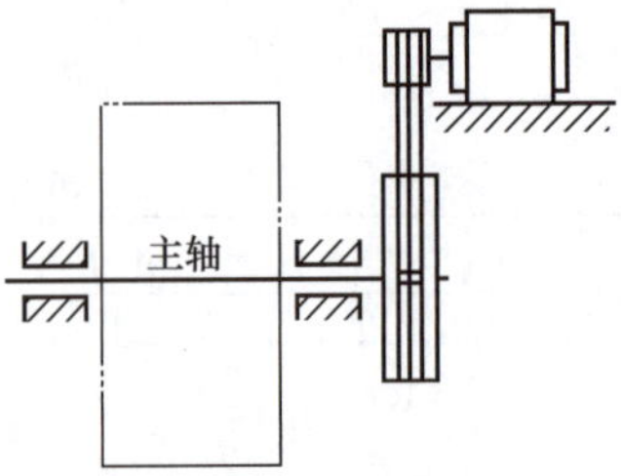

题图 1-3-18

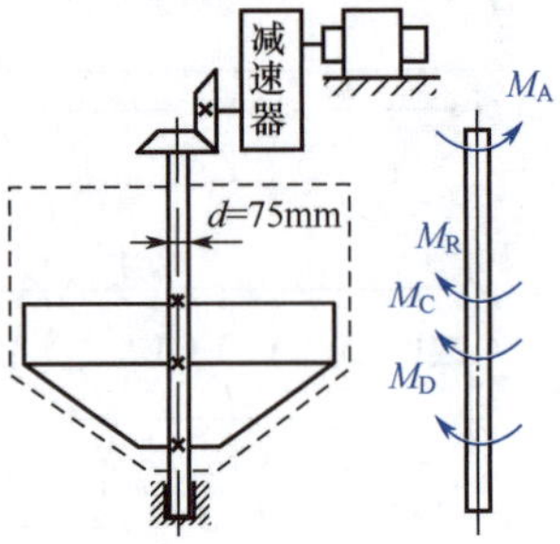

题图 1-3-19

9. 一圆轴直径 $d=20mm$，材料许用切应力 $[\tau]=100MPa$，求此轴所能承受的扭矩 T。若转速 $n=100r/min$，求此轴传递功率的许用值。

10. 一圆轴以 $n=250r/min$ 的转速传递 $P=60kW$ 的功率。如 $[\tau]=40MPa$，$[\theta]=0.8(°)/m$，材料切变弹性模量 $G=80GPa$，试设计该轴的直径。

11. 一直径 $d=100mm$ 的圆轴，转速 $n=120r/min$，材料的切变模量 $G=80GPa$，由实验测得该轴 1m 长内扭转角 $\varphi=0.02rad$，试计算该轴所传递的功率。

任务五　直梁弯曲变形

任务描述

图 1-3-57 所示梁截面为 T 形，其截面惯性矩 $I_Z=26.1\times10^6mm^4$，中性轴距截面上、下边缘的尺寸分别为 $y_1=48mm$，$y_2=142mm$。梁由铸铁制成，材料的许用拉应力 $[\sigma^+]=40MPa$，许用压应力 $[\sigma^-]=110MPa$，载荷及梁尺寸如图 1-3-57 所示，试校核梁的强度。

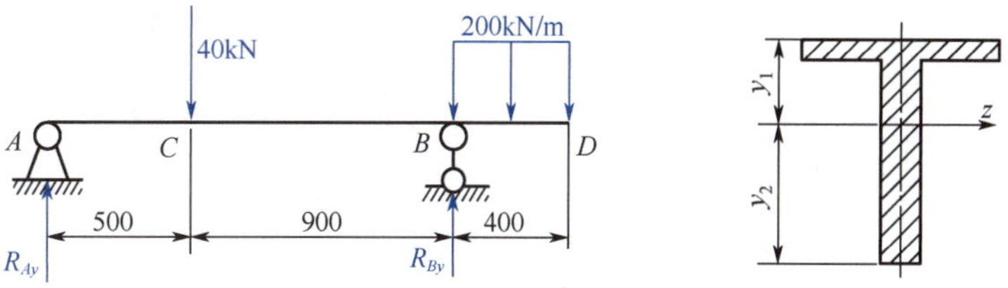

图 1-3-57　T 形梁横截面受力分析

任务分析

掌握构件弯曲变形时的承载能力计算。

知识准备

梁是机械与工程结构中最常见的构件，本任务主要内容包括梁的内力、平面弯曲中横截面上的正应力和切应力分布规律、弯曲强度条件以及梁的变形计算。

简支梁的弯曲变形

一、平面弯曲的概念和实例

工程实际中经常遇到像桥式起重机的大梁（图 1-3-58）这样的构件，在垂直于轴线的外力 F 作用下，原为直线的轴线变形后成为曲线，这种形式的变形称为弯曲变形。以弯曲变形为主的杆件习惯上称为梁。本任务主要研究轴线为直线的直梁。

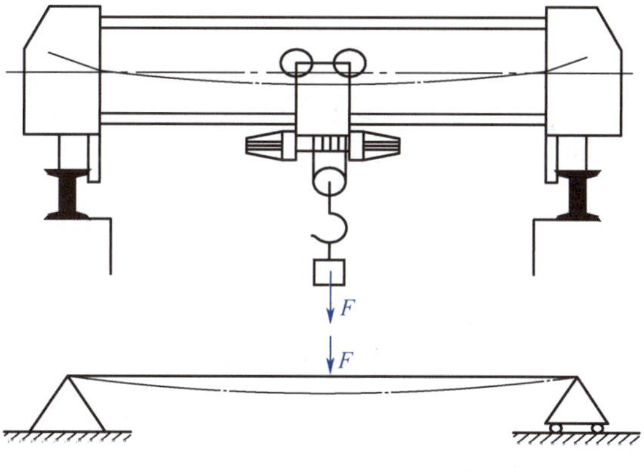

图 1-3-58　桥式起重机的大梁

工程问题中，大多数梁的横截面都有一根纵向对称轴［图 1-3-59（a）］，因而整个杆件至少具有一个纵向对称面。上面提到的桥式起重机的大梁、火车轮轴等构件都属于这种情况。当作用于梁上的所有外力、外力偶都在纵向对称面内［图 1-3-59（b）］，且力的作用线垂直于梁的轴线时，梁弯曲变形后的轴线将是一条位于这个对称面内的平面曲线。这种弯曲称为平面弯曲。它是弯曲问题中最基本、最常见的情况。

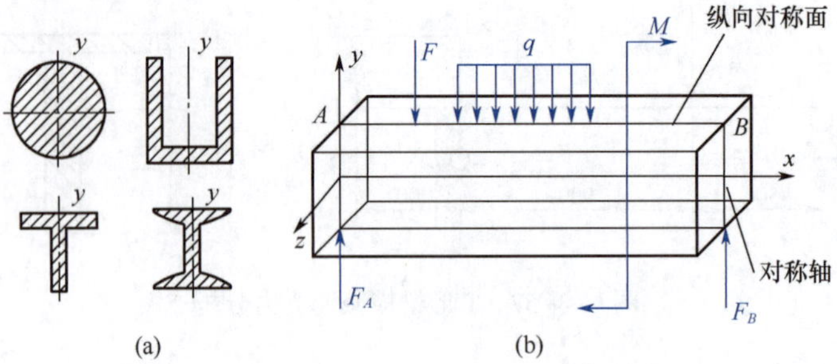

图 1-3-59　梁的纵向对称面、对称轴

为了对梁进行强度和刚度分析，首先必须对梁的几何形状、约束情况和载荷进行简化。平面弯曲时，由于所有外力（包括外载荷和约束反力）都作用在纵向对称面内，因此，外力将构成一平面任意力系。在分析计算时，通常用轴线代表梁，例如，图 1-3-58 所示的情况即是。

（一）外力的简化

1. 作用于梁上的载荷

作用于梁上的载荷，通常可以简化为图 1-3-60 所示的三种：

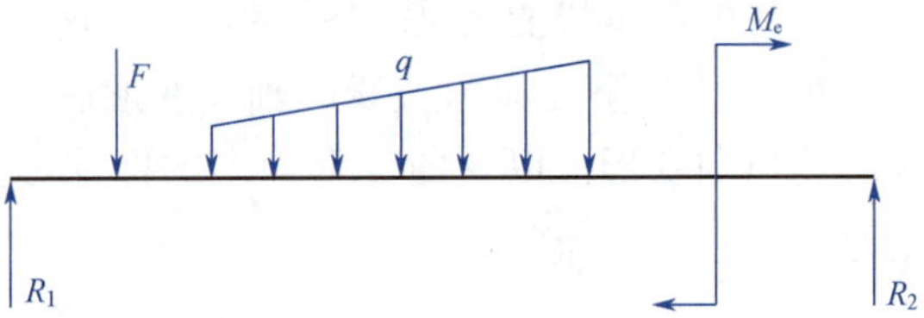

图 1-3-60　作用于梁上的载荷

（1）集中载荷。分布在微小梁段上的横向力，可以近似地当作作用在一点的集中载荷，如图 1-3-58 所示作用在起重机大梁上的外力 F。

（2）集中力偶。分布在微小梁段上的外力偶 M_e，可以近似地当作作用在一点的集中力偶。

（3）分布载荷。沿梁轴线连续分布的横向力称为分布载荷。分布载荷的大小用载荷集度 q 来描述。载荷集度就是沿梁轴线单位长度所受的力，其常用单位为 N/mm 或 N/m。当载荷均匀分布时，q 为常数称为均布载荷；当载荷非均匀分布时，q 沿梁轴线变化，即 $q = q(x)$。

2. 梁支座的简化

梁的支座情况复杂多样，必须做简化才能将实际受弯杆件抽象为梁的计算简图。

（1）固定端。凡是在梁的支承处，不允许梁的端截面有相对移动和相对转动的，均可简化为固定端。如图 1-3-61（a）所示，三爪卡盘夹持工件就属于固定端。固定端的简化形式与约束反力如图 1-3-61（b）所示。

（2）固定铰支座。凡是在梁的支承处，不允许梁有相对移动但允许其横截面有相对转动的，均可简化为固定铰支座。如图 1-3-62（a）所示，车床主轴前支承 B 处的轴承限

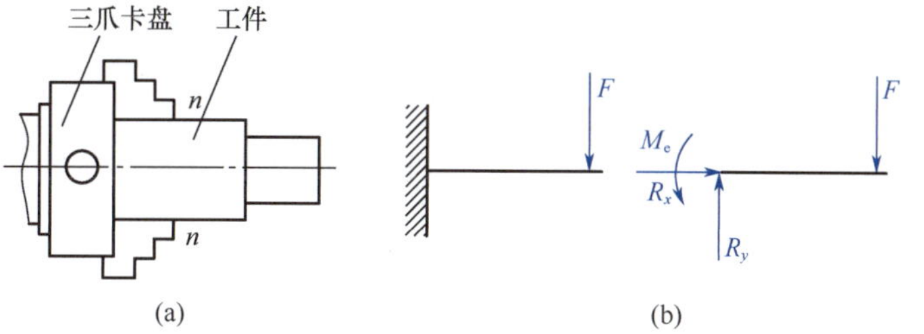

图 1-3-61 固定端实例

制主轴沿径向和轴向的移动，但由于间隙等原因，允许主轴在支承处横截面做微小转动，故可简化为固定铰支座。固定铰支座的简化形式与约束反力如图 1-3-62（c）所示。

（3）活动铰支座。凡是在梁的支承处，限制梁在支承处垂直于支承面的移动，但允许梁沿轴向的移动和转动的，可简化为活动铰支座。如图 1-3-62（a）所示，车床主轴的后支承 A 处的滚柱轴承只能限制主轴沿径向的移动，故可简化为活动铰支座。活动铰支座的简化形式与约束反力如图 1-3-62（b）所示。

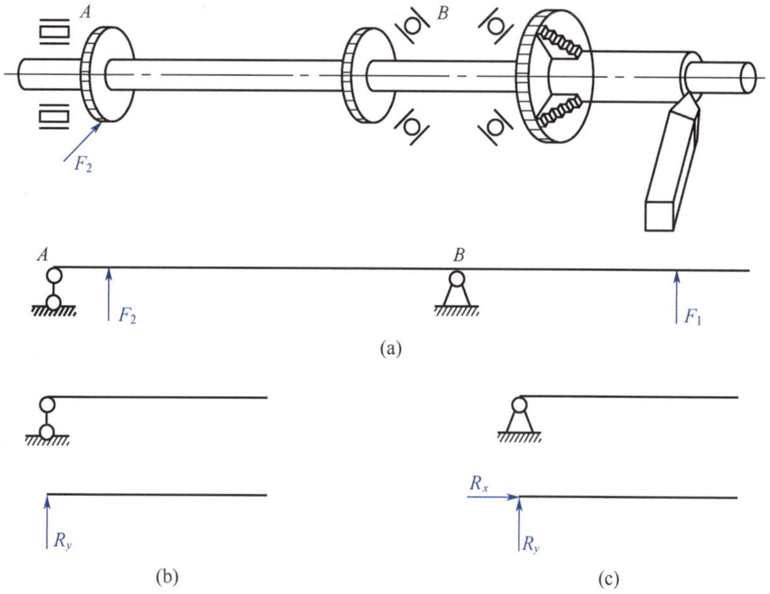

图 1-3-62 固定铰支座与活动铰支座

（二）静定梁的基本形式

根据梁的支承情况，静定梁的基本形式可分为三种：

（1）简支梁。简支梁是一端为固定铰支座，另一端为活动铰支座的梁，如图 1-3-63（a）所示。桥式起重机的大梁属此类。

（2）外伸梁。外伸梁是带有外伸端的简支梁，如图 1-3-63（b）所示。车床主轴、火车轮轴属于此类。

（3）悬臂梁。悬臂梁一端为固定端，另一端为自由的梁，如图 1-3-63（c）所示。图 1-3-61 中实例亦可简化如此。

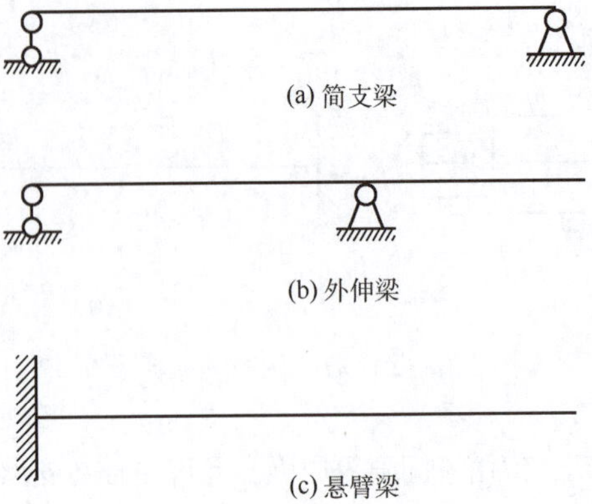

图 1-3-63　梁的三种基本形式

二、梁的内力分析

1. 梁的内力

梁的外力确定后，就可用截面法分析梁的内力。现以图 1-3-64（a）所示简支梁为例，来分析距 A 端为 x 处截面 $m-m$ 上的内力。假想沿 $m-m$ 截面将梁截开，任选其中一段，例如左段［图 1-3-64（b）］进行研究。在左段上作用有外力 F_1 和 R_A，为了保持左段平衡，$m-m$ 截面上一定存在内力。为了分析其内力，将作用在左段梁上的所有外力均向截面形心简化，可得一个垂直于轴线的主矢和一个主矩。由此可见，当梁弯曲时，横截面上必然同时存在两种内力分量：与主矢平衡的内力 Q、与主矩平衡的内力偶 M。这种作用线与横截面相切的内力称为剪力，矢量位于所切横截面的内力偶矩称为弯矩。

弯曲变形时的内力分析

悬臂梁弯曲变形

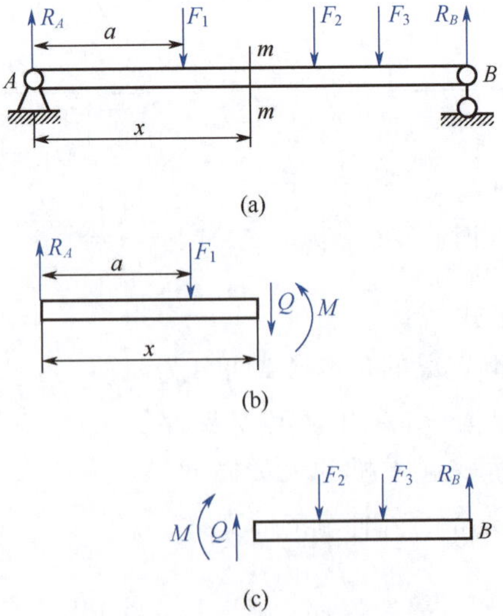

图 1-3-64　简支梁上的内力分析

根据左段梁的平衡方程

$$\Sigma Y = 0, \quad R_A - F_1 - Q = 0$$

得

$$Q = R_A - F_1 \tag{1-3-47}$$

即剪力等于左段梁上所有外力的代数和；由平衡方程

$$\Sigma M_C = 0 \qquad M + F_1(x - a) - R_A x = 0$$

得

$$M = R_A x - F_1(x - a) \tag{1-3-48}$$

即弯矩等于左段梁上所有外力对于形心之矩的代数和。

同理，如果以右段为研究对象［图 1-3-64（c）］，将得到与式（1-3-47）、式（1-3-48）数值相同的剪力和弯矩，但其方向相反，分别构成作用与反作用的关系。为使以上两种情况所得同一横截面的内力具有相同的正负号，对剪力与弯矩的正负做以下规定：凡使所取梁段有做顺时针转动的剪力规定为正［图 1-3-65（a）］，反之为负。凡使所取梁段变形形式呈凹形的弯矩为正［图 1-3-65（b）］，反之为负。

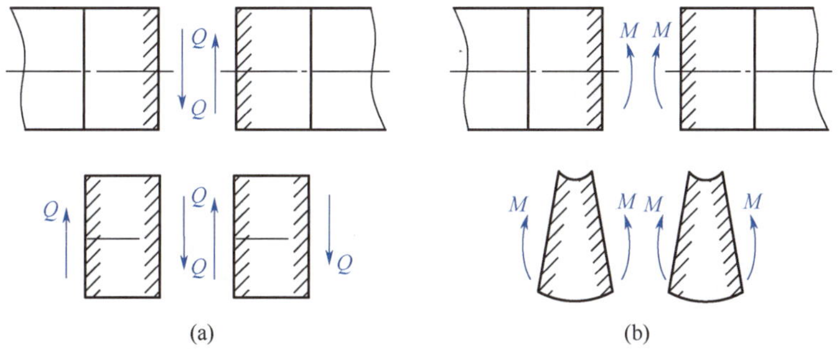

图 1-3-65　剪力和弯矩的正负规定

按照上述规定，一个截面上的剪力和弯矩无论用这个截面的左侧或右侧的外力来计算，所得结果的数值和符号都是一样的。此外，根据上述规则，对水平梁的某一指定截面来说，在它左侧的向上外力，或右侧的向下外力将产生正的剪力；反之即产生负的剪力。至于弯矩则无论在指定截面的左侧或右侧，向上的外力产生正的弯矩，向下的外力产生负的弯矩；截面左侧的顺时针力偶及截面右侧的逆时针力偶产生正弯矩，反之产生负弯矩。

综上所述，可将计算剪力和弯矩的方法总结如下：

（1）对梁进行受力分析，根据整体平衡方程，计算支反力。

（2）在欲求内力的截面处假想将梁截开，并任选一段来研究。

（3）画出所选梁段的受力图，并将图中的剪力和弯矩假设为正。

（4）由平衡方程 $\Sigma Y=0$ 和 $\Sigma M_C=0$ 计算剪力 Q 和弯矩 M，其中 C 为所截横截面的形心。

【例 3-15】悬臂梁受均布载荷作用［图 1-3-66（a）］。已知均布载荷集度为 q，梁长 l。试求指定截面 1-1 和截面 2-2 以及任意截面的剪力和弯矩。

解：(1) 求支反力。取整体为研究对象［图 1-3-66 (b)］并画出受力图。

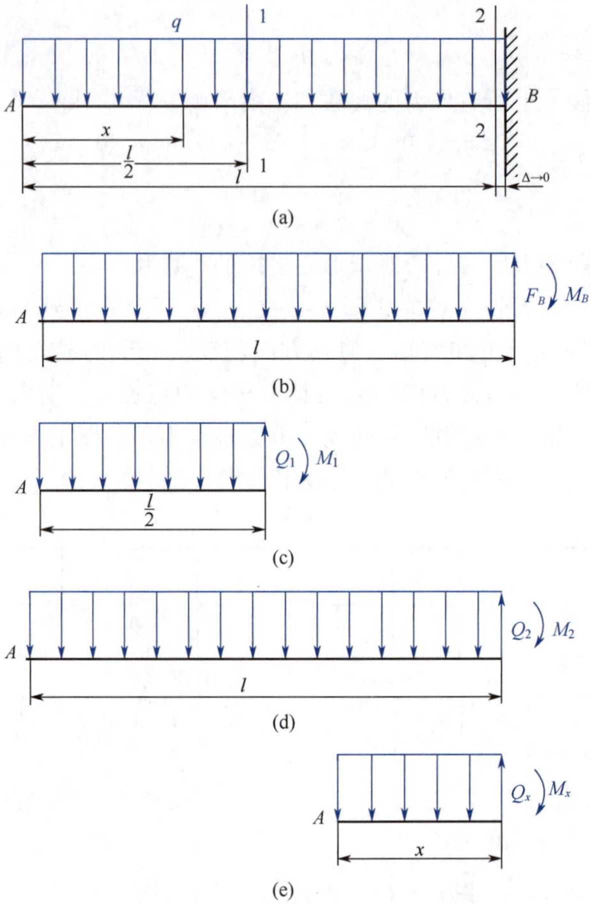

图 1-3-66　均匀分布力作用下的悬臂梁

由 $\Sigma M_B = 0 \quad M_B - ql \times \dfrac{l}{2} = 0$ 得

$$M_B = \frac{1}{2}ql^2$$

由 $\Sigma M_A = 0 \quad M_B - F_B l + ql \times \dfrac{l}{2} = 0$ 得

$$F_B = ql$$

(2) 求指定截面上的剪力和弯矩。设截面 1-1 和截面 2-2 上的剪力和弯矩分别为 Q_1、M_1 与 Q_2、M_2，并取截面左侧为研究对象。

由图 1-3-66 (c) 得

$$Q_1 = -\frac{1}{2}ql$$

$$M_1 = -\frac{1}{2}ql \times \frac{l}{4} = -\frac{1}{8}ql^2$$

由图 1-3-66（d）得

$$Q_2 = -ql$$

$$M_2 = -ql \times \frac{l}{2} = -\frac{1}{2}ql^2$$

（3）求任意截面上的剪力 $Q(x)$ 和弯矩 $M(x)$。任意截面的位置以坐标 x 表示。

由图 1-3-66（e）得

$$Q(x) = -qx$$

$$M(x) = -qx \times \frac{1}{2}x = -\frac{1}{2}qx^2$$

均布载荷的剪刀图、弯矩图绘制

2. 绘制剪力图和弯矩图

由上面例题结果可以看出，在梁的不同横截面上，一般情况下剪力与弯矩均不相同，即剪力与弯矩沿梁轴线是变化的。为了描述剪力与弯矩沿梁轴线的变化情况，沿梁轴线选取坐标 x 表示横截面的位置，并建立剪力、弯矩与坐标 x 的解析表达式，即

$$Q = Q(x) \tag{1-3-49}$$

$$M = M(x) \tag{1-3-50}$$

上述关系式分别称为剪力方程和弯矩方程。

描述剪力与弯矩沿梁轴（坐标 x）变化的另一重要方法是图示法。即以 x 为横坐标轴，表示横截面位置，以 Q 或 M 为纵坐标轴，分别绘制剪力、弯矩沿梁轴线（坐标 x）变化的曲线，上述曲线分别称为剪力图和弯矩图。

剪力、弯矩方程便于分析和计算，剪力、弯矩图形象直观，两者对于解决梁的弯曲强度和刚度问题都必不可少，所以，剪力方程、弯矩方程与剪力图、弯矩图是分析弯曲问题的重要基础。

【例 3-16】 图 1-3-67（a）所示简支梁，在梁上 C 点处承受集中载荷 F 的作用。试画出该梁的剪力图和弯矩图。

解：（1）求支反力。

由平衡方程式 $\Sigma m_B = 0$ 和 $\Sigma m_A = 0$ 得 A 端和 B 端的支反力分别为

$$R_{Ay} = \frac{b}{l}F \qquad R_{By} = \frac{a}{l}F$$

（2）建立剪力、弯矩方程。由于在截面 C 处作用有集中载荷 F，故应将梁划分为 AC 和 CB 两段，分段建立剪力与弯矩方程。

对于 AC 段，选 A 点为原点，坐标轴 x 向右为正，由图 1-3-67（b）可知，该段梁的剪力与弯矩方程分别为

$$Q_1 = \frac{b}{l}F \quad (0 \leqslant x_1 \leqslant a) \tag{a}$$

$$M_1 = Q_1 x_1 = \frac{b}{l}Fx_1 \quad (0 \leqslant x_1 \leqslant a) \tag{b}$$

对于 CB 段，仍选 A 点为原点，坐标轴 x 向右为正，并取右段为研究对象。由图 1-3-67（c）可知，该段梁的剪力与弯矩方程分别为

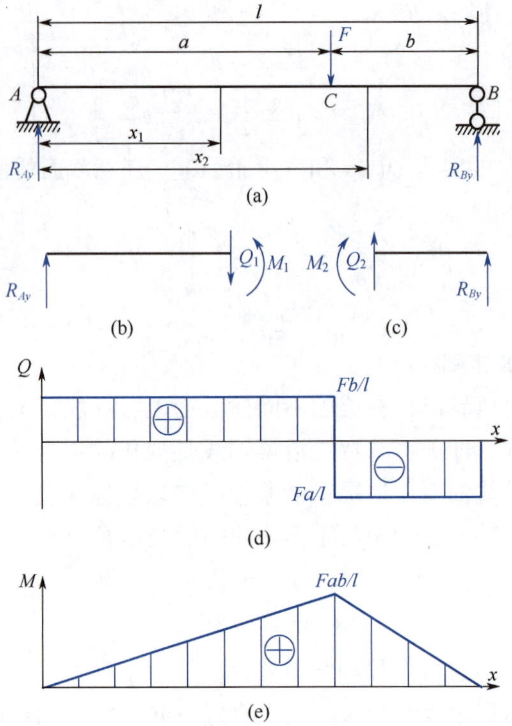

图 1-3-67　简支梁

$$Q_2 = -\frac{a}{l}F \quad (a \leqslant x_2 \leqslant l) \tag{c}$$

$$M_2 = -Q_2(l - x_2) = \frac{a}{l}F(l - x_2) \quad (a \leqslant x_2 \leqslant l) \tag{d}$$

（3）画剪力、弯矩图。根据式式（a）、式（b）、式（c）和式（d）可以看出，剪力方程和弯矩方程的最高次数是一次直线方程，剪力图和弯矩图均是直线，取点列表如下：

位置	AC		CB	
x	0	a	a	l
Q	$\frac{b}{l}F$	$\frac{b}{l}F$	$-\frac{a}{l}F$	$-\frac{a}{l}F$
M	0	$\frac{ab}{l}F$	$\frac{ab}{l}F$	0

根据上表数据，可以作出剪力图和弯矩图，如图 1-3-67（d）、（e）所示。

【例 3-17】 图 1-3-68（a）所示悬臂梁，承受集中载荷 F 与集中力偶 $M_e = Fa$ 的作用。试画出该梁的剪力图和弯矩图。

解：（1）求支反力。由平衡方程式 $\Sigma M_B = 0$ 和 $\Sigma M_A = 0$ 得 B 端的支反力

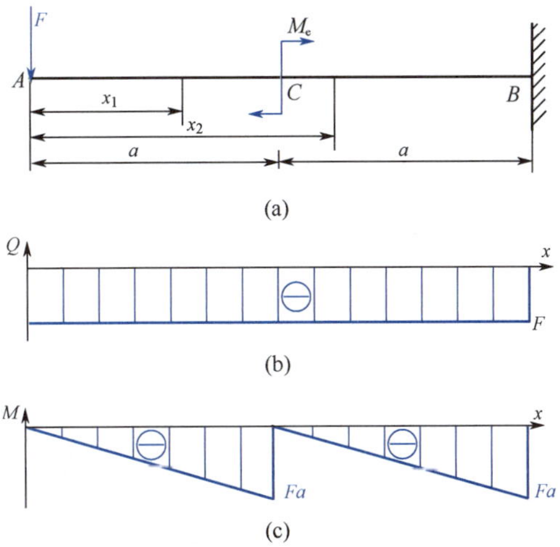

图 1-3-68　悬臂梁的剪力弯矩图

$$M_B = Fa(\text{顺时针}) \qquad R_By = F(\text{向上})$$

（2）建立剪力、弯矩方程。由于在截面 C 处作用有集中力偶，故应将梁划分为 AC 和 CB 两段，分段建立剪力与弯矩方程。

对于 AC 段，选 A 点为原点，坐标轴 x 向右为正，该段梁的剪力与弯矩方程分别为

$$Q_1 = -F \quad (0 \leqslant x_1 \leqslant a) \tag{a}$$

$$M_1 = -Fx_1 \quad (0 \leqslant x_1 \leqslant a) \tag{b}$$

对于 CB 段，仍选 A 点为原点，坐标轴 x 向右为正，该段梁的剪力与弯矩方程分别为

$$Q_2 = -F \quad (a \leqslant x_2 \leqslant 2a) \tag{c}$$

$$M_2 = F(a - x_2) \quad (a \leqslant x_2 \leqslant 2a) \tag{d}$$

（3）画剪力、弯矩图。根据式（a）、式（b）、式（c）和式（d）可以看出，剪力方程和弯矩方程的最高次数是一次直线方程，剪力图和弯矩图均是直线，取点列表如下：

位置	AC		CB	
x	0	a	a	$2a$
Q	$-F$	$-F$	$-F$	$-F$
M	0	$-Fa$	0	$-Fa$

根据上表数据，可以做出剪力图和弯矩图如图 1-3-68（b）、（c）所示。

由上面两个例题可以看出，作剪力图和弯矩图的步骤通常分为三步：

（1）由平衡方程求支反力。

（2）由截面法建立剪力方程与弯矩方程。

（3）取点列表画出剪力图和弯矩图。

【例 3-18】 图 1-3-69（a）所示简支梁，承受均布荷载 q 的作用。试画出该梁的剪力图和弯矩图。

解：（1）求支反力。

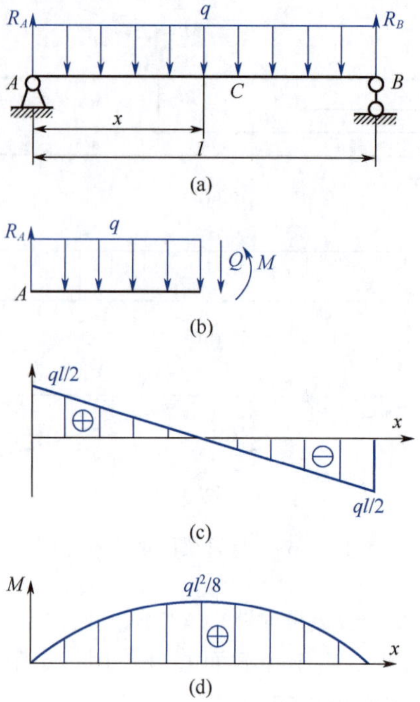

图 1-3-69　均布力作用的简支梁

由平衡方程式 $\Sigma M_B=0$ 和 $\Sigma M_A=0$ 得 B 端的支反力为

$$R_A=R_B=\frac{1}{2}ql$$

（2）建立剪力、弯矩方程。

由图 1-3-69（b）可得

$$Q=\frac{1}{2}ql-qx$$

$$M=\frac{1}{2}qlx-\frac{1}{2}qx^2$$

（3）画剪力、弯矩图。

根据建立剪力和弯矩方程可以看出，剪力方程和弯矩方程的最高次数是二次抛物线方程，剪力图和弯矩图均是曲线，取点列表如下：

位置	AC			CB	
x	0	$\frac{1}{4}l$	$\frac{1}{2}l$	$\frac{3}{4}l$	l
Q	$\frac{1}{2}ql$	$\frac{1}{4}ql$	0	$-\frac{1}{4}ql$	$-\frac{1}{2}ql$
M	0	$\frac{3}{32}ql^2$	$\frac{1}{8}ql^2$	$\frac{3}{32}ql^2$	0

根据上表数据，可以作出剪力图和弯矩图，如图 1-3-69（c）、（d）所示。

通过上面三个例题的剪力图和弯矩图可以看出，梁受集中力、集中力偶和均布载荷作用时剪力图和弯矩图有以下特点：

（1）在梁的一段内如果只在两端受力，则剪力图为一水平直线，弯矩图为一斜直线。

（2）在集中力作用处，其左右两侧横截面上的弯矩相同，而剪力发生突变，突变量等于该集中力之值。

（3）在集中力偶作用处，其左右两侧横截面上的剪力相同，而弯矩则发生突变，突变量等于该力偶之矩。

（4）在梁的一段内如果受均布载荷作用，则剪力图为一斜直线，弯矩图为一抛物线，且在 $Q=0$ 处弯矩图为一极值点。

【例 3-19】 图 1-3-70（a）所示的外伸梁，承受均布载荷 q、集中载荷 F 与集中力偶 M_e 的作用，其中 $F=qa$，$M_e=qa^2$，试画出该梁的剪力图和弯矩图。

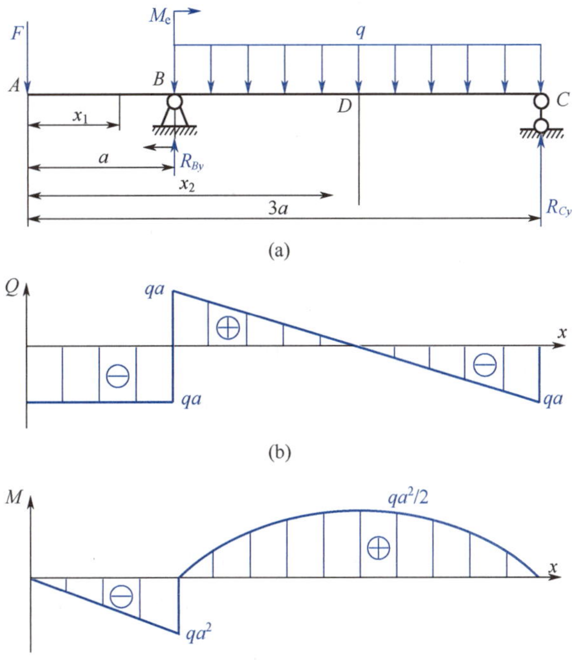

图 1-3-70　外伸梁的剪力弯矩图

解：（1）求支反力。

由平衡方程式 $\Sigma M_B=0$ 和 $\Sigma M_C=0$ 得两端的支反力为

$$R_{By}=2qa \qquad R_{Cy}=qa$$

方向如图 1-3-70 所示。

（2）建立剪力、弯矩方程。

选坐标 x_1、x_2 如图 1-3-70（a）所示，可得梁 AB 段、CB 段剪力、弯矩方程分别为

$$Q_1 = -qa \quad (0 \leqslant x_1 \leqslant a)$$
$$M_1 = -qax_1 \quad (0 \leqslant x_1 \leqslant a)$$
$$Q_2 = q(2a - x_2) \quad (a \leqslant x_2 \leqslant 3a)$$
$$M_2 = \frac{1}{2}q(-3a^2 + 4ax_2 - x_2^2) \quad (a \leqslant x_2 \leqslant 3a)$$

（3）画剪力、弯矩图。

根据建立的剪力和弯矩方程可以看出，剪力方程和弯矩方程的最高次数是二次抛物线方程，剪力图为直线，弯矩图均是曲线，取点列表如下：

位置	AC		CB		
x	0	a	a	$2a$	$3a$
Q	$-qa$	$-qa$	qa	0	$-qa$
M	0	$-qa^2$	0	$\frac{1}{2}qa^2$	0

根据上表数据，可以作出剪力图和弯矩图，如图 1-3-70（b）、（c）所示。

（4）检验剪力图和弯矩图的正确性。

首先检查 A、B 和 C 处的剪力及弯矩值的正确性。A 处有向下集中力 F，故 A 偏右截面上剪力为 $Q=-qa$，弯矩为零。B 点有支反力 $R_{By}=2qa$ 作用，左、右截面剪力突变值

$$|\Delta Q| = |qa - (-qa)| = 2qa$$

B 点有集中力偶 $M_e = qa^2$ 作用，其左、右截面弯矩突变值

$$|\Delta M| = |-qa^2 - 0| = qa^2$$

端面 C 有支反力作用，又无集中力偶，故

$$Q_C = -R_{Cy} = -qa$$
$$M_C = 0$$

因此，上述三点剪力、弯矩值正确。再检验剪力、弯矩图。AB 段无载荷，故剪力图应是一条水平直线，弯矩图应是一条斜直线。BC 段为向下的均布载荷，故剪力图应是一条递减斜直线，弯矩图应是一凸抛物线，而且在 $x_D=2a$ 处，$Q=0$，弯矩图应该形成一极值。对照剪力、弯矩图，符合上述分析，故梁的剪力、弯矩图形状正确。

三、梁的应力分析

通过前面的分析，在载荷作用下，梁横截面上一般同时存在剪力和弯矩。由于只有剪应力才可能构成剪力，只有正应力才可能构成弯矩，因此，梁横截面上将同时存在正应力和剪应力。梁弯曲时横截面上的正应力与剪应力分别称为弯曲正应力与弯曲剪应力。

弯曲变形时的应力分析

为了研究弯曲正应力在梁横截面上的分布规律，取一段只有弯矩而无剪力的梁来研究，在此情况下的弯曲称为纯弯曲。例如，在具有纵向对称面的简支梁上，距梁两端各为 a 处，分别作用一横向力 F，如图 1-3-71（a）所示。从该梁的剪力、弯矩图可知，梁中间一段各横截面上的剪力均为零，弯矩为一常

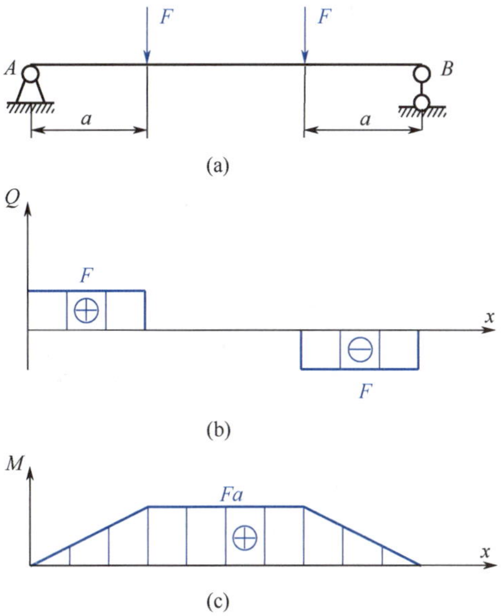

图 1-3-71　受集中载荷作用的简支梁

数，即 $M=Fa$，如图 1-3-71（b）、（c）所示，因此，该梁中间一段为纯弯曲。

研究梁的弯曲正应力的方法与扭转相似，以实验为基础，从分析梁的变形入手，根据变形情况分析横截面上应力的性质和分布规律，并推导出应力计算公式。

（一）弯曲实验与变形假设

首先观察梁的变形。取一具有纵向对称截面的梁（如矩形截面梁），在梁表面画出纵向线 ab、cd 以及横向线 1－1、2－2［图 1-3-72（a）］。然后在梁纵向对称面内加载，使梁处于纯弯曲状态，其弯矩为 M［图 1-3-72（b）］。可观察到以下现象：

梁的纯弯曲变形

（1）梁表面的横向线仍为直线，仍与纵向线正交，只是横向线之间做相对转动。

（2）纵向线弯成曲线，靠近梁底面的纵向线伸长，靠近梁顶面的纵向线缩短，但纵向线之间的距离保持不变。

（3）原来的矩形截面，在纵向线伸长的下部变窄，在纵向线缩短的上部变宽。

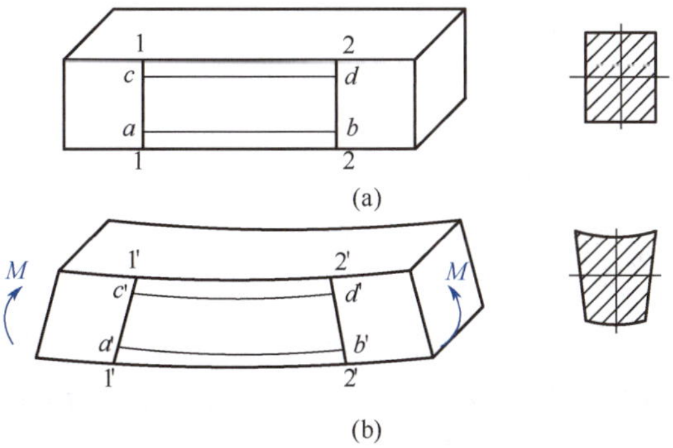

图 1-3-72　纯弯曲变形

根据上述现象，对于梁的变形和受力做如下假设：

（1）平面假设。变形前原为平面的梁的横截面变形后仍保持平面，且仍与变形后的梁轴线正交。在变形过程中，梁横截面只不过发生了“刚性”转动。

（2）单向受力假设。梁的纵向“纤维”仅发生轴向伸长或缩短，即只承受轴向拉力或压力，也就是说，纵向“纤维”之间无挤压。因此，可以运用轴向拉压的胡克定律。

上述假设已被许多实验和理论分析所证实。

根据平面假设，梁弯曲时部分纵向“纤维”伸长，部分纵向“纤维”缩短，由变形连续性基本假设可知，从伸长区到缩短区，其间必存在既不伸长也不缩短的过渡层，将这层长度不变的“纤维”层称为中性层。中性层与横截面的交线称为中性轴，如图 1-3-73 所示。平面弯曲时，梁的变形对称于纵向对称面，故中性轴必然垂直于截面的纵向对称轴。以中性轴为界，横截面上凹面一侧各点为压应力，凸面一侧各点为拉应力。

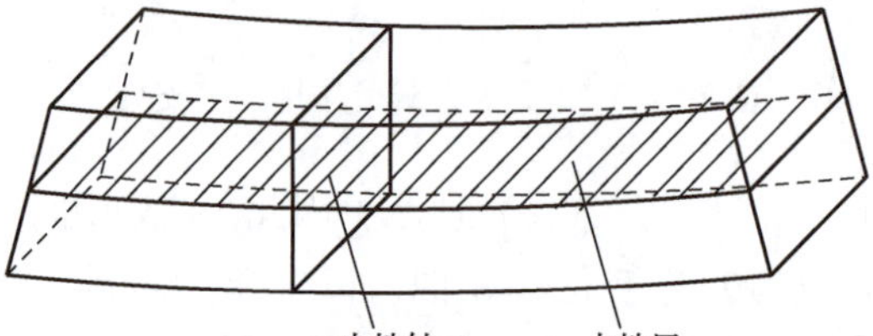

图 1-3-73　中性轴与中性层

因此，梁纯弯曲的特征为：保持平面的横截面绕中性轴作相对转动，且正交于变形后的梁轴线。纵向“纤维”均处于单向受力状态。

（二）弯曲正应力的一般公式

推导纯弯曲梁横截面上的正应力公式，与推导扭转剪应力公式相似，也需要从变形的几何关系、物理关系和静力学三方面来考虑。

1. 几何关系

纯弯曲梁的纵向“纤维”由直线变为圆弧，相距 dx 的两横截面 $1'-1'$和 $2'-2'$绕中性轴发生相对转动，如图 1-3-74 所示。横截面 $1'-1'$和 $2'-2'$，延长相交于 O，O 即为中性层的曲率中心。设中性层的曲率半径为 ρ，此两横截面夹角为 dθ，则距中性层为 y 处纵向“纤维”$a'b'$的正应变为

$$\varepsilon = \frac{(\rho + y)\mathrm{d}\theta - \rho\mathrm{d}\theta}{\rho\mathrm{d}\theta} = \frac{y}{\rho} \qquad (1-3-51)$$

实际上，由于距中性层等远各纵向“纤维”的变形相同，所以，上述正应变 ε 即代表距中性层为 y 的任一纵向“纤维”的正应变。

2. 物理关系

根据单向受力假设，各纵向“纤维”处于单向拉伸或压缩状态，因此，当正应力不超过材料的比例极限时，胡克定律成立，由此得横截面上距中性层 y 处的正应力为

$$\sigma = E\varepsilon = E \cdot \frac{y}{\rho} \qquad (1-3-52)$$

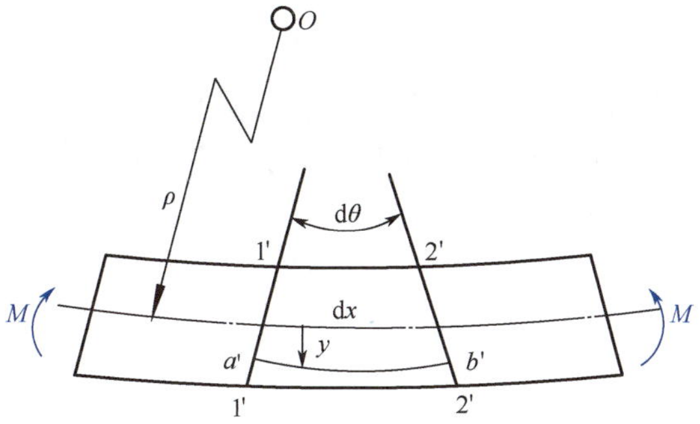

图 1-3-74　纯弯曲梁的弯曲变形

式（1-3-52）就是梁纯弯曲时横截面上的止应力分布规律。由此式可知，横截面上任一点处的正应力与该点到中性轴的距离成正比，距中性轴等远的同一横线上的各点处的正应力相等，中性轴上各点的正应力均为零。正应力分布如图 1-3-75（a）所示，一般用图 1-3-75（b）简便地表示。

3. 静力学关系

上面虽已得到正应力分布规律，但还不能用式（1-3-52）直接计算梁纯弯曲时横截面上的正应力。至此有两个问题尚未解决：一是中性层的曲率半径 ρ 仍未知；二是中性轴位置未知，故式（1-3-52）中的 y 还无从确定。解决这两个问题，需要借助于静力学关系。

令横截面纵向对称轴为 y 轴，中性轴为 z 轴，在坐标（y，z）处取一微面积 dA，法向微内力为 $\sigma \cdot dA$，如图 1-3-76 所示，横截面各点的法向微内力组成一空间平行力系，而且横截面上不存在轴力，仅存在位于 $x-y$ 平面内的弯矩 M，因此

$$\int_A \sigma dA = 0 \tag{1-3-53}$$

$$\int_A \sigma y dA = M \tag{1-3-54}$$

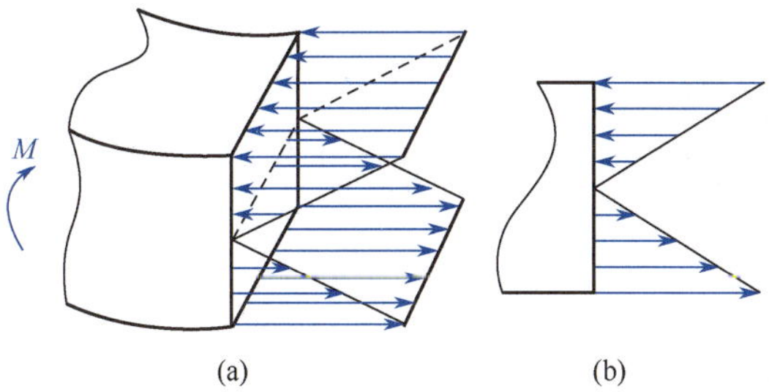

图 1-3-75　梁横截面上正应力分布

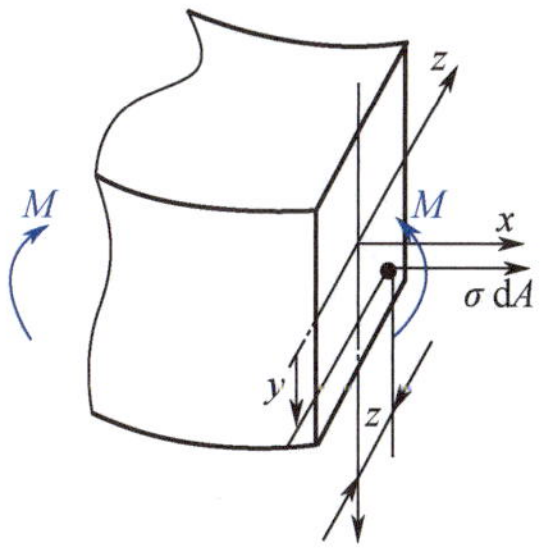

图 1-3-76　弯矩和正应力关系

将式（1-3-52）代入式（1-3-53）得

$$\int_A \frac{E}{\rho} y dA = \frac{E}{\rho}\int_A y dA = 0$$

由于 $E/\rho \neq 0$，故

$$\int_A y\mathrm{d}A = 0 \tag{1-3-55}$$

式（1-3-55）中左边的积分代表横截面对 z 轴的静矩 S_Z，只有当 z 轴通过横截面形心时，静矩 S_Z 才为零。由此可见，中性轴通过横截面形心。

将式（1-3-52）代入式（1-3-54），得

$$\int_A \frac{E}{\rho}y^2\mathrm{d}A = \frac{E}{\rho}\int_A y^2\mathrm{d}A = \frac{E}{\rho}I_Z = M$$

即

$$\frac{1}{\rho} = \frac{M}{EI_Z} \tag{1-3-56}$$

此式为用曲率表示的弯曲变形公式，式中 $I_Z = \int_A y^2\mathrm{d}A$ 代表横截面对 z 轴的惯性矩。

上式表明，中性层的曲率 $1/\rho$ 与弯矩 M 成正比，与 EI_Z 成反比，乘积 EI_Z 称为梁横截面的抗弯刚度。惯性矩 I_Z 综合地反映了横截面的形状与尺寸对弯曲变形的影响。

将式（1-3-56）代入式（1-3-52），于是得纯弯曲时梁横截面上的正应力计算公式为

$$\sigma = \frac{My}{I_Z} \tag{1-3-57}$$

此式为弯曲正应力的一般公式。可以证明，此公式对于非纯弯曲的情况同样适用。

利用式（1-3-57）进行计算时，通常将弯矩 M 和所求应力点到中性轴的距离 y 均代以绝对值，而正应力的拉、压由观察判断。

同时还要指出，弯曲变形公式（1-3-56）与弯曲正应力公式（1-3-57）只适用于线弹性范围。

4. 最大弯曲正应力

工程中最感兴趣的是横截面上的最大正应力，也就是横截面上距中性轴最远的各点处的正应力。将 $y = y_{\max}$ 代入式（1-3-57）得到

$$\sigma_{\max} = \frac{My_{\max}}{I_Z} \tag{1-3-58}$$

令

$$W_Z = \frac{I_Z}{y_{\max}} \tag{1-3-59}$$

式中，W_Z 称为抗弯截面系数，此值仅与截面的形状和尺寸有关。于是，最大弯曲正应力为

$$\sigma_{\max} = \frac{M}{W_Z} \tag{1-3-60}$$

式（1-3-60）表明，最大弯曲正应力与弯矩成正比，与抗弯截面系数成反比。抗弯截面系数 W_Z 综合反映了横截面形状和尺寸对弯曲正应力的影响。

5. I_Z 与 W_Z 的计算

由计算可知，矩形截面、圆形截面和圆环形截面对 z 轴的惯性矩（图 1-3-77）分别为

$$I_Z = \frac{1}{12}bh^3,\quad I_Z = \frac{\pi}{64}d^4,\quad I_Z = \frac{\pi}{64}D^4(1-\alpha^4) \tag{1-3-61}$$

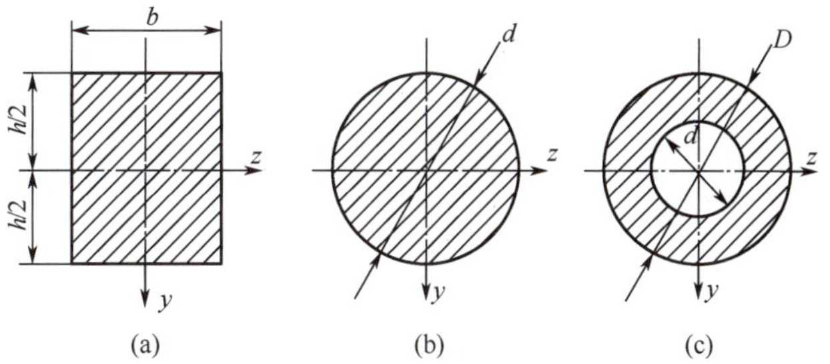

图 1-3-77　几种不同横截面

由式（1-3-61）可知，矩形截面、圆形截面和圆环形截面对 z 轴的抗弯截面系数分别为

$$W_z = \frac{1}{6}bh^2,\quad W_z = \frac{\pi}{32}d^3,\quad W_z = \frac{\pi}{32}D^3(1-\alpha^4) \tag{1-3-62}$$

式中　α——等于 d/D，圆环截面的内、外径之比。

【例 3-20】 图 1-3-78（a）所示悬臂梁，承受载荷如图所示，其中 $F=5\text{kN}$，$M_e=7.5\text{kN·m}$，试求梁上 B 点偏左截面 1-1 上的最大弯曲正应力、K 点处正应力及全梁最大弯曲正应力。

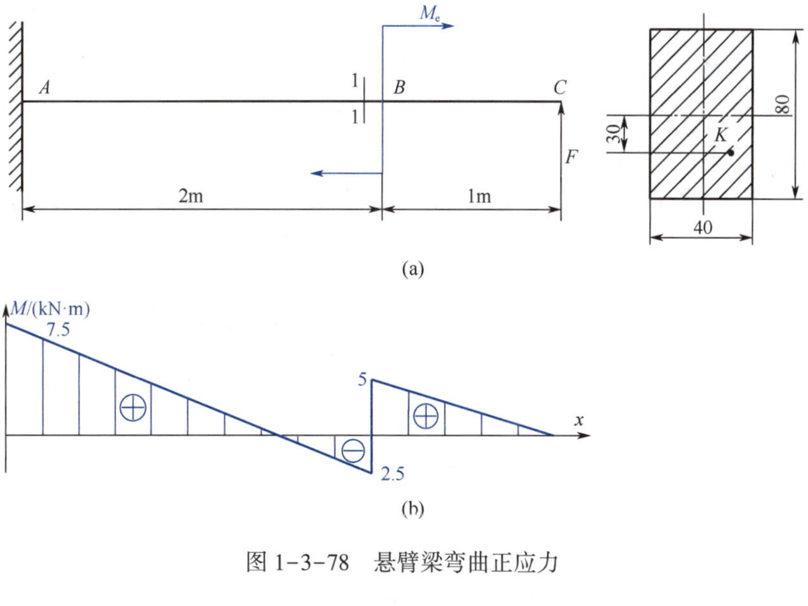

图 1-3-78　悬臂梁弯曲正应力

解：（1）内力分析，作弯矩图。

作该梁的弯矩图如图 1-3-78（b）所示，由弯矩图知，截面 1-1 的弯矩为

$$M = -2.5\text{kN·m}$$

全梁最大弯矩在梁固定端截面 A 处，即

$$M_{max} = 7.5\text{kN·m}$$

（2）计算弯曲正应力。

截面 1-1 上，图示 K 点的弯曲正应力为

$$\sigma_K=\frac{My_K}{I_z}=\frac{12My_K}{bh^3}=\frac{12\times2.5\times10^6\times30}{40\times80^3}=44(\text{MPa})$$

计算时，弯矩只取绝对值计算，由于该截面弯矩为负，中性轴以下部分受压，故 K 点为压应力。

截面 1-1 上的最大弯曲正应力

$$\sigma_{1\max}=\frac{M}{W_Z}=\frac{6M}{bh^2}=\frac{6\times2.5\times10^6}{40\times80^2}=58.6(\text{MPa})$$

由于梁横截面为矩形，故全梁最大弯曲正应力产生在最大弯矩作用截面上，其值为

$$\sigma_{\max}=\frac{M_{\max}}{W_Z}=\frac{6M_{\max}}{bh^2}=\frac{6\times7.5\times10^6}{40\times80^2}=175.8(\text{MPa})$$

$\sigma_{1\max}$、$\sigma_{\max}$ 均发生在各自作用截面的上、下边缘处，因弯矩 M 为负值，截面 1-1 的上边缘为拉应力，下边缘为压应力；而 $M_{\max}$ 为正值，固定端 A 截面的上边缘为压应力，下边缘为拉应力。

四、梁的强度计算

弯曲变形时的强度计算

对一般细长非薄壁截面梁，通常只需要按弯曲正应力强度条件进行计算就可以了。

一般等截面直梁弯曲时，弯矩最大（包括最大正弯矩和最大负弯矩）的横截面都是梁的危险截面。如果梁的拉伸和压缩许用应力相等，则绝对值最大的弯矩截面为危险截面，最大弯曲正应力 $\sigma_{\max}$ 就在危险截面的上下边缘处。为了保证梁能安全工作，最大工作应力 $\sigma_{\max}$ 就不得超过材料的许用正应力 $[\sigma]$，于是梁弯曲正应力的强度条件为

$$\sigma_{\max}=\frac{M_{\max}}{W_Z}\leqslant[\sigma] \qquad (1-3-63)$$

如果梁的材料是铸铁、陶瓷等脆性材料，其拉伸与压缩许用应力不相等，则应分别求出最大正弯矩、最大负弯矩所在横截面上的最大拉应力和最大压应力，于是抗拉强度条件和抗压强度条件分别为

$$\sigma_{\max}^{+}=\frac{My_{\max}^{+}}{I_Z}\leqslant[\sigma^{+}] \qquad (1-3-64)$$

$$\sigma_{\max}^{-}=\frac{My_{\max}^{-}}{I_Z}\leqslant[\sigma^{-}] \qquad (1-3-65)$$

式中　$[\sigma^{+}]$ 和 $[\sigma^{-}]$ ——分别为材料的许用拉应力和许用压应力。

进行弯曲正应力强度计算的一般步骤为：

（1）根据梁约束的性质分析梁的受力，确定约束反力。

（2）画出梁的弯矩图，根据弯矩图确定可能的危险截面。

（3）确定可能的危险点：对于拉、压强度相同的材料（如低碳钢等），最大拉应力作用点与最大压应力作用点具有相同的危险性，通常不加区分；对于拉、压强度不同的

材料（如铸铁等脆性材料）最大拉应力作用点和最大压应力作用点都有可能是危险点。

（4）应用正应力强度条件进行强度计算。对于拉伸和压缩强度相等的材料，应用强度条件式（1-3-63），对于拉伸和压缩强度不相等的材料，应用强度条件式（1-3-64）和式（1-3-65）进行强度计算。根据强度条件，可以解决梁在平面弯曲时的三类强度问题，即强度校核、截面设计以及确定许可载荷。

【例 3-21】 图 1-3-79（a）所示为造纸机上的圆截面辊轴，中段 BC 受均布载荷作用。已知载荷集度 $q=1\text{kN/mm}$，许用正应力 $[\sigma]=140\text{MPa}$，试设计辊轴的截面直径。

解：（1）计算支反力。

辊轴的计算简图如图 1-3-79（b）所示，两端铰支座的反力为

$$R_{Ay}=R_{Dy}=\frac{1}{2}\times1\times1400=700(\text{kN})$$

（2）作梁的弯矩图。

弯矩图如图 1-3-79（c）所示，由弯矩图可知，梁内最大弯矩

$$M_{\max}=455\text{kN}\cdot\text{m}$$

截面 B、C 的弯矩：$M_B=M_C=210\text{kN}\cdot\text{m}$

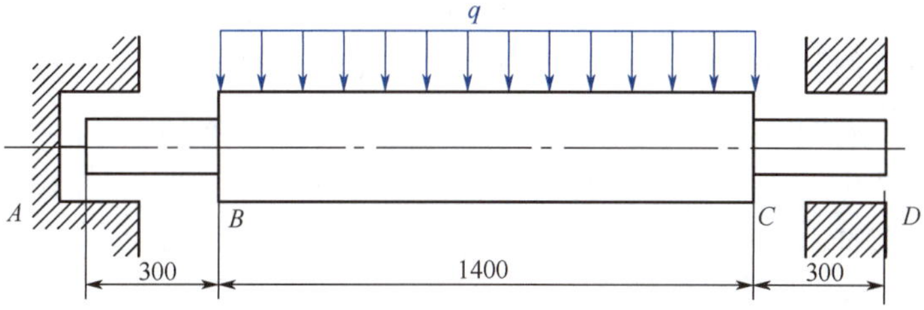

(a)

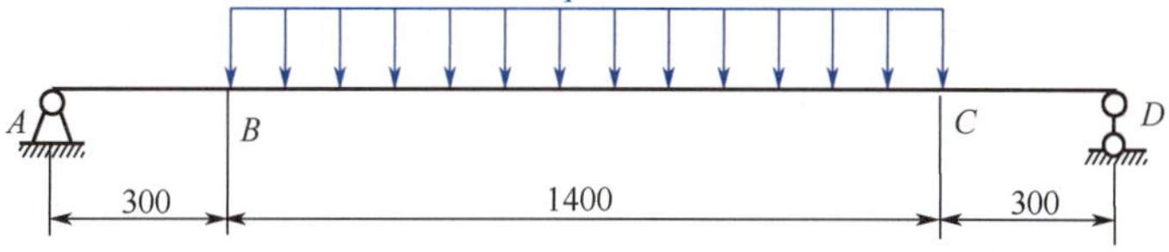

(b)

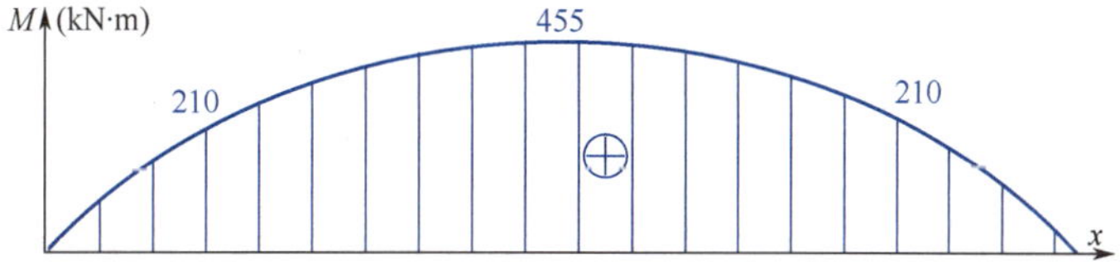

(c)

图 1-3-79　造纸机辊轴弯曲分析

（3）确定截面直径。

在辊轴中段 BC，根据弯曲正应力强度条件

$$\sigma_{\max}=\frac{M_{\max}}{W_{Z1}}=\frac{32M_{\max}}{\pi d_1^{\ 3}}\leqslant[\sigma]$$

得该段直径

$$d_1 \geqslant \sqrt[3]{\frac{32M_{\max}}{\pi[\sigma]}} = \sqrt[3]{\frac{32 \times 455 \times 10^6}{\pi \times 140}} = 321(\text{mm})$$

在辊轴的 AB、CD 段，根据弯曲正应力强度条件

$$\sigma_{\max} = \frac{M_B}{W_{Z2}} = \frac{32M_B}{\pi d_2^{\ 3}} \leqslant [\sigma]$$

得此两段直径

$$d_2 \geqslant \sqrt[3]{\frac{32M_B}{\pi[\sigma]}} = \sqrt[3]{\frac{32 \times 210 \times 10^6}{\pi \times 140}} = 248(\text{mm})$$

所以，辊轴中间一段直径 $d_1 = 321$mm，两边直径 $d_2 = 248$mm。

五、提高梁弯曲强度的主要措施

前面已经讲到，对于细长梁，影响梁强度的主要因素是横截面上的正应力，因此，提高梁的强度，就是设法降低梁横截面上的正应力数值。工程中主要从以下几方面提高梁的强度。

1. 选择合理的截面形状

梁横截面上的弯曲正应力沿着高度方向线性分布，离中性轴越远的点，正应力越大，中性轴附近的各点正应力很小。当离中性轴最远各点处的正应力达到许用应力值时，中性轴附近的各点正应力还很小。因此，可以认为横截面上中性轴附近的材料没有被充分利用。为了使这部分材料得到充分利用，在不破坏截面整体性的前提下，可以将中性轴附近的材料移到距离中性轴较远处，从而形成“合理截面”。工程结构中常用的空心截面和各种各样的薄壁截面（例如工字形、槽形、盒形截面等），都是比较合理的截面形状。

根据上述原则，对于抗拉与抗压强度相同的塑性材料，宜采用中性轴为对称轴的截面，如圆形截面、矩形截面、工字形截面等。当截面面积一定时，圆形截面［图 1-3-80（a）］的抗弯截面系数小于矩形截面［图 1-3-80（b）］的抗弯截面系数，因此从强度方面考虑，选取矩形截面比选择圆形截面更合理。

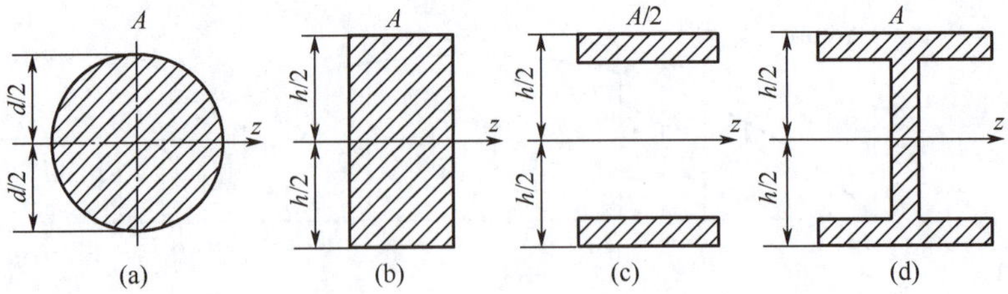

图 1-3-80　常见的梁截面形状

对于给定截面面积为 A 和高度为 h 的截面，最有利的情况是将材料的一半各分布在距中性轴 $h/2$ 处［图 1-3-80（c）］，然而这种极限情况是不可能实现的，因为在梁中性轴附近，必须有一定的材料将两翼缘连接起来，如工字形截面就比较接近上述情况［图 1-3-80（d）］。

对于拉压许用应力不相等的脆性材料梁，采用 T 字形、槽形等只有一根对称轴的截面较为合理。这种截面的中性轴一般偏向截面的上缘或下缘，在安装支撑和施加外载荷时，应尽量使最大拉应力发生在距中性轴较近的一缘，如图 1-3-81 所示。

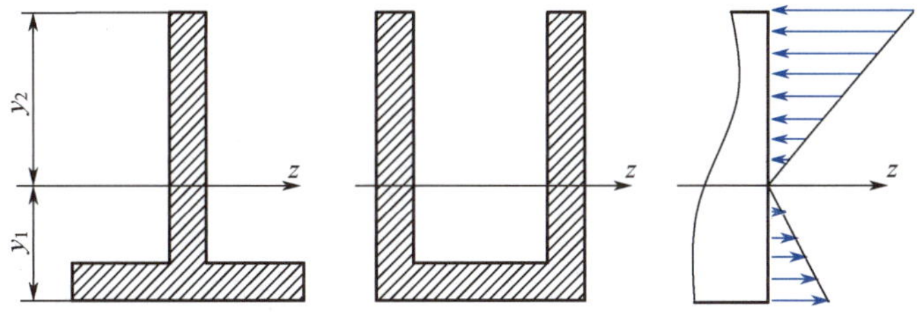

图 1-3-81　选择合理的截面形状

2. 采用等强度梁

梁弯曲强度设计是保证梁的危险截面上的最大正应力必须满足强度条件

$$\sigma_{\max} = \frac{M_{\max}}{W_Z} \leqslant [\sigma] \tag{1-3-66}$$

在多数情形下，梁上只有一个或者少数几个截面上的弯矩达到最大值，也就是说只有极少数截面是危险截面。当危险截面上的最大正应力达到许用应力时，其他大多数截面上的最大正应力还没有达到许用应力值，有的甚至远远低于许用应力值，这些截面处的材料就没有被充分利用。

为了合理地利用材料，减轻结构重量，很多工程构件都设计成变截面的：弯矩大的地方截面大一些，弯矩小的地方截面小一些。如果使每一个截面上的最大正应力都相等，这样设计出的梁称为等强度梁，如图 1-3-82（a）所示。为了实际应用方便，常将梁沿图 1-3-82（a）虚线所示分割成若干狭长条，然后叠在一起，如图 1-3-82（b）所示。车辆上的叠板弹簧就是按这种方法做成的。

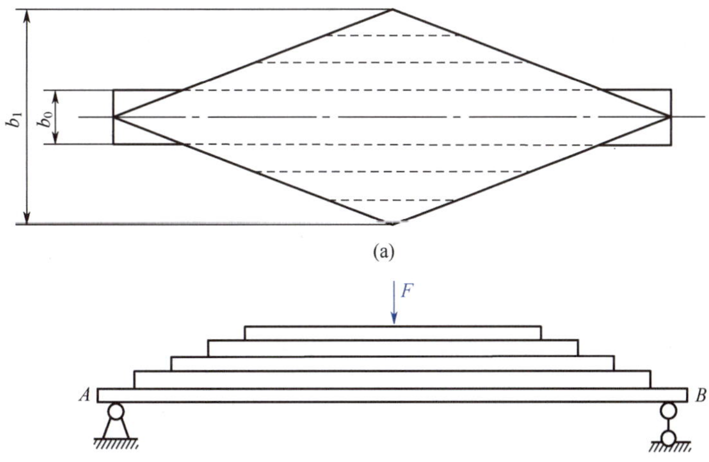

图 1-3-82　等强度梁

3. 改善梁的受力状况

提高梁强度的另一重要措施就是改善梁的受力状况。改善梁的受力情况，一是改变加载方式，二是合理安排梁的支承，其最终目的就是减小梁上的最大弯矩值。

例如图 1-3-83（a）所示的简支梁 *AB* 中，跨度中点承受集中载荷 *F* 作用，则梁内最大弯矩为

$$M_{max} = \frac{1}{4}Fl$$

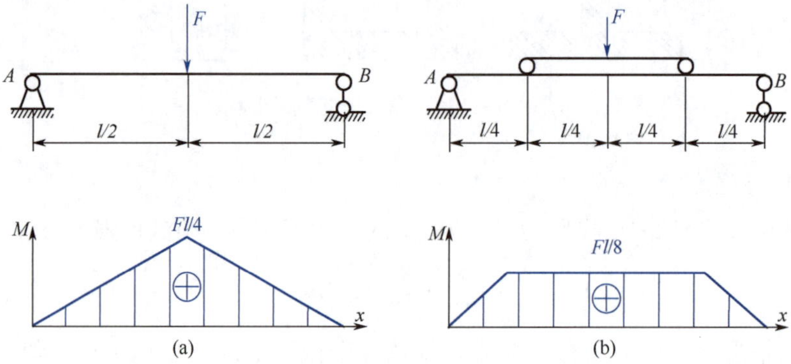

图 1-3-83　合理分布载荷

如果在梁的中部设置一长为 $l/2$ 的辅助梁 *CD*［图 1-3-83（b）］，则最大弯矩变为

$$M_{max} = \frac{1}{8}Fl$$

这时，梁 *AB* 内的最大弯矩减少一半。

再如图 1-3-84（a）所示简支梁，承受均布载荷 q 作用，梁的最大弯矩为

$$M_{max} = \frac{1}{8}ql^2$$

如果将两端的铰支座各向内移动 $0.2l$［图 1-3-84（b）］，则最大弯矩变为

$$M_{max} = \frac{1}{40}ql^2$$

即后者的最大弯矩为前者的 1/5。但是随着支座向梁的中点移动，梁中间截面上弯矩减小，而支座处截面上的弯矩却逐渐增大，最合理的位置是使梁中间截面上的弯矩值正好等于支座处截面上的弯矩。有兴趣的读者不妨计算一下最合理的位置应该在哪里。

上述实例说明，合理安排支承和加载方式，将显著地减少梁内最大弯矩，提高梁的弯曲强度。

最后需要指出的是，实际构件的截面形状和加载方式等不仅与强度有关，还与工艺要求、结构功能等因素有关，因而在工程设计中应全面考虑各种因素。

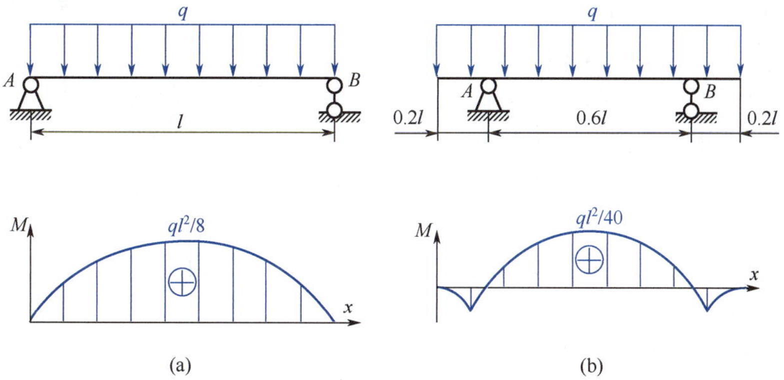

图1 3 84 合理分布约束

六、弯曲变形和刚度条件

研究梁的变形的目的：一是解决梁的刚度问题；二是求解简单的静不定问题；三是为以后研究压杆稳定提供有关基础。

1. 工程中的弯曲变形问题

工程中的很多结构或构件在弯曲变形时，对于刚度都有一定的要求。一类是要求构件的弯曲位移不得超过一定的数值。例如桥式起重机的行车大梁在起吊重物时，若其弯曲变形过大，则小车行驶时就要发生振动；传动轴的弯曲变形过大，则不仅会使齿轮不能很好地啮合，还会使轴颈和轴承产生不均匀的磨损；管道的弯曲变形过大，将影响管道内物料的正常输送，出现积液、沉淀和法兰联结不密等现象；造纸机上的轧辊，若弯曲变形过大，生产出来的纸张就会厚薄不均，成为废品。另一类是要求构件能产生足量的变形。例如各种钢板弹簧，变形大可缓和车辆所受到的冲击和振动；又如继电器中的簧片，为了有效地接通和断开电源，在电磁力作用下必须保证触点处有足够大的变形。

可见，弯曲变形分析在工程构件设计中占有一定的地位。此外，变形分析也是解决静不定问题和振动问题的基础。

2. 挠度、转角及其相互关系

在外力作用下，梁的轴线由直线变为曲线。平面弯曲中，梁变形后的曲线是一条连续光滑的平面曲线，称为梁的挠曲线，如图1 3 85所示。

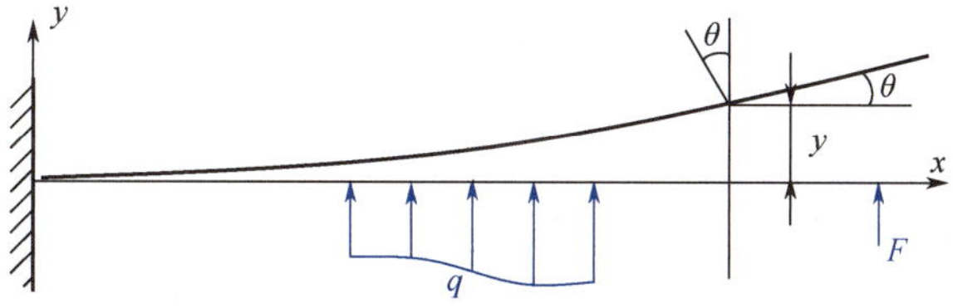

图1-3-85 梁的弯曲变形

研究表明，剪力对细长杆的影响可以不计。因此，当梁发生弯曲变形时，各横截面仍保持为平面，且垂直于梁的挠曲线，并绕中性轴转动。

由此可见，梁的变形可以用横截面形心的位移及截面的角位移来描述。梁上任一横截面的形心在垂直于变形前梁轴方向的位移称为该横截面的挠度，用 y 表示。不同的截面挠度一般不相同，所以，如果沿梁变形前的轴线建立坐标轴 x，则有

$$y = y(x) \tag{1-3-67}$$

在小变形的情况下，横截面的形心在 x 方向的位移可以不计，所以上式代表了挠曲线的解析表达式，称为梁的挠曲线方程。

横截面绕其中性轴转过的角度 θ 称为转角。如在梁的挠曲线上任意一点引一切线，这条切线的倾角就等于横截面的转角。转角的正负规定为：逆时针转向规定为正，反之为负。图 1-3-85 所示的转角即为正值。

工程实际中，梁的转角一般都很小，于是可得

$$\theta \approx \tan\theta = \frac{dy}{dx} \tag{1-3-68}$$

式（1-3-68）表明，横截面的转角等于挠曲线在该截面处切线的斜率，此即小挠度情况下，梁的挠度与转角间的关系式。挠度与转角是度量弯曲变形的两个基本量。可见，确定梁的位移的关键在于确定梁的挠曲线方程。

3. 挠曲线微分方程

在推导纯弯曲正应力公式时，曾得到用中性层曲率表示的弯曲变形公式，参见式（1-3-56）

$$\frac{1}{\rho} = \frac{M}{EI_Z}$$

如果忽略剪力对梁变形的影响，则上式也可用于一般非纯弯曲。由于梁轴上各点的曲率和弯矩均是横截面位置 x 的函数，故上式可写为

$$\frac{1}{\rho(x)} = \frac{M(x)}{EI_Z} \tag{a}$$

由微积分知识可知，平面曲线 $y = y(x)$ 上任一点的曲率为

$$\frac{1}{\rho(x)} = \pm\frac{\dfrac{d^2y}{d^2x}}{\left[1+\left(\dfrac{dy}{dx}\right)^2\right]^{3/2}} \tag{b}$$

由式（a）、式（b）两式得

$$\pm\frac{\dfrac{d^2y}{d^2x}}{\left[1+\left(\dfrac{dy}{dx}\right)^2\right]^{3/2}} = \frac{M(x)}{EI_Z} \tag{c}$$

上式称为挠曲线微分方程，适用于弯曲变形的任何情况，它是非线性的。

在工程实际中，梁横截面的转角一般都很小，即 $\theta = \dfrac{dy}{dx} << 1$（弧度），可忽略不计。于是在小变形条件下，式（c）可简化为

$$\pm\frac{d^2y}{d^2x}=\frac{M(x)}{EI_Z} \tag{d}$$

式（d）中的正负号与弯矩的正负号规则和坐标 y 的取向有关。由于在前面已确定了弯矩的正负号规则，所以式（d）的正负号仅与坐标 y 的取向有关。

按照图 1-3-85 选定的坐标系，规定 y 轴向上为正，当弯矩为正时，挠曲线为凹曲线［图 1-3-86（a）］，$\frac{d^2y}{d^2x}$ 为正；反之当弯矩为负时，挠曲线为凸曲线［图 1-3-86（b）］，$\frac{d^2y}{d^2x}$ 也为负。因此式（d）左边取正号，即

$$\frac{d^2y}{d^2x}=\frac{M(x)}{EI_Z} \tag{1-3-69}$$

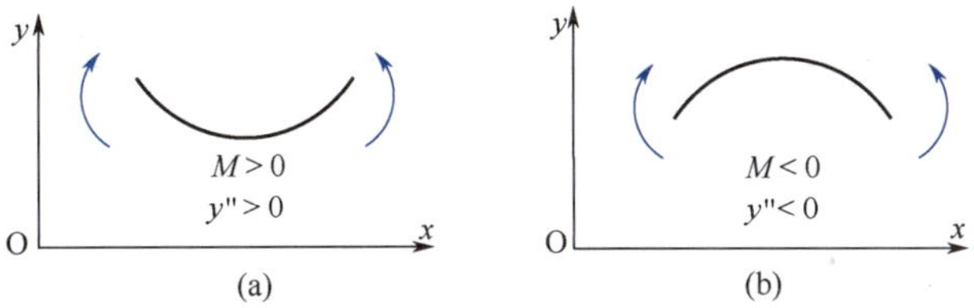

图 1-3-86　弯矩与变形之间的关系

上式称为梁的挠曲线近似微分方程。根据这个近似微分方程所得的解，在工程实际应用中已足够精确。

应该指出，由于 x 轴的方向既不影响弯矩的正负，也不影响挠曲线二阶微分的正负，所以式（1-3-69）同样适用于 x 轴向左的坐标系。

4. 梁的变形计算

根据梁的挠曲线近似微分方程可以计算梁的挠度和转角。常用的方法有积分法和叠加法。

（1）用积分法求弯曲变形。将挠曲线近似微分方程相继积分两次，得转角方程为

$$\theta=\frac{dy}{dx}=\int\frac{M(x)}{EI_Z}dx+C \tag{1-3-70}$$

挠曲线方程为

$$y=\iint\frac{M(x)}{EI_Z}dxdx+Cdx+D \tag{1-3-71}$$

式中　C、D——积分常数。

积分常数 C、D 可用梁的位移边界条件和连续条件确定。梁横截面的已知位移条件或约束条件，称为梁位移的边界条件。例如，在固定端处，横截面的转角和挠度均为零，即

$$y=0,\quad \theta=0$$

在铰支座处，横截面的挠度为零，即

$$y=0$$

当弯矩方程需要分段建立时，各段梁的挠度、转角方程也将不同，但在相邻梁段

的交接处，相邻两截面应具有相同的挠度和转角，即应满足连续、光滑条件。分段处挠曲线应满足的连续、光滑条件，称为梁位移的连续条件。

一般而言，积分常数由边界条件和连续条件共同确定。当积分常数确定后，将其代入式（1-3-70）和式（1-3-71），即得梁的转角方程和挠曲线方程。这种通过两次积分求梁位移的方法称为积分法。

为了方便，工程设计手册中，列有简单载荷情况下梁的变形公式表，以备查用。

（2）用叠加法求弯曲变形。在小变形且材料服从胡克定律的条件下，梁的挠曲线近似微分方程是线性微分方程，于是其解可以叠加，即梁在几个载荷共同作用下产生的变形等于各个载荷单独作用时产生的变形的代数和，这种求解梁的变形的方法称为叠加法。

用叠加法求梁的变形很方便，只要分别计算梁在每个载荷单独作用下的位移，或直接查阅梁的挠度和转角图表（见相关力学参考书），将之叠加起来，就得到梁在几个载荷共同作用下的总位移。

5. 梁的刚度计算

在梁的设计中，除要求满足强度条件外，在很多情形下，还要将其弹性变形限制在一定的范围内，即梁的刚度条件为

$$|y|_{max} \leqslant [y] \tag{1-3-72}$$

$$|\theta|_{max} \leqslant [\theta] \tag{1-3-73}$$

其中，$[y]$ 和 $[\theta]$ 分别称为许可挠度和许可转角。

任务实施

求解梁的承载能力——校核图 1-3-57 中 T 形梁的强度。

解：（1）计算支反力。

由静力平衡方程计算梁支座 A、B 的支反力分别为

$$R_{Ay} = 4.30\text{kN},\quad R_{By} = 105.7\text{kN}$$

（2）作弯矩图。

绘出梁的弯矩图如图 1-3-87（b）所示。由弯矩图可知，最大正弯矩在截面 C，最大负弯矩在截面 B。因为 T 形截面梁不对称于中性轴 z，且材料的许用拉应力与许用压应力不相等，所以 B、C 两截面均为危险截面，弯矩绝对值为

$$M_C = 7.15\text{kN}\cdot\text{m},\quad M_B = 16\text{kN}\cdot\text{m}$$

（3）校核强度。

截面 C 与 B 的弯曲正应力分布分别如图 1-3-87（c）、（d）所示。截面 C 的 a 点与截面 B 的 d 点均为各自截面的最大压应力；而截面 C 的 b 点与截面 B 的 c 点均为各自截面的最大拉应力。

由于 $M_B > M_C$，$y_2 > y_1$，因此

$$\sigma_a < \sigma_d$$

即梁内最大弯曲压应力发生在截面 B 的 d 点处。而最大弯曲拉应力发生在 b 点处或 c 点处，须经计算后才能确定。所以，b、c、d 三点处为梁可能发生破坏的部位，称

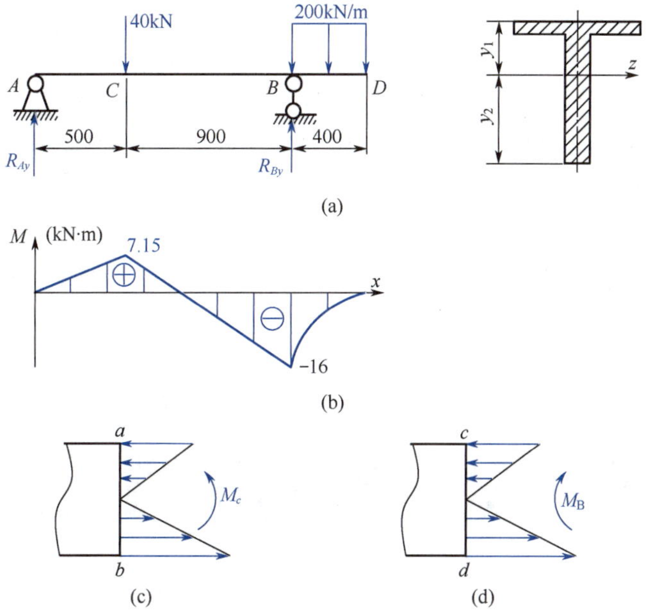

图 1-3-87 T 形梁横截面应力分析

之为危险点。

b、c、d 三点处弯曲正应力大小分别为

$$\sigma_b = \frac{M_C y_2}{I_Z} = \frac{7.15 \times 10^6 \times 142}{26.1 \times 10^6} = 38.9(\text{MPa})$$

$$\sigma_c = \frac{M_B y_1}{I_Z} = \frac{16 \times 10^6 \times 48}{26.1 \times 10^6} = 29.4(\text{MPa})$$

$$\sigma_d = \frac{M_B y_2}{I_Z} = \frac{16 \times 10^6 \times 142}{26.1 \times 10^6} = 87(\text{MPa})$$

由此得

$$\sigma_{\max}^{+} = 38.9\text{MPa} \leqslant [\sigma^{+}]$$

$$\sigma_{\max}^{-} = 87\text{MPa} \leqslant [\sigma^{-}]$$

故梁满足强度要求。

素质拓展

跨越古今的中国桥之赵州桥

赵州桥，又名安济桥，始建于隋代，由匠师李春设计建造，是一座位于河北省石家庄市赵县城南洨河之上的石拱桥，因赵县古称赵州而得名。当地人称其为大石桥，以区别于城西门外的永通桥（小石桥），后由宋哲宗赵煦赐名“安济桥”。赵州桥是世界现存年代最久、保存最好、科学水平极高、艺术形象极美的古代石拱桥，在世界建筑史上占有极其重要的地位，自古即为“天下之雄胜”，今人誉其为“天下第一桥”。

1961年被国务院公布为全国第一批重点文物保护单位，1991年9月美国土木工程师学会选定它为第十二处“国际土木工程历史古迹”，并赠牌树碑作纪念。

关于赵州桥的建造年代历来众说纷纭。经过多方考证，目前学界一致公认赵州桥始建于公元594年（隋开皇十四年），建成于公元606年（隋大业二年），距今已有一千四百余年的历史。唐中书令张嘉贞所写的《石桥铭并序》，是最早记载赵州桥的历史文献，文中说“赵郡洨河石桥，隋匠李春之迹也。制造奇特，人不知其所以为”。

在民间，赵州桥修建的历史则更多以民歌、民谣、传说等形式流传。人们津津乐道的桥面上留有的“仙人”遗迹——“车辙印”和“驴蹄印”或为行车标识，用以区分车马与行人。这是因为赵州桥的结构是纵向并列砌筑，如果超重车辆过于靠桥边行进，易对石拱券造成危害，让车马和人在固定区域内通行十分必要。

赵州桥采取单孔长跨度、桥心中未设桥墩的建造方式，开创中国长跨度单孔桥之先河。建成后的赵州桥全长64.40米，由28道并列的石条砌筑而成，主孔净跨度37.02米，拱高只有7.25米，拱高和跨度之比为1∶5左右，完美地实现了低桥面和大跨度的双重目的。赵州桥建造工艺独特之处还在于首创“敞肩拱”结构形式。敞肩，即在大拱上面两侧各建两个小拱。这种结构形式不仅造就了赵州桥独特的艺术之美，也成为最让人惊叹的工艺独创。

首先，敞肩拱较实肩拱可减轻桥身的自重。据计算，四个小拱可节省石料26立方米，减轻重量700吨，从而减少了桥身对桥台和桥基的压力。其次，敞肩拱有助于宣泄洪水。雨季山洪暴发时，洨河水对赵州桥的冲击很大，大拱上面两侧各开着两个孔，可增加泄洪能力。四个小拱增加过水面积16%左右，大大提高了大桥的安全性。最后，敞肩拱符合结构力学理论。敞肩拱式在承载时可减少对主拱券的压力，提高桥梁的承载力和稳定性，且两侧敞肩可使桥面坡度变缓，这样上桥的人、畜都比较省劲。

（资料来源：百度．世界上著名的古代石拱桥之一，全长50.8米，有千年历史，就在我国［EB/OL］．（2023-09-01）［2025-04-30］．https：//baijiahao. baidu. com/s? id=1775813855808062174&wfr=spider&for=pc，有改动。）

思考与练习

一、简答题

1. 弯曲变形的受力特点与变形特点是什么?
2. 常见的载荷有几种? 典型的支座有几种? 相应的支反力各是什么?
3. 什么是剪力? 什么是弯矩? 怎样计算剪力与弯矩? 怎样规定它们的正负号?
4. 怎样建立剪力、弯矩方程? 怎样绘制剪力、弯矩图?
5. 在无载荷作用与均布载荷作用的梁段，剪力、弯矩图各有何特点?
6. 在集中力与集中力偶作用处，梁的剪力、弯矩图各有何特点?
7. 什么是纯弯曲? 在推导纯弯曲正应力公式时做了哪些基本假设?
8. 什么是中性层? 什么是中性轴?

二、分析计算题

1. 试列出题图 1-3-20 所示各梁的剪力、弯矩方程，并作剪力图和弯矩图。

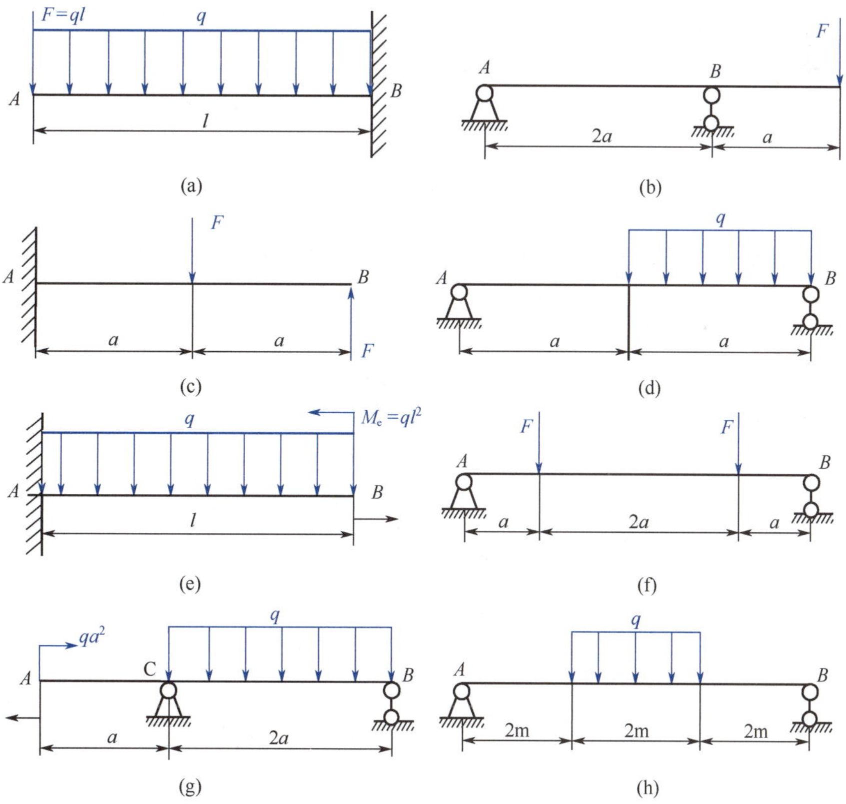

题图 1-3-20

2. 如题图 1-3-21 所示截面梁，弯矩位于纵向对称面（即 $x-y$ 平面）内。试作沿直线 1-1 与 2-2 的弯曲正应力分布图，其中 C 为截面形心。

3. 矩形截面外伸梁受力如题图 1-3-22 所示，材料的许用应力 $[\sigma]=160\text{MPa}$，试

确定截面尺寸 b。

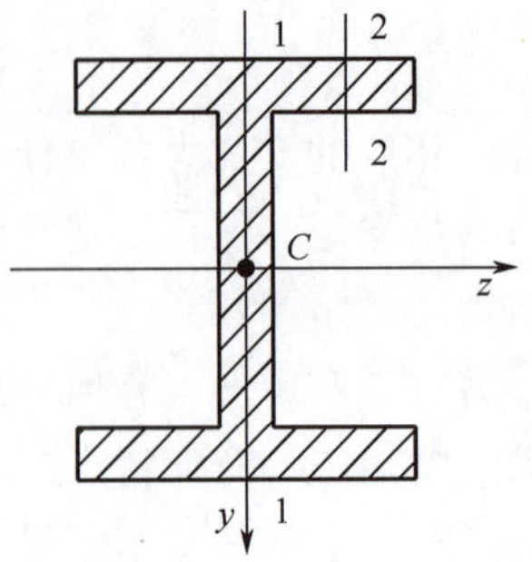

题图 1-3-21

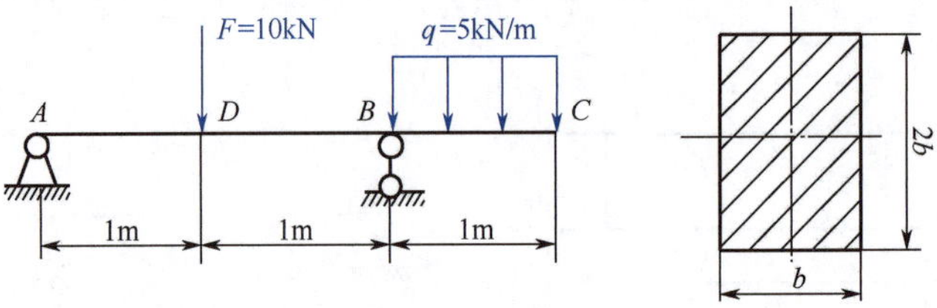

题图 1-3-22

4. 矩形截面外伸梁受力如题图 1-3-23 所示，材料的许用应力 $[\sigma]=160\text{MPa}$，试确定截面尺寸 b。

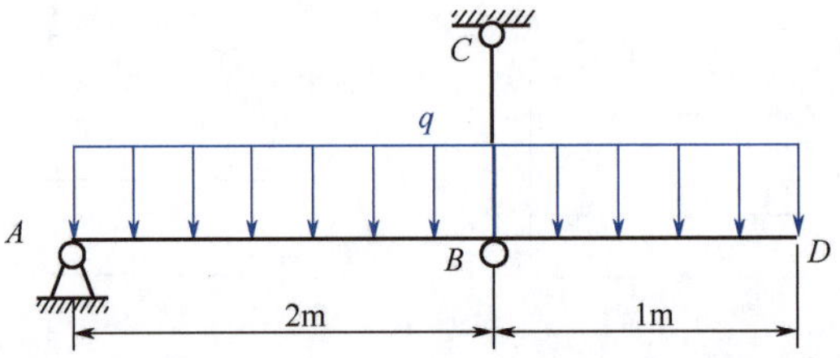

题图 1-3-23

5. 当力 F 直接作用在简支梁 AB 的跨度中点时，梁内最大弯曲正应力超过许用应力 30%。为了消除过载现象，配置了如题图 1-3-24 所示的辅助梁 CD，试求此辅助梁的跨度 a。

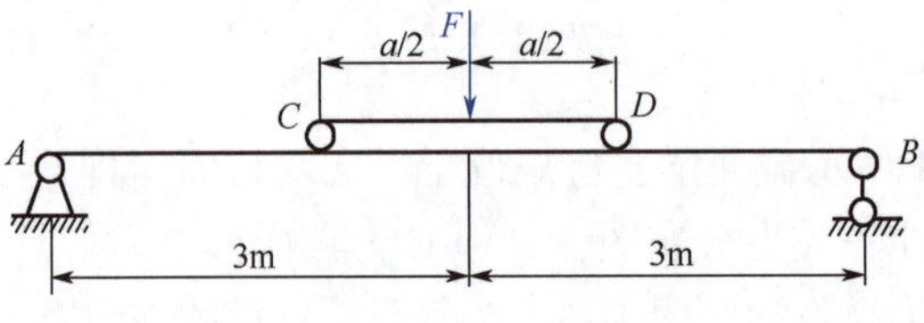

题图 1-3-24

6. 受均布载荷作用的简支梁如题图 1-3-25 所示，试计算：（1）1-1 截面上 1、2 两点处的弯曲正应力；（2）此截面的最大弯曲正应力；（3）全梁的最大弯曲正应力。

7. 如题图 1-3-26 所示，某塔器高 $h=10$m；塔底部用裙式支座支承。已知裙式支座的外径与塔的外径相同，而它的内径为 $D=1000$mm，壁厚 $t=8$mm。假设塔所受均匀风载荷为 $q=468$N/m。求裙式支座底部的最大弯矩和最大弯曲正应力。

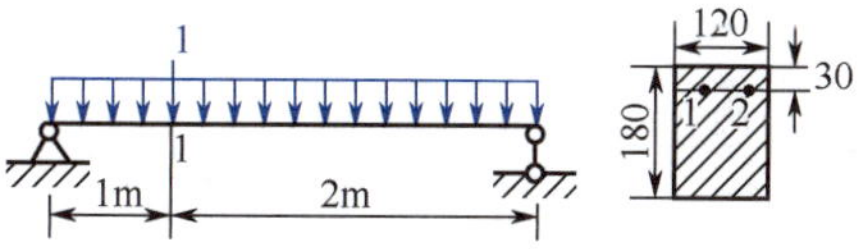

题图 1-3-25

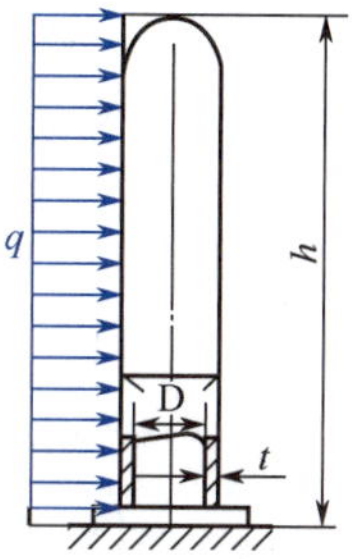

题图 1-3-26

8. 圆截面外伸梁，其外伸部分是空心的，梁的受力及尺寸如题图 1-3-27 所示。已知$F=10$kN，$q=5$kN/m，许用应力［σ］= 140MPa，试校核梁的强度。

9. 有一支撑管道的悬臂梁，由两根槽钢组成，两根管道作用在悬臂梁上的重量均为$W=5.39$kN，尺寸如题图 1-3-28 所示。求：

（1）作悬臂梁的弯矩图。

（2）选择槽钢的型号。设材料的许用应力［σ］= 130MPa。

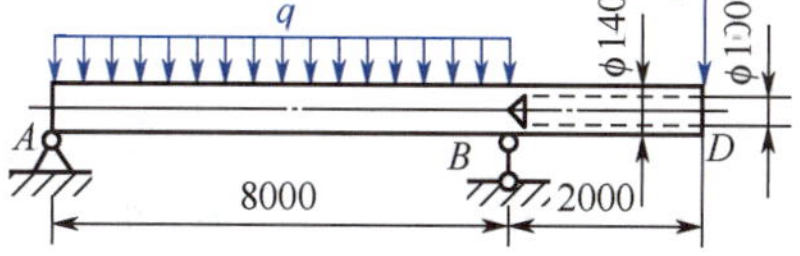

题图 1-3-27

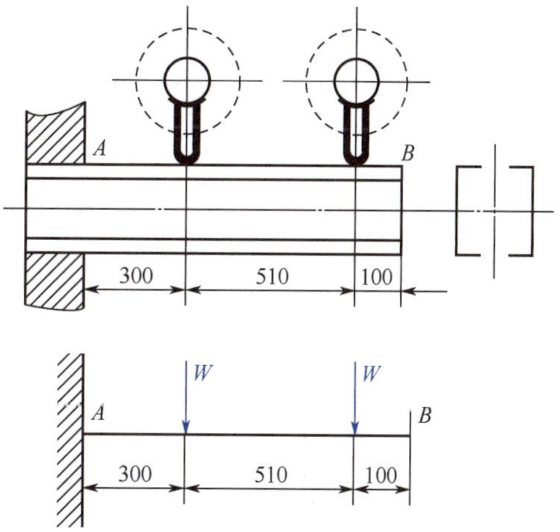

题图 1-3-28

任务六　组合变形

任务描述

某传动轴如图 1-3-88 所示。已知电动机通过联轴器作用在截面 A 上的外力偶矩 $M_e=1\text{kN}\cdot\text{m}$，皮带紧边和松边的张力分别为 F 和 F'，且 $F=2F'$，轴承 C、B 的间距为 $l=200\text{mm}$，皮带轮的直径 $D=300\text{mm}$，轴用 Q235 钢制成，许用应力为 $[\sigma]=160\text{MPa}$，试设计轴的直径 d。

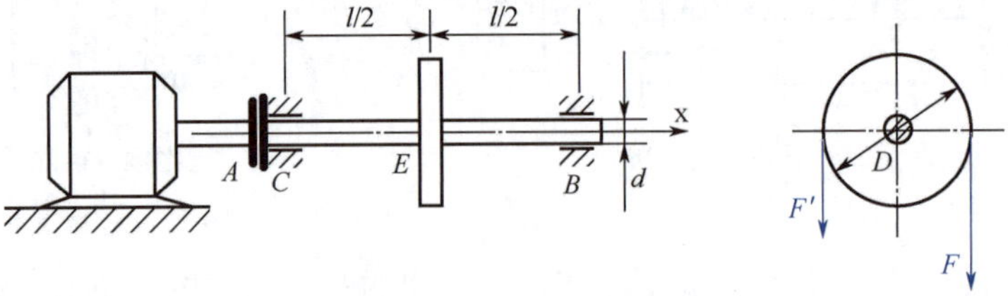

图 1-3-88　传动轴

任务分析

掌握典型构件组合变形时的强度计算。

知识准备

一、组合变形的概念

在研究了构件的基本变形之后，本任务讨论构件在组合变形时的强度计算。工程实际中大多数的构件在受外力作用时往往同时发生两种或两种以上的基本变形，构件的这种变形称为组合变形。如图 1-3-89 所示的搅拌轴，除了发生扭转变形外，同时还拉伸变形；再如图 1-3-90 所示的转轴，除发生扭转变形外还发生弯曲变形。构件在组合变形下的强度问题称为组合强度。

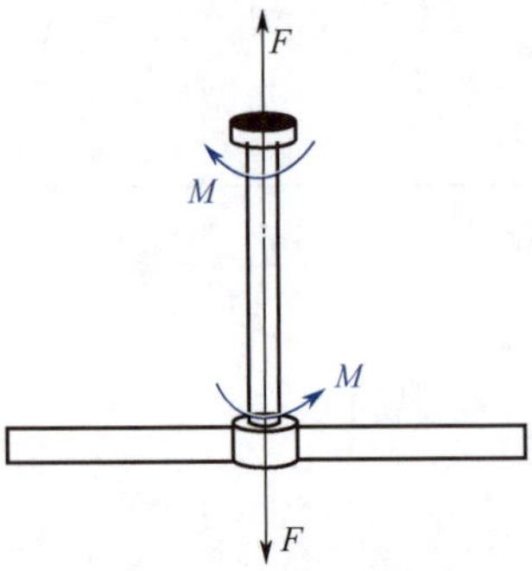

图 1-3-89　搅拌轴

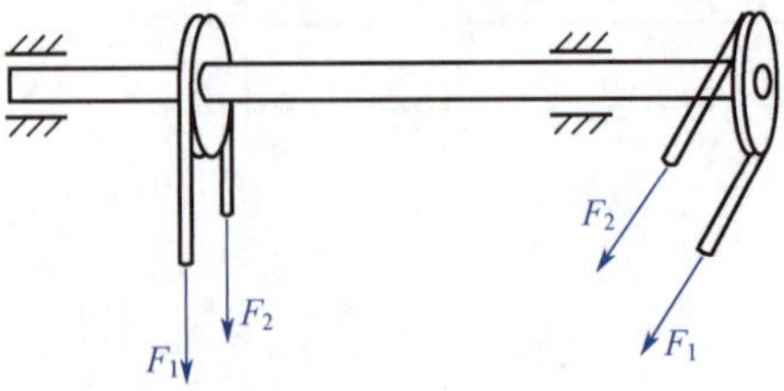

图 1-3-90　转轴

在线弹性、小变形条件下可以认为，载荷的作用是独立的，每一载荷所引起的应力、变形都不受其他载荷的影响。几个载荷同时作用在杆件上所产生的应力、变形，等于各个载荷单独作用时产生的应力、变形之和，此即叠加原理。当杆件在多个载荷作用下同时发生几种基本变形时，为解决载荷强度问题，可以首先把载荷变形分解为几种基本变形，分别计算各个基本变形下的应力和变形，然后叠加起来就可得到在原载荷作用下的应力和变形，从而找出载荷变形时的危险截面和危险点进行载荷强度计算。

由于构件在基本变形时横截面上的应力只有正应力和剪应力，所以，不论是多么复杂的组合变形，其危险点上的应力可能出现三种情况：①全部都是正应力；②既有正应力，又有剪应力；③全部都是剪应力。由于第三种情况在工程实际中不多见，本任务只讨论前两种情况下的组合强度问题。

研究组合强度问题通常采用以下四步进行计算：

（1）外力分析。将作用于构件的外力沿构件的轴线及横截面的两对称轴组成的直角坐标系进行等效分解，使构件在每组外力作用下，只产生一种基本变形。

（2）内力分析。用截面法计算构件横截面上的内力，画出内力图，判断维修截面的位置。

（3）应力分析。根据基本变形时构件横截面上的应力分布规律，运用叠加原理确定危险截面上危险点的位置及其应力值。

（4）强度计算。结合构件材料的性质，选择合适的强度理论进行强度计算。

二、拉（压）弯组合变形

组合变形分析

拉（压）弯组合变形可以分为以下两种情况。

1. 构件同时受到轴向力和横向力作用

如图 1-3-91（a）所示的矩形截面梁。在自由端截面形心作用一集中力 F，其作用面位于梁的纵向对称面内，与梁的轴线成 θ 角。因为力 F 的作用线既不与轴线重合，又不与轴线垂直，故梁的变形既不是单纯的轴向拉压，也不是单纯的平面弯曲。

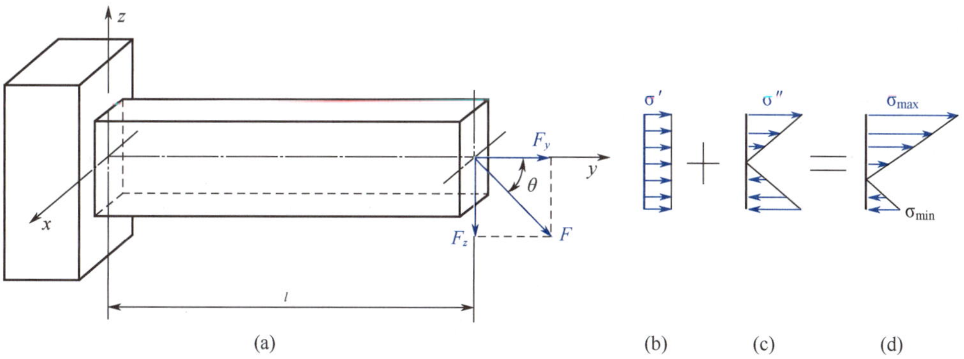

图 1-3-91　矩形截面梁

将力 F 分解为两个分力 F_y、F_z，其大小分别为

$$F_y = F\cos\theta,\quad F_z = F\sin\theta$$

轴向力 F_y 使梁发生拉伸变形，横向力 F_z 使梁发生弯曲变形。故梁在力 F 作用下，将产生拉弯组合变形。在轴向力 F_y 的作用下，梁的轴力为 $N = F_y$，它在横截面上引起的正应力均匀分布，其值为

$$\sigma' = \frac{N}{A} = \frac{F\cos\theta}{A}$$

拉应力 σ' 沿截面高度均匀分布，如图 1-3-91（b）所示。

在横向力 F_z 的作用下，梁发生弯曲变形，固定端处为梁的危险截面，最大弯矩值为

$$M_{max} = F_z \cdot l = Fl\sin\theta$$

最大弯曲正应力在危险截面的上、下边缘处，其值为

$$\sigma'' = \frac{M_{max}}{W_x} = \frac{Fl\sin\theta}{W_x}$$

弯曲正应力沿截面高度的分布如图 1-3-91（c）所示。

危险截面上总的正应力可由拉应力和弯曲正应力叠加而得，其分布情况如图 1-3-91（d）所示，截面的上边缘有最大正应力，其值为

$$\sigma_{max} = \sigma' + \sigma'' = \frac{N}{A} + \frac{M_{max}}{W_x}$$

截面的下边缘有最小正应力，其值为

$$\sigma_{min} = \sigma' - \sigma'' = \frac{N}{A} - \frac{M_{max}}{W_x}$$

按上式所得的 σ_{min} 可正可负，取决于等式右边两项数值的大小。图 1-3-91（d）是根据第一项数值小于第二项画出的。

由此可见，危险截面上危险点处于单向应力状态。上下边缘各点有最大、最小正应力，对于塑性材料制成的梁，其强度条件为

$$\sigma_{max} = \frac{N}{A} + \frac{M_{max}}{W_x} \leqslant [\sigma] \tag{1-3-74}$$

对于脆性材料制成的梁，如最小正应力为压应力，则应分别建立强度条件

$$\sigma_{max}^{+} = \frac{N}{A} + \frac{M_{max}}{W_x} \leqslant [\sigma_{+}] \tag{1-3-75}$$

$$\sigma_{max}^{-} = \left|\frac{N}{A} - \frac{M_{max}}{W_Z}\right| \leqslant [\sigma_{-}] \tag{1-3-76}$$

上述计算方法弯曲适用于压弯组合，其区别仅在于轴向力所引起的应力为压应力。

【例 3-22】 图 1-3-92 所示为悬臂式吊车机架示意图。机架由 18 号工字钢 AB 及拉杆 AC 构成。横梁 AB 的跨度为 $l=2\text{m}$，作用在 AB 梁中点的载荷 $W=25\text{kN}$，材料的许用应力为 $[\sigma]=100\text{MPa}$，$\alpha=30°$，梁的自重不计。试校核横梁 AB 的强度。

解：（1）分析变形。以横梁 AB 为研究对象，作用在横梁上的力有载荷 W，拉杆的拉力 F_A，支座 B 的反力 R_{Bx}、R_{By}。将 A 点的作用力分解为 F_{Ax}、F_{Ay}。可以将作用在 AB 梁上的力分为两组，W、R_{By}、F_{Ay} 使梁发生弯曲变形，F_{Ax}、R_{Bx} 使梁发生压缩变形，故梁 AB 发生压弯组合变形。由平衡方程可解得

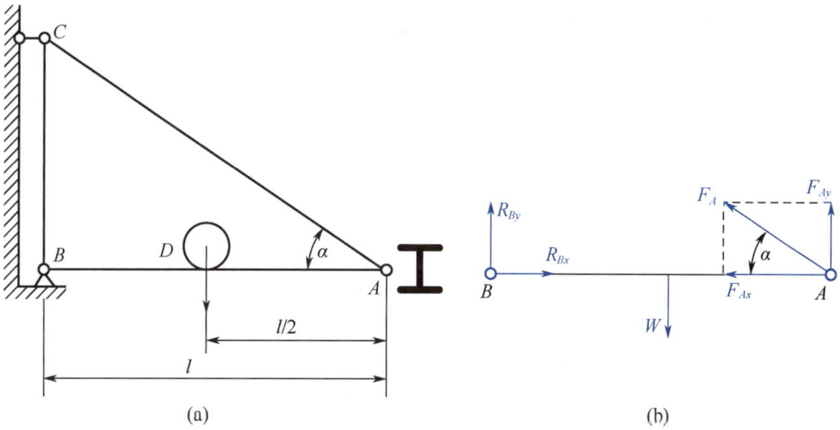

图 1-3-92　悬臂式吊车机架示意图

$$F_{Ay} = R_{By} = \frac{W}{2} = 12.5\text{kN}$$

$$F_{Ax} = R_{Bx} = 21.65\text{kN}$$

(2) 内力分析，判断危险截面。由于等截面梁任一截面上的轴力相等，均为 21.65kN；而 AB 梁发生弯曲时，最大弯矩在中点 D，故该截面为梁的危险截面。

危险截面上的轴力为

$$N = -F_{Ax} = -21.65\text{kN}$$

危险截面上的弯矩为

$$M_{\max} = \frac{1}{4}Wl = 12.5\text{kN}\cdot\text{m}$$

(3) 应力分析，判断危险点。轴力在危险截面上引起的应力均匀分布，弯矩在危险截面上引起的正应力呈线性分布，危险截面的上、下边缘处各点均为危险点。又因为材料的抗拉、抗压能力相同，所以此梁的危险点应在应力绝对值最大的点，即 D 截面的上边缘各点均为危险点。

由型钢表查得 18 号工字钢横截面面积 $A=30.765\text{cm}^2$，抗弯截面模量 $W_Z=185\text{cm}^3$。于是，危险截面上轴向压力引起的压应力为

$$\sigma' = \frac{N}{A} = -7.02\text{MPa}$$

危险截面上弯矩引起的最大弯曲正应力为

$$\sigma'' = \frac{M_{\max}}{W_Z} = 67.56\text{MPa}$$

(4) 强度计算。将危险点处的正应力的绝对值相加，得

$$\sigma_{\max} = 7.02 + 67.56 = 74.58\text{MPa} < [\sigma] = 100\text{MPa}$$

可见 AB 梁的强度足够。

2. 偏心拉（压）

如作用于直杆上的外力平行于杆的轴线但不通过截面形心，将产生偏心拉（压）变形。图 1-3-93（a）所示的钻床立柱产生偏心拉伸变形，图 1-3-93（b）所示的厂

房立柱产生偏心压缩变形。

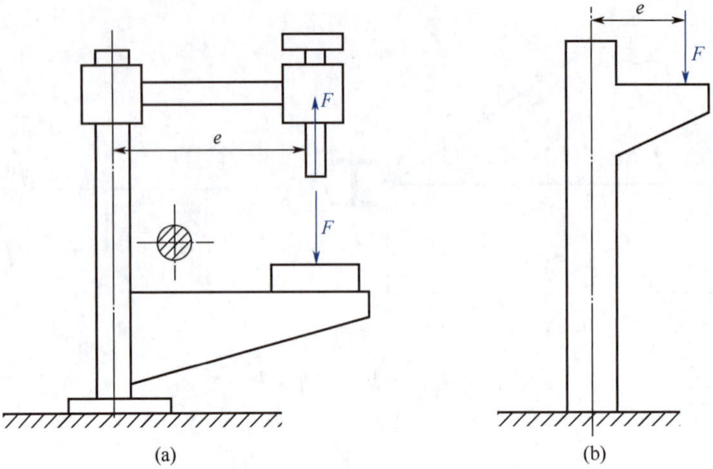

图 1-3-93　钻床偏心拉（压）变形

设有一矩形截面杆如图 1-3-94（a）所示。在顶端作用一偏心压力 F，其作用点 A 与横截面形心 C 的距离为 e，称为偏心距。现在研究杆内任一横截面上的应力情况。

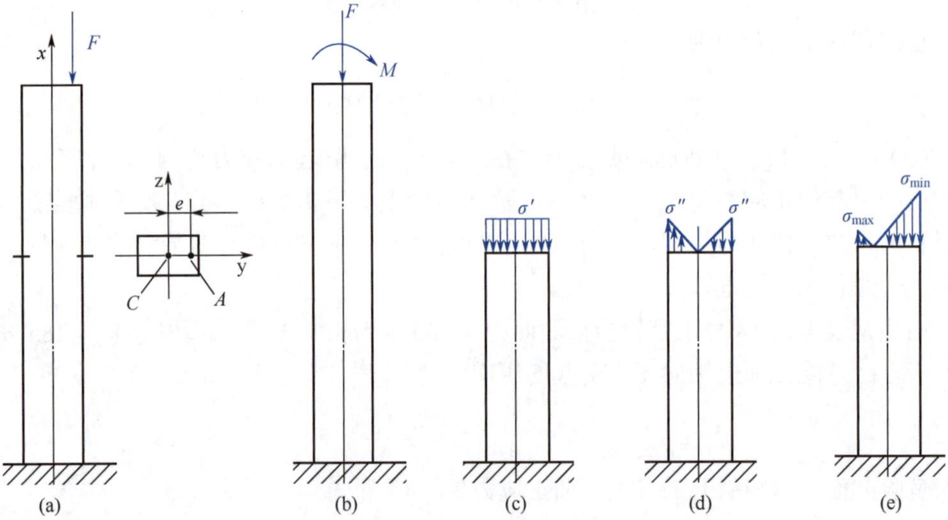

图 1-3-94　矩形截面杆

根据力的平移定理，将力 F 平行移到横截面的形心 C，得到一轴向压力和一附加力偶，附加力偶的矩为 $M=F\cdot e$，如图 1-3-94（b）所示。在轴向压力的作用下，杆件发生轴向压缩变形，各横截面的轴力均为 $N=-F$；在附加力偶的作用下，杆件发生弯曲变形，各横截面的弯矩均为 $M=F\cdot e$。可见，立柱在偏心压力 F 的作用下将发生压弯组合变形。

由轴力 N 引起的压应力 σ' 沿截面均匀分布，如图 1-3-94（c）所示，其值为

$$\sigma' = \frac{F}{A}$$

由弯矩 $M = F \cdot e$ 引起的弯曲正应力 σ'' 沿截面的分布规律如图 1-3-94（d）所示。最大弯曲正应力为

$$\sigma'' = \frac{M}{W_Z} = \frac{F \cdot e}{W_Z}$$

压应力和弯曲正应力方向相同，将其叠加后可得到截面上总的正应力，总的正应力沿截面的分布规律如图 1-3-94（e）所示，其最大拉应力和最大压应力分别为

$$\sigma_{\max}^{+} = \frac{F \cdot e}{W_Z} - \frac{F}{A}$$

$$\sigma_{\max}^{-} = \frac{F \cdot e}{W_Z} + \frac{F}{A}$$

如果杆件是塑性材料制成，则右侧面上各点均为危险点，其强度条件可写为

$$\sigma_{\max}^{-} = \frac{F \cdot e}{W_Z} + \frac{F}{A} \leqslant [\sigma] \tag{1-3-77}$$

如果杆件是脆性材料制成，当杆件横截面上出现拉应力时，则应分别建立拉、压强度条件

$$\sigma_{\max}^{+} = \frac{F \cdot e}{W_Z} + \frac{F}{A} \leqslant [\sigma_{+}] \tag{1-3-78}$$

$$\sigma_{\max}^{-} = \frac{F \cdot e}{W_Z} - \frac{F}{A} \leqslant [\sigma_{-}] \tag{1-3-79}$$

【例 3-23】 图 1-3-95 所示的钻床在钻孔时受到 $F = 15\text{kN}$ 的力作用，已知偏心距 $e = 0.4\text{m}$，钻床立柱直径 $d = 125\text{mm}$，铸铁立柱的 $[\sigma_{+}] = 35\text{MPa}$，$[\sigma_{-}] = 120\text{MPa}$。试校核该立柱的强度。

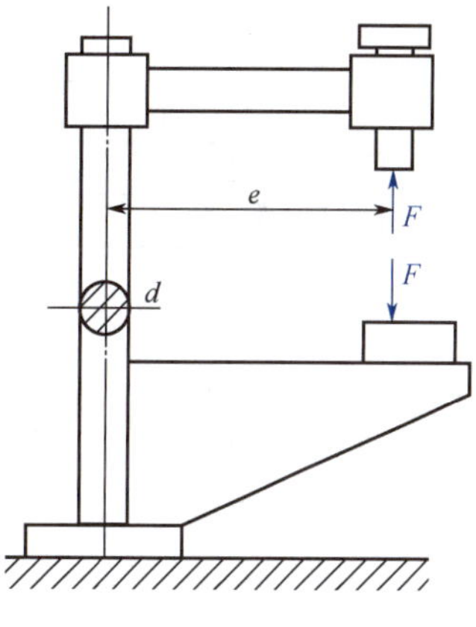

图 1-3-95　钻床钻孔

解：（1）分析变形。以立柱为研究对象，将作用在钻头上的力 F 平移到立柱轴线，得到一轴向拉力和一附加力偶 M，附加力偶的矩为 $M = F \cdot e$。在轴向拉力的作用下，立柱发生轴向拉伸变形，在附加力偶的作用下，立柱发生弯曲变形，可见，立柱在偏心力 F 的作用下将发生拉弯组合变形。

（2）内力分析，判断危险截面。立柱任一截面上的轴力均为 $N = F = 15\text{kN}$，作用在立柱各横截面的弯矩均为 $M = F \cdot e = 6\text{kN} \cdot \text{m}$。可见，立柱任一横截面上的应力完全相同，所有横截面均为危险截面。

（3）应力分析，判断危险点。轴力在危险截面上引起的应力 σ' 均匀分布，其值为

$$\sigma' = \frac{N}{A} = \frac{4N}{\pi d^2} = 1.22\text{MPa}$$

弯矩在危险截面上引起的正应力 σ'' 呈线性分布，其值为

$$\sigma''=\frac{M}{W_Z}=\frac{32M}{\pi d^2}=31.29\text{MPa}$$

横截面的左、右边缘处为危险点。

（4）强度计算。

应力叠加后，最大拉应力发生在立柱的右侧，其值为

$$\sigma_{max}^{+}=\sigma'+\sigma''=32.51\text{MPa}<[\sigma_{+}]=35\text{MPa}$$

最大压应力发生在立柱的左侧，其值为

$$\sigma_{max}^{-}=\sigma''-\sigma'=30.07\text{MPa}<[\sigma_{-}]=120\text{MPa}$$

最大拉应力与最大压应力均小于其许用应力值，所以，钻床立柱的强度足够。

三、弯扭组合变形

工程实际中轴受纯扭转的情况是很少见的，一般来说，轴在受到扭转的同时还受到弯曲的作用，例如转轴、曲柄轴就是如此。对这类轴就必须按弯扭组合变形进行强度计算，下面用实例说明弯扭组合变形时的强度计算方法。

设有一圆轴如图 1-3-96（a）所示，左端固定，右端自由，在自由端的横截面内作用有一个矩为 M_e 的外力偶和一个通过轴心的横向力 F。外力偶 M_e 使轴发生扭转变形，而横向力 F 使轴发生弯曲变形。一般情况下，横向力引起的剪切变形对于轴的强度影响很小，可以忽略不计。这样，圆轴的变形就是弯扭组合变形。

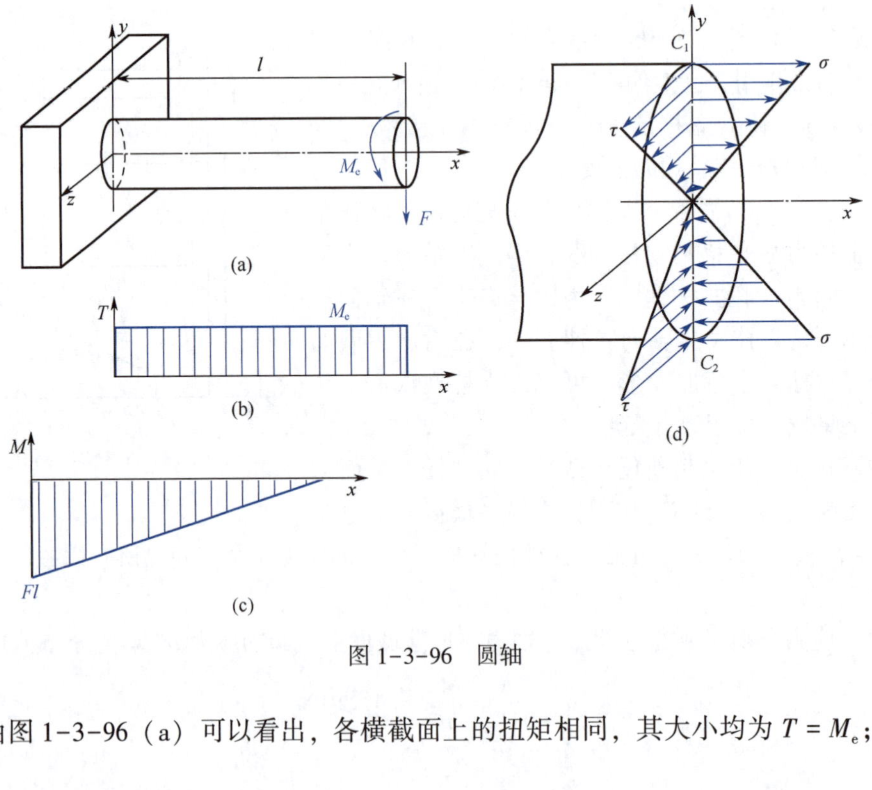

图 1-3-96　圆轴

由图 1-3-96（a）可以看出，各横截面上的扭矩相同，其大小均为 $T=M_e$；各横

截面上的弯矩不同，在固定端截面上弯矩最大，其值为

$$M = Fl$$

分别绘出轴的扭矩图和弯矩图，如图 1-3-96（b）、图 1-3-96（c）所示。由内力图可知，固定端截面是轴的危险截面。

在危险截面上由于扭矩所产生的剪应力，沿半径按线性规律变化，如图 1-3-96（d）所示。在该截面边缘上各点的剪应力最大，其值为

$$\tau = \frac{T}{W_P}$$

在危险截面上由于弯矩所产生的正应力，沿截面高度按线性规律变化，如图 1-3-96（d）所示。在该截面边缘的上、下两点 C_1、C_2 的弯曲正应力最大，其值为

$$\sigma = \frac{M}{W_Z}$$

由以上分析可知，C_1、C_2 两点处剪应力和弯曲正应力均为最大，故 C_1、C_2 两点均为危险点。对于用抗拉、抗压强度相同的塑性材料制成的轴，应按第三或第四强度理论建立强度条件。如用第三强度理论，其强度条件为

$$\sigma_{r3} = \sqrt{\sigma^2 + 4\tau^2} \leqslant [\sigma] \tag{1-3-80}$$

将弯曲正应力和扭转剪应力计算公式代入上式，并考虑到圆截面的 $W_P = 2W_Z$，则上式可改写为

$$\sigma_{r3} = \sqrt{\left(\frac{M}{W_Z}\right)^2 + 4\left(\frac{T}{W_P}\right)^2} = \frac{\sqrt{M^2 + T^2}}{W_Z} \leqslant [\sigma] \tag{1-3-81}$$

如用第四强度理论，其强度条件为

$$\sigma_{r4} = \sqrt{\sigma^2 + 3\tau^2} \leqslant [\sigma] \tag{1-3-82}$$

或

$$\sigma_{r4} = \sqrt{\left(\frac{M}{W_Z}\right)^2 + 3\left(\frac{T}{W_P}\right)^2} = \frac{\sqrt{M^2 + 0.75T^2}}{W_Z} \leqslant [\sigma] \tag{1-3-83}$$

式（1-3-81）和式（1-3-83）同样适用于空心圆轴的计算，这时式中的 W_Z 要用空心圆轴的抗弯截面模量。

任务实施

设计图 1-3-97（a）中的传动轴直径 d。

解：（1）分析变形。

轴 AB 在截面 A 受力偶矩为 $M_e = 1\text{kN}\cdot\text{m}$ 的外力偶作用，在截面 E 上受皮带张力 F 和 F' 作用。将 F 和 F' 向轴 AB 的轴线简化，如图 1-3-97（b）所示，得作用在截面 E 的横向力 P 和矩为 M' 的力偶，其值分别为

$$P = F + F' = 3F'$$

$$M' = \frac{FD}{2} - \frac{F'D}{2} = \frac{F'D}{2}$$

在力 P 的作用下，轴发生弯曲变形，在力偶 M_e、M' 的作用下，轴发生扭转变形，可见，轴将发生弯扭组合变形。

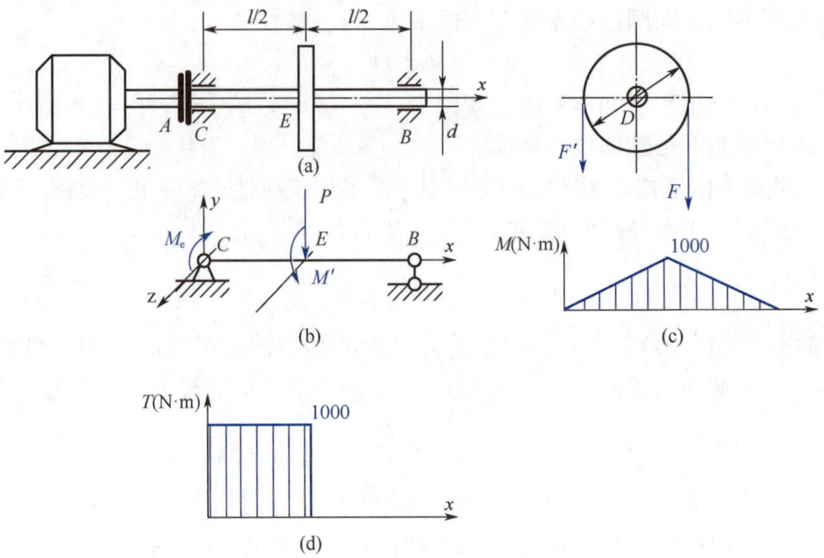

图 1-3-97　传动轴受力分析

由

$$M_e - M' = 0$$

可得

$$F' = \frac{2M_e}{D} = 6.67\text{kN},\quad P = F + F' = 3F' = 20\text{kN}$$

（2）内力分析，判断危险截面。

作轴的内力图如图 1-3-97（c）、（d）所示，显然截面 E 为危险截面，该截面上的扭矩和弯矩分别为

$$T = M_e = 1000\text{N}\cdot\text{m}$$

$$M = \frac{1}{4}Pl = 1000\text{N}\cdot\text{m}$$

（3）设计直径。

将扭矩 T 和弯矩 M 代入第三强度理论，并考虑到 $W_Z = \dfrac{\pi d^3}{32}$，

得

$$\sigma_{r3} = \frac{\sqrt{M^2 + T^2}}{W_Z} = \frac{32\sqrt{M^2 + T^2}}{\pi d^3} \leqslant [\sigma]$$

$$d \geqslant 44.82\text{mm}$$

圆整后可取轴的直径 $d = 45\text{mm}$。

素质拓展

故宫斗拱的力与美

每年暑期，故宫游人如织。作为我国优秀传统建筑文化的代表，紫禁城古建筑有着诸多吸引国内外游客的魅力，其中的典型特色之一就是斗拱。斗拱是我国特有的古建筑组成部分，是位于柱顶之上、屋檐之下的由斗形、弓形的木构件在纵横方向搭扣连接，而后在竖向又层层叠加起来的组合木构件，其外形犹如撑开的伞。我国古建筑学家梁思成先生曾说："斗拱在中国建筑上的地位，犹柱饰之于希腊罗马建筑；斗拱之变化，谓为中国建筑之变化，亦未尝不可，犹柱饰之影响欧洲建筑，至为重大。"

斗拱源自高大宫殿屋顶出檐深远的要求。早期的宫殿建筑往往采用斜撑的木柱来支撑宽大的屋檐，斜撑分别设于屋檐的前后方。而为了避免落地的斜撑受雨水侵蚀，其下支点便离开了地面，称为短斜撑，并随着审美需求逐渐被弯曲的木料替代，形成了今天斗拱的横向重要构件——翘。同时，为了增强柱顶部位支撑屋檐的强度，柱顶之上又增加了斗形木块，木块上方沿着屋檐方向叠加长方形的垫木，这些长方形的垫木因审美需要逐渐变成弓形，形成了今天斗拱纵向的重要构件——拱。

紫禁城古建筑的斗拱体现了造型之美。斗拱在屋檐之下，整体排列有序，富有节奏和韵律变化，不同类型的斗拱在同一高度范围排列规则有序，由下至上尺寸统一逐渐增大，各斗拱出踩尺寸相同，斗拱外形的曲线整齐划一、弧度优美，给人以极强的艺术感和节奏感。斗拱的造型之美还体现在均匀对称性，各个构件高度、宽度基本相同，仅在长度及外形上根据整体需要而有不同差别：一方面斗拱的正立面，其左右两侧的构件种类和数量对称布置；另一方面，斗拱侧立面，以正心枋为中心，斗拱向内外出挑的踩数相同。上述均匀、对称的布置形式给人以舒适、愉悦的感觉。

不仅具有建筑之美，紫禁城斗拱运用的另一个重要特征，是其中蕴含了丰富的力学智慧。斗拱由很多小尺寸的木构件在水平和竖向拼插、叠加而成。尽管这些木构件尺寸很小，但当它们组成一个斗拱整体时，就会产生巨大的力量。在一般情况下，斗拱位于屋檐的下方，承担整个屋顶的重量，并把该重量向下传递给额枋、柱子。紫禁城古建筑屋顶有着厚厚的泥背层，但能够被斗拱轻松承担，且斗拱不会产生破坏，可反映斗拱有很好的竖向承载能力。这种良好竖向承载能力主要有两方面原因：一方面，尽管紫禁城古建筑屋顶重量很大，但是这个重量由多个斗拱承担，每个斗拱实际上承担的屋顶重量较小，这相当于对屋顶重量进行了分解；另一方面，尽管斗拱由大量的小截面尺寸木构件组成，但它们数量众多，且每个构件均可分担屋顶重量，这样一来，传到斗拱上的屋顶重量进行了第二次分解，此时传到斗拱构件单体上的作用力已经很小了，因而斗拱构件单体不会产生破坏。

斗拱的力学智慧精华在于它的抗震性能。无论是水平向还是竖向的地震波，都不会造成斗拱破坏。发生地震时，斗拱的各个构件之间互相摩擦、挤压，并产生往复运动，犹如一个运动的机构体系。从能量守恒角度讲，地震波的能量传到斗拱位置时，主要分成了两部分能量：斗拱的内能及斗拱的动能，斗拱内能即自身产生开裂破坏的根本原因，内能越大，斗拱破坏越严重。然而斗拱能量的另一个组成部分即动能占的比例远大于自身的内能，其原因在于每个斗拱由上百个小构件组成，它们犹如机器的零件一样，在地震作用下不断产生各种运动，耗散了大量的地震能量，从而使得斗拱内能的比例很小，因而斗拱在地震作用下几乎不会产生破坏。事实上，大量的古建震害勘查结果表明，斗拱在地震作用下一般保存完好。

不仅如此，地震作用下，斗拱还能产生自动恢复功能，犹如不倒翁一样，其原因

在于斗拱特殊的构造特征。斗拱整体构造特点是上部体积大但构件单体截面尺寸小、下部体积小但构件单体截面尺寸大，其中截面尺寸最大的为方形的坐斗，位于斗拱的最底层。这种构造特征使得：一方面斗拱的重心位于斗拱的下方，斗拱犹如一个矮胖的人，在水平地震力（推拉力）作用下尽管产生摇摆，但是不易倾覆；另一方面坐斗的截面尺寸宽大，这无疑增大了斗拱与其底部的接触面，斗拱在水平地震作用下产生摇摆时，分别绕着坐斗两侧的支点进行摇摆。而在斗拱摇摆过程中，其上部屋顶的重量迫使斗拱不断地复位，因而斗拱像不倒翁一样，不断地来回摆动。地震波结束后，斗拱又恢复到了初始位置，本身并未受到损害。

可以认为，紫禁城古建筑斗拱的运用体现了我国古建筑的力与美，是我国古代工匠汗水与智慧的结晶。

（资料来源：中共宁夏回族自治区纪律检查委员会．故宫斗拱的力与美［EB/OL］．(2019-08-21)［2024-05-20］. http：//www. nxjjjc. gov. cn/xbnxjw/lzjy/lzyy/201908/t20190821_ 157279. html，有改动。）

思考与练习

一、思考题

1. 试判别题图 1-3-29 中曲杆 *ABCD* 上 *AB*、*BC* 和 *CD* 段的变形类型。

2. 在题图 1-3-30 中，若杆件上对称地作用有两个力，杆将发生什么变形？若去掉其中一个力后杆件又将发生什么变形？

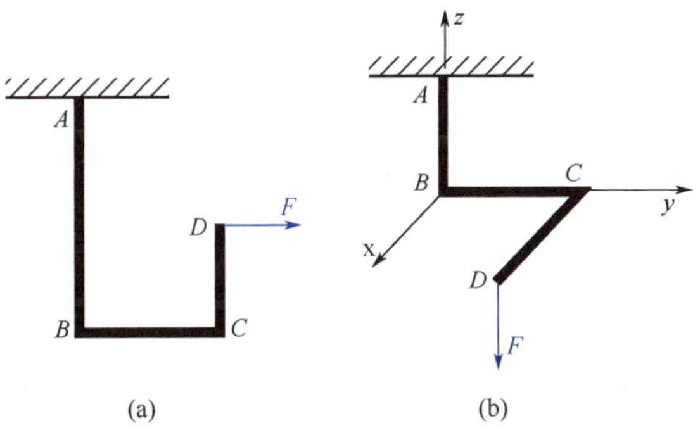

题图 1-3-29

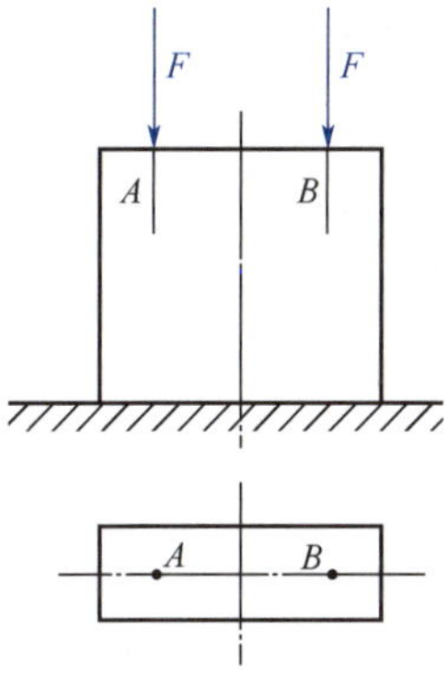

题图 1-3-30

3. 压力机立柱用铸铁材料制成，受力情况如题图 1-3-31 所示，从强度考虑，其横截面 $m-m$ 应采用哪种截面形状比较合理？为什么？

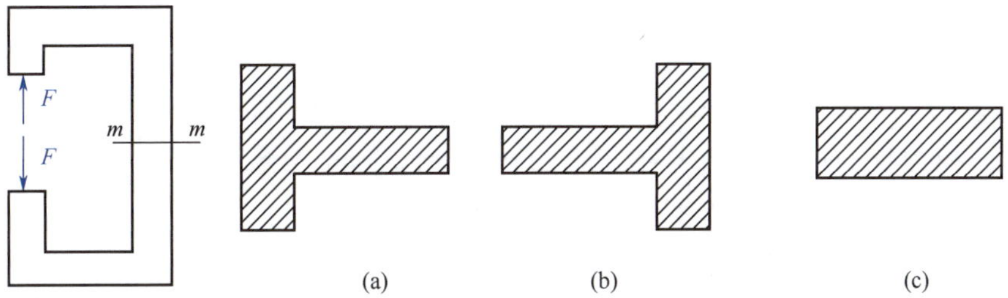

题图 1-3-31

二、分析计算题

1. 有一斜梁 AB，如题图 1-3-32 所示，其横截面为正方形，边长为 100mm，若 $W=3$kN，试求斜梁上的最大拉应力和最大压应力。

2. 有一开口环如题图 1-3-33 所示，用直径 $d=30$mm 的钢杆制成。$a=60$mm，材料的许用应力 $[\sigma]=120$MPa，试求允许的最大拉力 F。

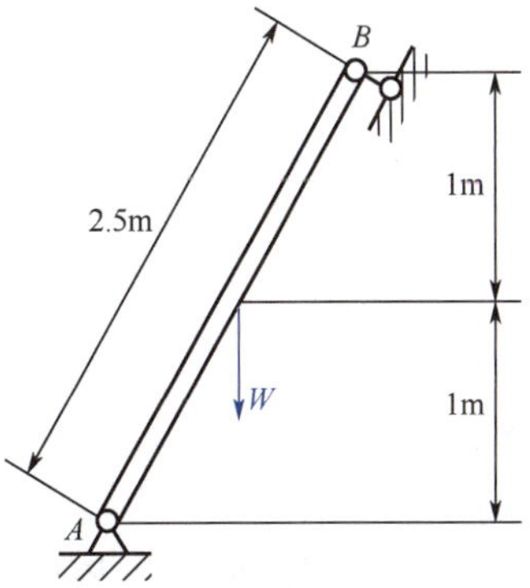

题图 1-3-32

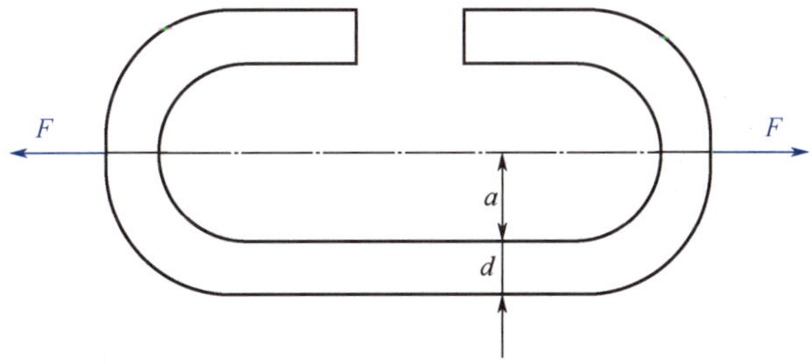

题图 1-3-33

3. 如题图 1-3-34 所示为一起重机，$a=3\text{m}$，$b=1\text{m}$，受力 $F=36\text{kN}$，若材料的许用应力 $[\sigma]=140\text{MPa}$，试为水平杆选择一对合适的槽钢型号。

4. 试求题图 1-3-35 中 AB 杆横截面上的最大正应力。已知 $F_1=20\text{kN}$，$F_2=30\text{kN}$，$l_1=200\text{mm}$，$l_2=300\text{mm}$，$a=100\text{mm}$。

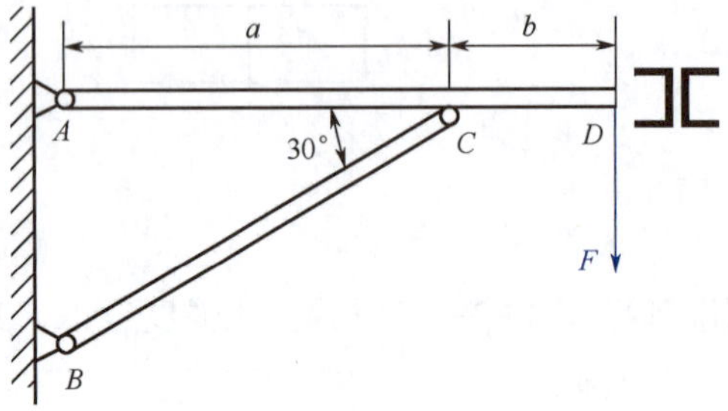

题图 1-3-34

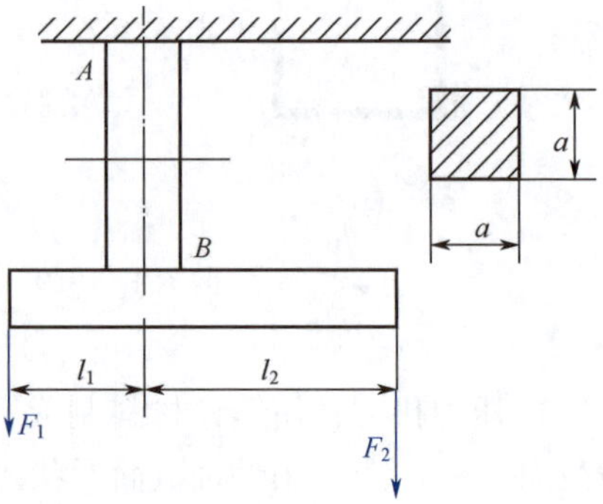

题图 1-3-35

5. 题图 1-3-36 所示为一传动轴，在外力偶矩 M_e 的作用下作匀速转动，轮的直径 $D=0.5\text{m}$，拉力 $F_1=8\text{kN}$，$F_2=4\text{kN}$，轴的直径 $d=90\text{mm}$，$l=500\text{mm}$。若轴的许用应力 $[\sigma]=50\text{MPa}$，试按第三强度理论校核轴的强度。

6. 某轮轴装置如题图 1-3-37 所示，皮带的拉力分别为 $F_1=5\text{kN}$，$F_2=2.5\text{kN}$，皮带轮的自重 $W=2\text{kN}$，轮的直径 $D=1\text{m}$。若轴的许用应力 $[\sigma]=80\text{MPa}$，试按第三强度理论计算轴的直径 d。

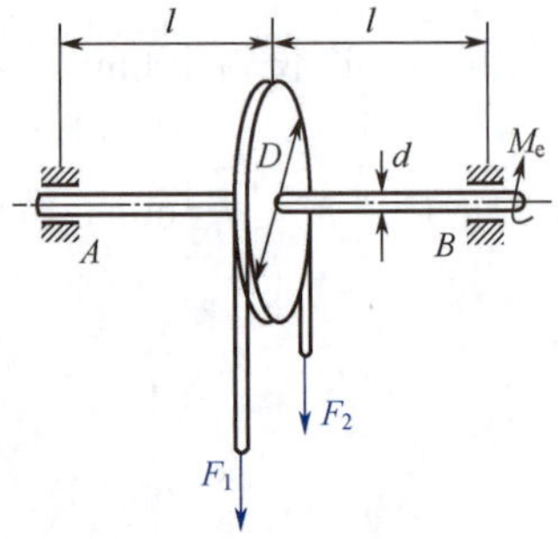

题图 1-3-36

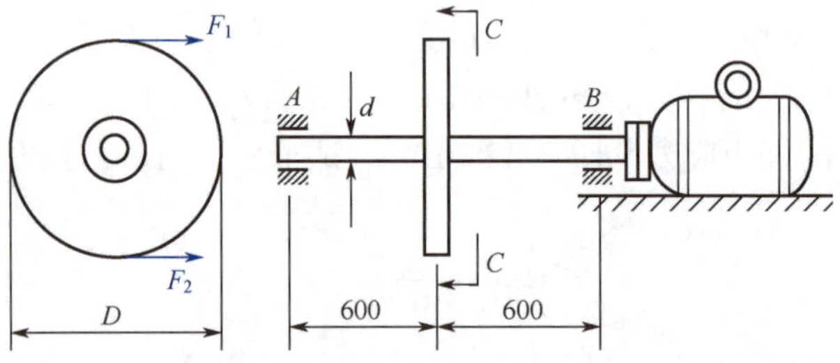

题图 1-3-37

7. 题图 1-3-38 所示为一皮带轮轴，装有皮带轮 1、2 和 3。1、2 皮带轮张力是沿着铅垂方向的，而 3 轮上的皮带张力是水平方向的，已知皮带张力 $F_1=F_2=1.5\text{kN}$。1、2 轮的直径均为 300mm，3 轮的直径为 450mm，轴的直径为 60mm，若轴的许用应力 $[\sigma]=80\text{MPa}$，且轴做匀速转动，试按第三强度理论校核轴的强度。

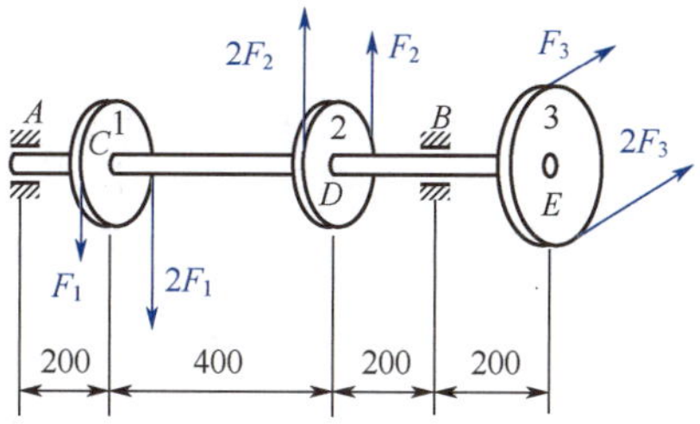

题图 1-3-38

任务七　细长压杆的稳定性分析

任务描述

如图 1-3-98 所示连杆，用铬钼钢制成，连杆横截面面积 $A=720\text{mm}^2$，惯性矩 $I_z=6.5\times10^4\text{mm}^4$，$I_y=3.8\times10^4\text{mm}^4$。试确定连杆的临界载荷，并判断截面的形状设计是否合理。

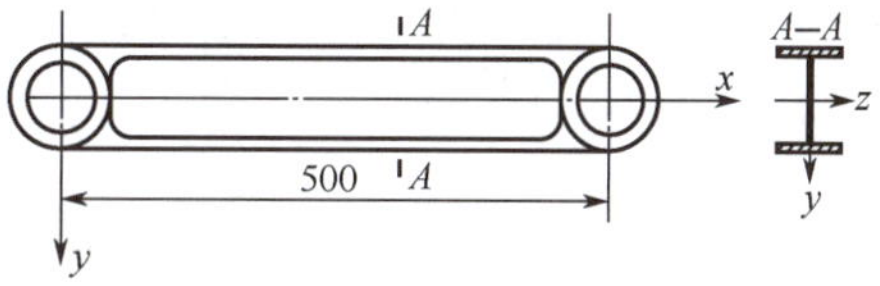

图 1-3-98　连杆

任务分析

掌握细长压杆的稳定性分析方法。

知识准备

一、压杆稳定性的概念

细长拉压杆的稳定性分析

稳定实验

构件保持其原有平衡状态的能力称为稳定性。受压力作用的构件，除了必须具有足够的强度以外，还要求有足够的稳定性。例如自卸载重汽车液压装置的活塞杆，当它顶起车厢受到压力作用时，应不致因丧失稳定性而失效。特别是对于细长的压杆，稳定性成为主要的问题。这可由实验来说明。取一根直径为 10mm，长度为 1m 的圆截面直杆，两端均为球形铰支座，材料的屈服极限 $\sigma_s=240\text{MPa}$，如图 1-3-99 所示。按照强度计算结果，该杆发生屈服时的轴向压力是 18.8kN，然而该杆在轴向压力只有 1kN 左右时就会发生侧向弯曲。如果继续增大压力，则弯曲变形迅速增大，压杆承载能力急剧下降。压杆丧失其原有直线平衡形式的现象称为失稳。

上述现象表明，在轴向压力逐渐增大的过程中，压杆经历了两种不同性质的平衡。当轴向压力较小时，压杆直线形式的平衡是稳定的；当轴向压力较大时，压杆直线形式的平衡则是不稳定的。使压杆直线形式平衡开始由稳定转变为不稳定的轴向压力值，称为压杆的临界载荷，用 P_{cr} 表示。在临界载荷 P_{cr} 的作用下，压杆既可以在直线状态下保持平衡，也可以在微弯的状态下保持平衡。所以，当轴向压力值达到或超过临界载荷时，压杆将产生失稳现象。

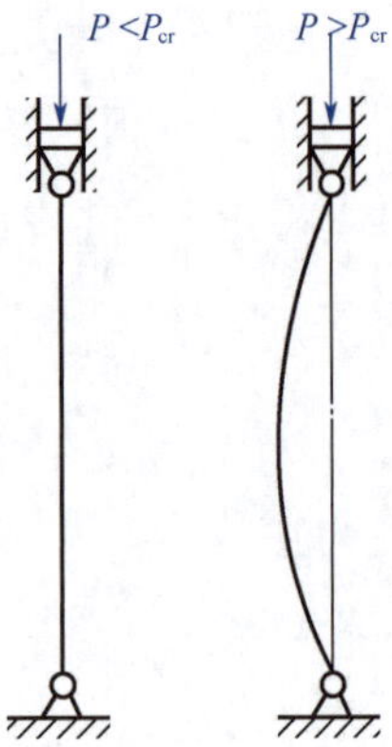

图 1-3-99　圆截面直杆

稳定性问题和强度、刚度问题一样，在结构和构件设计中占有重要地位。杆件在失稳之后，改变了其承载性质，压力的微小变化将引起弯曲变形的明显增大，这时杆件已经丧失了承载能力，不能正常工作，甚至会引起整个机器或者结构的破坏。机械工程中有许多压杆，如图 1-3-100 所示的往复式压缩机活塞杆、设备托架支柱、千斤顶的螺杆、操作台的立柱等，都必须具有足够的稳定性才能正常工作。

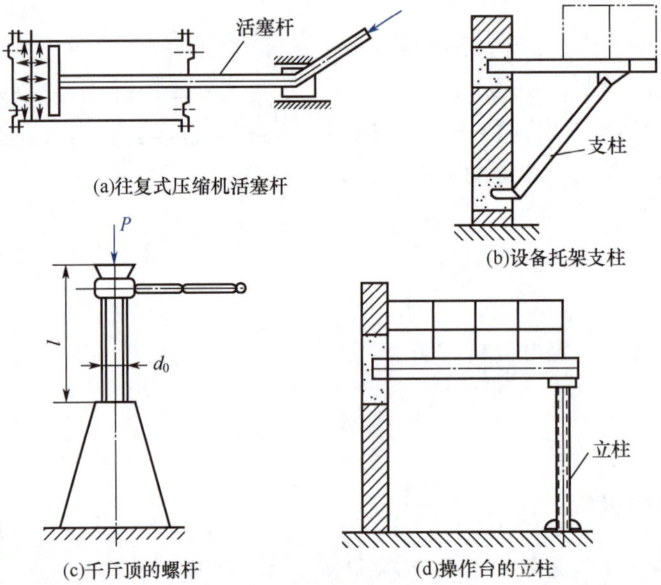

图 1-3-100　压杆实例

除压杆以外，其他形式的结构也存在着稳定性问题。例如薄壁容器（或圆环）受到均匀外压作用时，如图 1-3-101 所示；狭长的截面梁，受到横向力作用时，都有可能产生失稳现象。

本任务研究压杆临界载荷的确定，支持方式对临界载荷的影响，压杆的稳定条件与合理设计等。

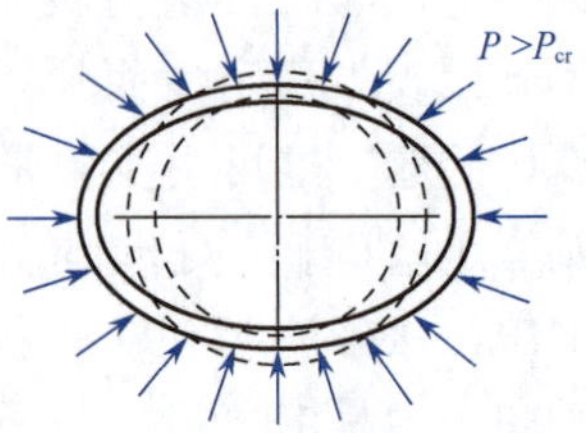

图 1-3-101　薄壁容器受压

二、细长压杆的临界力和欧拉公式

关于细长压杆临界载荷的理论分析，首先是由欧拉（Euler）在 1774 年提出的。

图 1-3-102 所示的等截面细长压杆，两端为球形铰支座，不计杆的自重，在轴向压力 $P = P_{cr}$ 作用之下，处于微弯的平衡状态。

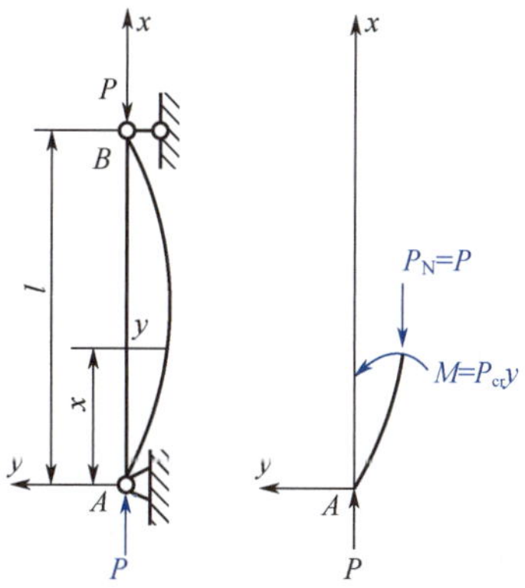

图 1-3-102　等截面细长压杆

细长压杆在不同杆端约束作用下临界载荷 P_{cr} 的一般公式为

$$P_{cr} = \frac{\pi^2 EI}{(\mu l)^2} \qquad (1-3-84)$$

式中　EI ——杆的抗弯刚度；

l——杆的几何长度；

μ——长度系数，其取值与杆的支承形式有关（表 1-3-2）；

μl——有效长度。

实际问题中压杆还可能有其他支承形式，例如弹性支座等。此外，作用在压杆上的载荷也有多种形式，例如压力沿着轴线分布而不是集中于两端等。这些情况也可以用不同的 μ 来反映，可查阅有关的设计手册。

表 1-3-2　　压杆的长度系数 μ

杆端支承情况	一端自由 一端固定	两端铰支	一端固定 一端铰支	两端固定	一端固定，一端可移动 但不能转动
挠曲线图形		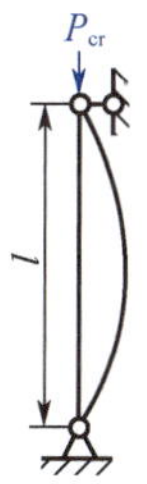		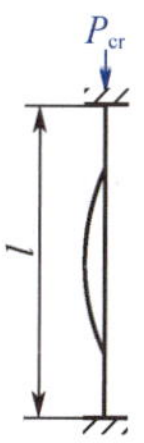	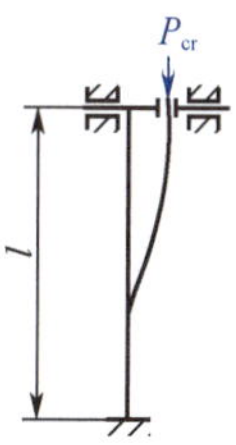
长度系数 μ	2	1	0.7	0.5	1

式（1-3-84）称为欧拉公式的一般形式，计算时要注意 μ 的选择方法。在实际构件中，还常常遇到所谓柱状铰，如图 1-3-103 所示。可以看出：在垂直于轴销的平面内（x-z 平面），轴销对杆的约束相当于铰支，在轴销平面内（x-y 平面），轴销对杆的约束接近于固定端。

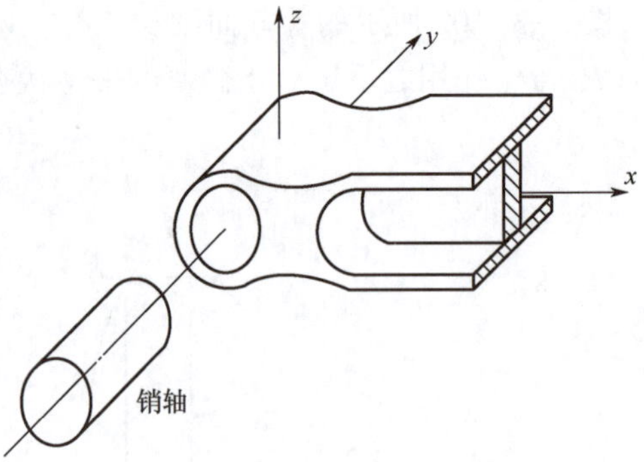

图 1-3-103　柱状铰

【例 3-24】如图 1-3-104 所示细长圆截面连杆，长度 $l=800$mm，直径 $d=20$mm，材料为 Q235 钢，其弹性模量 $E=200$GPa，试计算连杆的临界载荷。

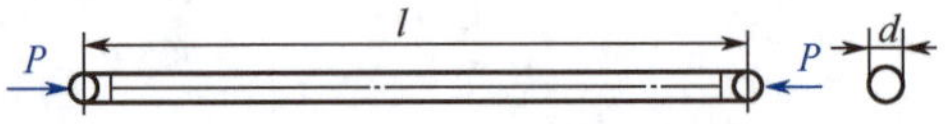

图 1-3-104　细长圆截面连杆

解：(1) 临界载荷计算。

该连杆为两端铰支的细长压杆，根据式（1-3-84）可知，其临界载荷为

$$P_{cr}=\frac{\pi^2 E}{l^2}\cdot\frac{\pi d^2}{64}=\frac{\pi^3 E d^4}{64 l^2}=\frac{\pi^3\times 200\times 10^3\times 20^4}{64\times 800^2}=24.2\times 10^3(\mathrm{N})$$

(2) 讨论。

Q235 钢的屈服应力 $\sigma_s=235$MPa，所以，使连杆压缩屈服所需之轴向压力为

$$P=A\sigma_s=\frac{\pi d^2\sigma_s}{4}=\frac{\pi\times 20^2\times 235}{4}=73.8\times 10^3(\mathrm{N})>P_{cr}$$

上述数据说明，细长杆的承压能力是由稳定性要求所决定的。

【例 3-25】有一矩形截面细长压杆如图 1-3-105 所示，一端固定，已知 $b=2$cm，$h=4$cm，$l=1$m。材料是钢材，弹性模量 $E=200$GPa，计算此压杆的临界载荷。

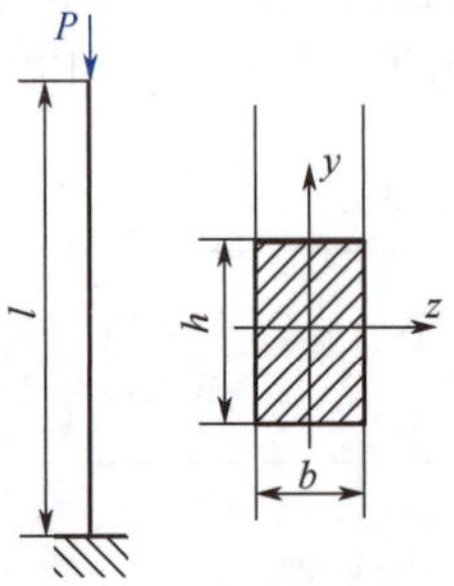

图 1-3-105　矩形截面细长压杆

解：由表 1-3-2 查得长度系数 $\mu=2$，截面对 y 轴、z 轴的惯性矩分别为

$$I_y=\frac{hb^3}{12}=\frac{0.04\times(0.02)^3}{12}=2.67\times 10^{-8}(\mathrm{m})^4$$

$$I_z=\frac{bh^3}{12}=\frac{0.02\times(0.04)^3}{12}=10.67\times 10^{-8}(\mathrm{m})^4$$

$I_y<I_z$，故压杆必定绕 y 轴弯曲而失稳，故将 I_y 代入式（1-3-84）得

$$P_{cr}=\frac{\pi^2 E I_y}{(\mu l)^2}=\frac{\pi^2\times 200\times 10^9\times 2.67\times 10^{-8}}{(2\times 1)^2}=13176(\mathrm{N})\approx 13.2(\mathrm{kN})$$

由此例可知，当压杆在各个方向的约束情况相同，而惯性矩不等时，应选用值小的惯性矩 I_{min} 来计算临界载荷 P_{cr}。

三、欧拉公式的适用范围和中、小柔度杆的临界应力

欧拉公式是在线弹性条件下建立的，本书研究该公式的适用范围以及压杆的非弹性稳定问题。

1. 临界应力与柔度

细长压杆的临界应力 σ_{cr} 定义为

$$\sigma_{cr} = \frac{P_{cr}}{A} = \frac{\pi^2 EI}{(\mu l)^2 A}$$

将截面的最小惯性半径 $i = \sqrt{\frac{I}{A}}$ 代入上式，并引入记号

$$\lambda = \frac{\mu l}{i} \tag{1-3-85}$$

得到临界应力的计算公式为

$$\sigma_{cr} = \frac{\pi^2 E}{\lambda^2} \tag{1-3-86}$$

式中　λ——压杆的柔度或细长比，无量纲。

柔度综合地反映了压杆长度、约束条件、截面特征等因素对临界应力的影响。式（1-3-86）表明，细长压杆的临界应力与柔度的平方成反比，柔度越大，临界应力越低。

2. 欧拉公式的适用范围

由于欧拉公式是根据挠曲线近似微分方程建立的，因此式（1-3-86）只能用于线弹性范围，即该式仅适用于杆内应力不超过比例极限 σ_p 的情况，因此，欧拉公式的适用范围为

$$\sigma_{cr} = \frac{\pi^2 E}{\lambda^2} \leqslant \sigma_p$$

$$\lambda \geqslant \pi \sqrt{\frac{E}{\sigma_p}}$$

若令

$$\lambda = \pi \sqrt{\frac{E}{\sigma_p}} \tag{1-3-87}$$

即仅当 $\lambda \geqslant \lambda_p$ 时，欧拉公式才成立。

由式（1-3-87）可知，λ_p 的值仅与材料的弹性模量 E 及比例极限 σ_p 有关，所以 λ_p 的值仅随材料而异。

以 Q235 钢为例，其弹性模量 $E=200\text{GPa}$，比例极限 $\sigma_p=196\text{MPa}$，代入式（1-3-87），可得

$$\lambda_p = \pi \sqrt{\frac{200 \times 10^3}{196}} \approx 100$$

所以，对于用 Q235 钢制成的压杆来说，只有当 $\lambda \geqslant 100$ 时，才能应用欧拉公式。

$\lambda \geqslant \lambda_p$ 的压杆称为大柔度杆。因此可以看出，前面经常提及的细长杆即为大柔度杆。

3. 中小柔度杆的临界应力和临界应力总图

压杆柔度越小，其稳定性越好，越不易失稳。实验表明：当压杆柔度小于一定数值 λ_0 时，强度问题又成为主要问题，这时，压杆的承载能力由杆件抗压强度决定。此时由塑性材料制成的压杆，其承载极限压力即为

$$P_0 = A\sigma_s$$

$\lambda < \lambda_0$ 的压杆称为小柔度杆或者短粗杆。

在工程实际中，一些压杆的柔度往往介于 λ_0 和 λ_p，这类压杆称为中柔度杆。小柔度杆和中柔度杆统称为非细长压杆，其临界应力超过了材料的比例极限，属于非弹性稳定问题。这类压杆的临界应力可以通过解析方法求得，也可采用经验公式进行计算。这类公式是在实验和分析的基础上建立的，常见的经验公式有直线公式和抛物线公式等。

计算中柔度杆临界应力的直线公式是

$$\sigma_{cr} = a - b\lambda \tag{1-3-88}$$

该公式用于合金钢、铝合金、铸铁和松木等非细长杆，式中 a 和 b 为与材料性能有关的常数，单位是 MPa。几种常见材料的 a、b、λ_p 和 λ_0 值如表 1-3-3 所示。

表 1-3-3　几种常见的材料的 a、b、λ_p 和 λ_0 值

材料	a	b	λ_p	λ_0
Q235 钢 $\sigma_s = 235\text{MPa}$　$\sigma_b \geqslant 372\text{MPa}$	304	1.12	100	61.4
优质碳钢 $\sigma_s = 306\text{MPa}$　$\sigma_b \geqslant 470\text{MPa}$	460	2.57	100	60
硅钢 $\sigma_s = 353\text{MPa}$　$\sigma_b \geqslant 510\text{MPa}$	577	3.74	100	60
铬钼钢	980	5.29	55	—
硬铝	372	2.14	50	—
铸铁	331.9	1.453	80	—
松木	39.2	0.199	59	—

使用上述直线型经验公式时，柔度 λ 存在一最低极限值 λ_0，其值与材料的压缩极限应力有关。因为当应力达到压缩极限应力 σ_{cu} 时，压杆已因强度不够而失效。例如，塑性材料的压缩极限应力是屈服极限 σ_s，于是，由直线经验公式，并令 $\sigma_{cu} = \sigma_s$，得

$$\lambda_0 = \frac{a - \sigma_s}{b} \tag{1-3-89}$$

综上所述，根据压杆柔度值可以将其分为三类，并分别按不同方式处理。$\lambda \geqslant \lambda_p$ 的压杆属于细长杆或大柔度杆，按照欧拉公式计算其临界应力；$\lambda_0 \leqslant \lambda < \lambda_p$ 的压杆属于中柔度杆，可按经验公式计算其临界应力；$\lambda < \lambda_0$ 的压杆属于短粗杆或者小柔度杆，应按强度问题处理。在上述三种情况下，临界应力（或极限应力）随柔度变化的曲线，如图 1-3-106 所示，称为临界应力总图。

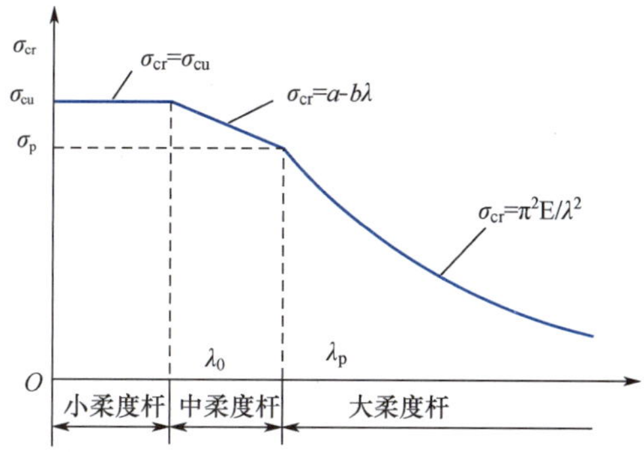

图 1-3-106　临界应力总图

四、提高压杆稳定性的措施

为了提高压杆的承载能力，必须综合考虑杆长、支承、截面的合理性以及材料性能等因素的影响。

1. 尽量减小压杆长度

对于细长杆，临界载荷与杆长的平方成反比，因此，减小杆长可以显著提高杆的承载能力，所以在结构许可的条件下应尽量减小压杆的长度。例如对图 1-3-107 所示的桁架中压杆 1、4 进行改造，可提高其承载能力。

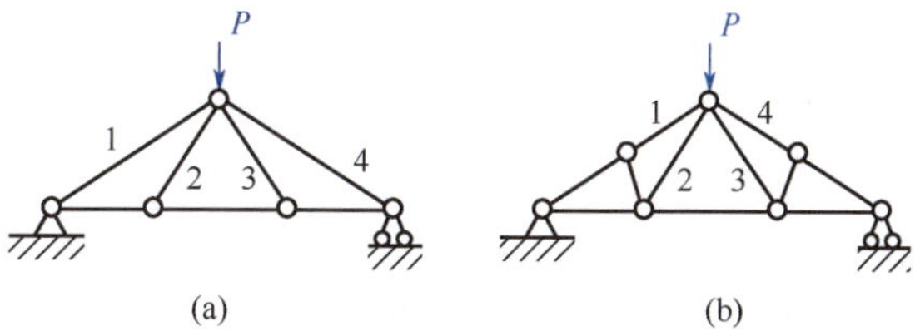

图 1-3-107

2. 增强支座的刚性

支承的刚性越大，压杆的长度系数 μ 值越低，临界载荷就越大。例如，把两端铰支的细长杆变成两端固定约束时，临界力将成倍增加。另外，压杆若与其他构件连接时，应尽可能做成刚性连接或者采用较紧密的配合。

3. 合理选择截面形状

当压杆两端在各个方向具有相同的约束条件时，此时，应将截面设计成中空的，且 $I_y = I_z$，从而增大截面的惯性矩，以提高压杆的承载能力。

当压杆端部在不同平面内具有不同约束条件时，应采用最大和最小主惯性矩不等的截面，并使主惯性矩较小的平面内具有刚性较大的约束，尽量使两个平面内压杆的柔度 λ 相接近。例如经过适当设计的工字钢截面、角钢或槽钢等组合截面，均可能满足上述要求。

4. 合理选用材料

对于大柔度压杆，临界应力 σ_{cr} 与弹性模量 E 成正比。由于普通碳素钢、合金钢以及高强度钢的弹性模量相差不大，因此若用高强度钢，意义不大，反而浪费，此时应选择普通碳钢，既合理又经济。对于非细长杆，其临界应力与材料的比例极限 σ_p 和屈服极限 σ_s 有关，这时选用高强度钢有利于稳定性的提高。

任务实施

求解图 1-3-98 中连杆的临界载荷，并判断截面的形状设计是否合理。

解：(1) 失稳形式判断。

在轴向压力作用下，连杆既可能在 $x-y$ 平面内失稳，也可能在 $x-z$ 平面内失稳。

如果连杆在 $x-y$ 平面内失稳（即横截面绕 z 轴转动），则连杆两端可视为铰支，长度系数 $\mu=1$，连杆的柔度为

$$\lambda_z=\frac{(\mu l)_z}{i_z}=\frac{(\mu l)_z}{\sqrt{\dfrac{I_y}{A}}}=\frac{1\times 500}{\sqrt{\dfrac{6.5\times 10^4}{720}}}=52.6$$

如果连杆在 $x-z$ 平面内失稳，即横截面绕 y 轴转动，则连杆两端接近于固定端，可取长度系数 μ=0.7，连杆的柔度为：

$$\lambda_y=\frac{(\mu l)_y}{\sqrt{\dfrac{I_y}{A}}}=\frac{0.7\times 500}{\sqrt{\dfrac{3.8\times 10^4}{720}}}=48.2<\lambda_z$$

可见，连杆将首先在 $x-y$ 平面内失稳。

(2) 临界载荷计算。

由表 1-3-3 查得，铬钼钢的 $\lambda_p=55$，$a=980\text{MPa}$，$b=5.29\text{MPa}$，可见连杆属于中柔度杆，其临界载荷为

$$P_{cr}=A(a-b\lambda)=720\times(980-5.29\times 52.6)=5.05\times 10^5(\text{N})$$

(3) 讨论。

连杆两个方向的柔度分别为

$$\lambda_z=52.6\qquad \lambda_y=48.2$$

二者相当接近，说明该连杆的设计比较合理。

素质拓展

古阿基米德："给我一个支点 我可以翘起地球"

古希腊科学家阿基米德有这样一句流传千古的名言："假如给我一个支点，我就能把地球挪动！"这就是杠杆原理。

公元前 287 年，阿基米德诞生于希腊西西里岛叙拉古附近的一个小村庄。阿基米

德的父亲是天文学家兼数学家，学识渊博，为人谦逊。阿基米德的意思是大思想家，阿基米德受家庭的影响，从小就对数学、天文学特别是古希腊的几何学产生了浓厚的兴趣。

在埃及，公元前1500年，就有人使用杠杆来抬起重的东西，但是人们不懂得其中的道理，阿基米德细心地研究了这个原理。阿基米德指出，在支点远端的一小物体，会与支点近端的一大物体平衡，而且指出该物体的重量和离支点的距离成反比。这一原理解释了为什么一大块顽石能用铁棍撬起的原因。因为铁棍正是一种杠杆，铁棍远端的力与铁棍近端的重物的力相平衡。有一次，阿基米德对叙拉古国王说："如果有一个站脚的地方，我将移动地球！"国王听了非常吃惊。于是命令他去移动放在海岸边的一条大船。这条大船体积大，相当重，很多人都因为拉不动而感到束手无策。于是阿基米德设计了一组装置，用钩子钩住一组做成滑轮形式的杠杆。阿基米德非常舒服地坐在椅子上，毫不费劲地用一只手就把一艘满载货物的大船从港口一直拉到岸上。

阿基米德对数学和物理的发展做出了巨大的贡献，为社会进步和人类发展有着不可磨灭的影响，牛顿和爱因斯坦也都曾从他身上汲取过智慧和灵感，他是"理论天才与实验天才合于一人的理想化身"。

（资料来源：360百科．阿基米德——力学之父［EB/OL］．［2025-04-30］．https：//baike.so.com/doc/1823819-1928900.html，有改动。）

思考与练习

一、简答题

1. 何谓失稳？何谓稳定平衡与不稳定平衡？

2. 何谓临界载荷？何谓临界应力？

3. 欧拉公式是如何建立的？应用该公式的条件是什么？

4. 何谓长度系数与有效长度？何谓惯性半径？何谓柔度？它们的量纲各是什么？各如何确定？

5. 如何区分大柔度杆、中柔度杆与小柔度杆？它们的临界应力（或极限应力）如何确定？如何绘制临界应力总图？

二、分析计算题

1. 题图1-3-39所示一细长压杆，两端为球形铰支，弹性模量 $E=200\text{GPa}$，试用欧拉公式计算其临界载荷。

（1）圆形截面，$d=25\text{mm}$，$l=1.0\text{m}$。

（2）矩形截面，$h=2b=40\text{mm}$，$l=1.0\text{m}$。

（3）N016工字钢，$l=2.0\text{m}$。

2. 题图1-3-40所示一立柱，$l=6\text{m}$，由两根N010槽钢组成，立柱顶部为球形铰支，根部为固定端，试问当 a 多大时立柱的临界载荷 P_{cr} 最高？其值为何？已知材料的弹性模量 $E=200\text{GPa}$，比例极限 $\sigma_p=200\text{MPa}$。

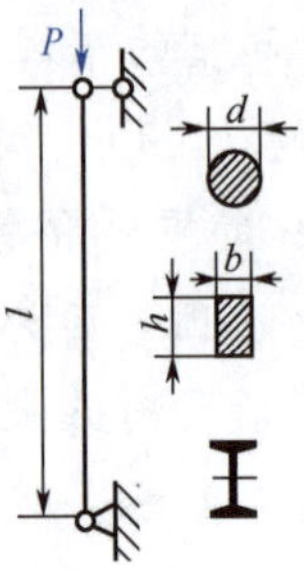

题图 1-3-39

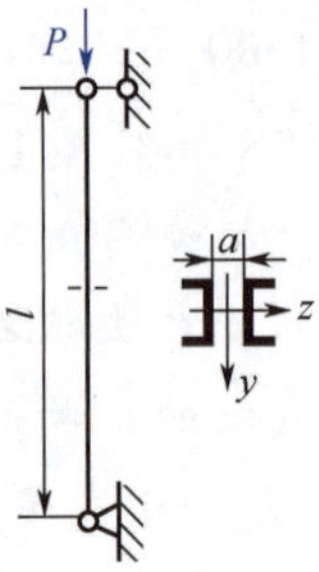

题图 1-3-40

3. 试按细长杆的临界力和欧拉公式的知识求题图 1-3-41 所示细长压杆的临界载荷。设抗弯刚度 EI 为常数。

4. 有一根 30mm×50mm 的矩形截面压杆，两端为球形铰支。试问，压杆多长时可用欧拉公式计算临界载荷。已知材料的弹性模量 $E=200\text{GPa}$，比例极限 $\sigma_p=200\text{MPa}$。

5. 如题图 1-3-42 所示一桁架，由两根抗弯刚度 EI 相同的等截面细长杆组成。设载荷 P 与杆 AB 的轴线夹角为 θ，且 $0\leqslant\theta\leqslant\pi/2$，试求载荷 P 最大许可值。

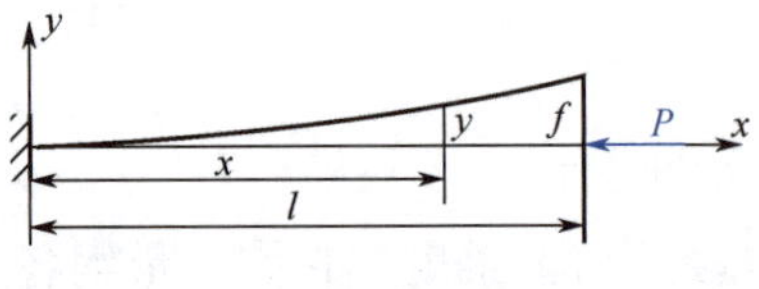

题图 1-3-41

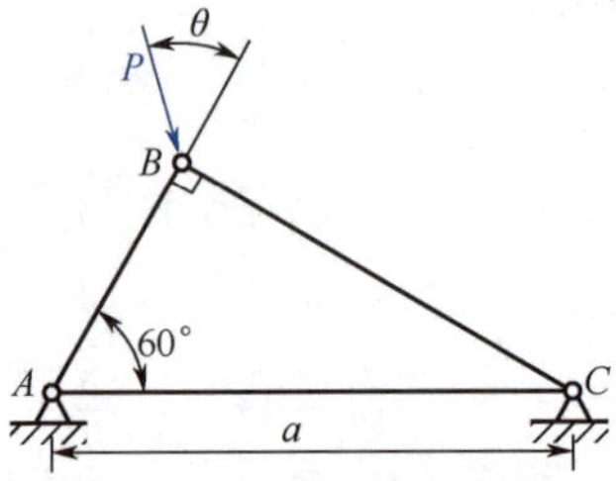

题图 1-3-42

6. 某种钢材，$\sigma_p=230\text{MPa}$，$\sigma_s=274\text{MPa}$，$E=200\text{GPa}$，$\sigma_{cr}=338-1.22\lambda$，试计算 λ_p 和 λ_0 的值，并绘临界应力总图（$0\leqslant\lambda\leqslant150$）。

7. 如题图 1-3-43 所示一压杆，$l=300\text{mm}$，$b=20\text{mm}$，$h=12\text{mm}$，材料为 Q235 钢，$E=200\text{GPa}$，$\sigma_s=235\text{MPa}$，$a=304\text{MPa}$，$b=1.12\text{MPa}$，$\lambda_p=100$，$\lambda_0=61.4$，有三种支持方式，试计算它们的临界载荷。

8. 如题图 1-3-44 所示一压杆，材料为 Q235 钢，横截面有四种形式，但其面积均为 $3.2\times10^3\text{mm}^2$，试计算它们的临界载荷，并进行比较。已知：$E=200\text{GPa}$，$\sigma_s=235\text{MPa}$，$\sigma_{cr}=338-1.12\lambda$，$\lambda_p=100$，$\lambda_0=61.4$。

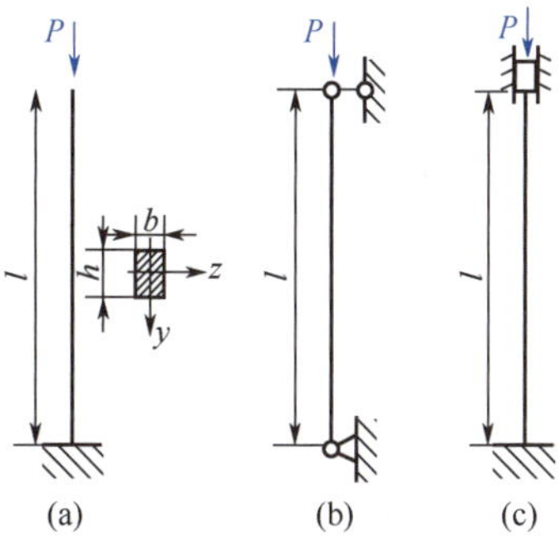

题图 1-3-43

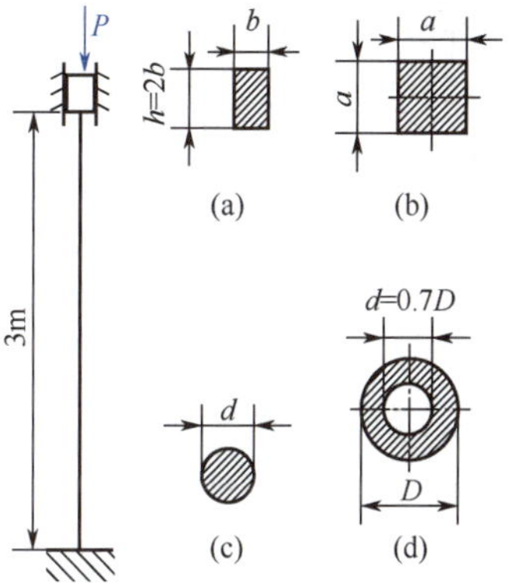

题图 1-3-44

项目总结

1. 材料力学基本概念

（1）材料力学的研究任务。材料力学主要研究构件的强度、刚度、稳定性，从而为经济安全地设计构件的尺寸，截面形状等提供合理的理论依据。所谓强度，指的是构件抵抗破坏的能力。所谓刚度，指的是构件抵抗变形的能力。所谓稳定性，指的是构件保持自身原有平衡状态的能力。

（2）材料力学的基本假设。连续性假设、均匀性假设、各向同性假设。

（3）材料力学研究的四类基本变形。轴向拉压、剪切、扭转、弯曲。其他变形可看作这四类基本变形中的一种或四类基本变形的组合变形。

（4）材料力学分析问题的方法。截面法。

2. 轴向拉伸和压缩变形

轴向拉压是工程构件常见的一种基本变形。本任务利用截面法从外力入手分别介绍了轴向拉压杆截面上的内力、应力、强度、变形等几个问题。这一方法也是材料力学研究问题的基本方法。

通过本任务的学习希望大家掌握以下内容：

（1）截面法。会取杆件的一部分作为研究对象，利用静力平衡方程求内力。

（2）轴力图。会根据求出的杆件的内力画轴力图。

（3）应力。会求横截面和斜截面上的应力。

（4）强度。记住轴向拉压杆的强度公式，并会利用强度条件及其变形公式求解相关的问题。

（5）变形。掌握胡克定律的两种形式，会用胡克定律求杆件的变形，会用胡克定律求解简单的超静定问题。

3. 剪切与挤压变形

（1）当构件受到大小相等、方向相反、作用线平行且相距很近的两个外力作用时，两力之间的截面发生相对错动，这种变形称为剪切变形。工程中的连接件在承受剪切的同时，还伴随着挤压的作用。

（2）连接件的实用强度计算。

剪切的实用强度计算公式为

$$\tau = \frac{Q}{A} \leqslant [\tau]$$

挤压的实用强度计算公式为

$$\sigma_{bs} = \frac{F_{bs}}{A} = \frac{F_{bs}}{\delta d} \leqslant [\sigma]$$

（3）确定连接件的剪切面和挤压面是进行强度计算的关键。剪切面与外力平行且位于反向外力之间；当挤压面为平面时，其计算面积就是实际面积；当挤压面积为圆柱面时，其计算面积等于半圆柱面积的正投影面积。

4. 圆轴扭转变形

（1）承受扭转变形杆件的受力特点是：在垂直于杆件轴线的平面内作用有力偶，而其变形特征为横截面绕轴线作相对转动。以扭转变形为主的杆件称为轴，传动轴传递动力时，如果已知其转速 n（单位为 r/min）和所传递的功率 P（单位为 kW），则轴所承受的外力偶矩为

$$M_e = 9459\frac{P}{n}$$

（2）作用于横截面的内力偶矩称为该截面的扭矩，用 T 表示。扭矩 T 可通过截面法求得，其正负号按右手螺旋法则来确定，扭矩矢量方向与截面外法线方向一致取正号，反之为负。扭矩随截面位置的变化可用扭矩图来形象描述。

（3）微体各截面只存在切应力而不存在正应力的情况，称为纯剪切。微体矩形相对边产生相对平行错动的变形称为剪切变形，矩形直角因平行错动而产生的改变量称为切应变，用 γ 表示。当切应力 τ 不超过材料的剪切比例极限 τ_P 时，切应力与切应变成正比，即 $\tau = G\gamma$，G 为材料的切变模量，此关系称为剪切胡克定律。

（4）圆轴扭转时，横截面上只存在与半径垂直、其大小沿半径线性分布的切应力，即

$$\tau_\rho = \frac{T}{I_P}\rho$$

式中 τ——扭矩；

ρ——所求点处半径；

I_P——截面极惯性矩。

对于实心圆截面，$I_P = \frac{\pi}{32}d^4$，对于空心圆截面，$I_P = \frac{\pi}{32}D^4(1-\alpha^4)$，$\alpha = d/D$。扭转切应力在圆心处为零，截面周边处为最大。

$$\tau_{max} = \frac{T}{I_P}\cdot\frac{d}{2} = \frac{T}{W_P}$$

式中　W_P——抗扭截面系数。

$$W_P = \frac{\pi}{16}d^3$$

空心圆截面的抗扭截面系数为

$$W_P = \frac{\pi(D^4 - d^4)}{16D} = \frac{\pi}{16}D^3(1 - \alpha^4)$$

圆轴扭转的强度条件为

$$\tau_{max} = \left(\frac{T}{W_P}\right)_{max} \leqslant [\tau]$$

（5）圆轴扭转时，两横截面绕轴线相对转动的角度，称为该两截面的扭转角，用 φ 表示。扭转角相对于截面位置的变化率（单位长度扭转角）为

$$\frac{d\varphi}{dx} = \frac{T}{GI_P}$$

乘积 GI_P 称为圆轴截面的抗扭刚度。对于长为 l、扭矩 T 为常数的等直圆轴，两端面的扭转角为

$$\varphi = \frac{Tl}{GI_P}$$

式中扭转角单位为 rad。

圆轴扭转的刚度条件是

$$\theta_{max} = \frac{|T|_{max}}{GI_P} \times \frac{180}{\pi} \leqslant [\theta]$$

5. 直梁弯曲变形

（1）平面弯曲时，梁横截面上弯曲正应力公式为

$$\sigma = \frac{My}{I_Z}$$

式中　M——某截面的弯矩；

I_Z——整个截面对中性轴的惯性矩；

y——所求应力点到中性轴的距离。

在梁横截面上距中性轴最远各点处，弯曲正应力最大，其值为

$$\sigma_{max} = \frac{M}{W_Z}$$

式中　W_Z——抗弯截面系数。

$$W_Z = \frac{I_Z}{y_{max}}$$

（2）对于塑性材料制成的梁，其弯曲正应力强度条件为

$$\sigma_{max} \leqslant [\sigma]$$

对于脆性材料制成的梁，其弯曲正应力强度条件为

$$\sigma^+_{max} \leqslant [\sigma_+],\ \sigma^-_{max} \leqslant [\sigma_-]$$

（3）提高梁的弯曲强度主要措施有：在截面面积不变的情况下，选择较大的抗弯

截面系数，也就是尽量将面积远离中性轴；使用变截面梁或等强度梁；合理安排梁的支座和加载方式等。

（4）挠度与转角是度量弯曲变形的两个基本量，两者之间的关系为

$$\theta \approx \tan\theta = \frac{\mathrm{d}y}{\mathrm{d}x}$$

梁的挠曲线近似微分方程为

$$\frac{\mathrm{d}^2 y}{\mathrm{d}^2 x} = \frac{M(x)}{EI_Z}$$

计算梁的挠度和转角的常用方法有积分法和叠加法。

梁的刚度条件为

$$|y|_{\max} \leqslant [y]$$

$$|\theta|_{\max} \leqslant [\theta]$$

6. 组合变形

（1）拉（压）弯组合变形。拉（压）弯组合变形分为两种情况，即同时受到轴向力和横向力作用的拉（压）弯组合变形和偏心拉（压）组合变形。这两种组合变形均是正应力和正应力的组合，其应力值可以直接相加或相减。

对于塑性材料制成的梁，其强度条件为

$$\sigma_{\max} = \frac{N}{A} + \frac{M_{\max}}{W_x} \leqslant [\sigma]$$

对于脆性材料制成的梁，如最小正应力为压应力，则应分别建立强度条件

$$\sigma_{\max}^{+} = \frac{N}{A} + \frac{M_{\max}}{W_x} \leqslant [\sigma_{+}]$$

$$\sigma_{\max}^{-} = \left|\frac{N}{A} - \frac{M_{\max}}{W_Z}\right| \leqslant [\sigma_{-}]$$

（2）弯扭组合变形。对于受弯扭组合变形的圆截面轴，应按第三或第四强度理论建立的强度条件进行强度计算。这类组合变形是正应力和剪应力的组合，适用的对象是塑性材料制成的圆截面轴。

如用第三强度理论，其强度条件为

$$\sigma_{r3} = \frac{\sqrt{M^2 + T^2}}{W_Z} \leqslant [\sigma]$$

如用第四强度理论，其强度条件为

$$\sigma_{r4} = \frac{\sqrt{M^2 + 0.75T^2}}{W_Z} \leqslant [\sigma]$$

上述强度条件同样适用于空心圆轴的计算，这时式中的 W_Z 要用空心圆轴的抗弯截面模量。

7. 细长压杆的稳定性分析

（1）压杆的稳定性问题是材料力学研究的三个基本问题之一。压杆在轴向压力作

用下，若干扰力消除后，仍能恢复原来的直线形式，则压杆直线形式的平衡是稳定的。反之，若干扰力消除后不能恢复原来的直线形式，而变成另一种平衡形式（微弯状态），则压杆直线形式的平衡是不稳定的。这种平衡形式的突变，是区别于强度、刚度问题的重要标志。

（2）临界载荷或临界应力的计算是解决压杆稳定性问题的关键。临界载荷是压杆从稳定平衡状态过渡到不稳定平衡状态的临界值。对于大柔度杆 $\lambda \geqslant \lambda_p$，可用欧拉公式计算 p_{cr}。

$$p_{cr} = \frac{\pi^2 EI}{(\mu l)^2} \quad \sigma_{cr} = \frac{\pi^2 E}{\lambda^2}$$

对于中柔度杆，$\lambda_0 \leqslant \lambda < \lambda_p$，可用经验公式计算其临界应力

$$\sigma_{cr} = a - b\lambda$$

对于小柔度杆，即当 $\lambda < \lambda_0$ 时，其临界应力就是材料的极限应力 σ_{cu}。

项目测试

一、填空题

1. 轴力图是表示拉压杆的轴力沿__________变化的图形。
2. 材料力学中对轴力正负号的规定是__________。
3. 工程中，常用的材料可分为__________和脆性材料两大类。
4. 延伸率和__________是材料塑性的两个重要指标。
5. 扭矩的正负号按__________法则来确定。
6. 当切应力不超过材料的剪切比例极限时，切应力与__________成正比。
7. 对于受扭轴，塑性材料失效的标志是__________。
8. 扭转角 φ 与扭矩 T 成__________。
9. 构件在垂直于轴线的外力作用下将发生__________ 变形。
10. 作用于梁上的载荷主要有__________、集中力偶和分布载荷。
11. 当梁弯曲时，横截面上必然同时存在两种内力分量，即__________和弯矩。
12. 梁弯曲变形时，横截面上将同时存在正应力和__________。
13. 一般等截面直梁弯曲时，__________的横截面都是梁的危险截面。
14. 提高梁的强度，就是设法__________。
15. 梁横截面上的弯曲正应力沿着高度方向__________。

二、判断题

1. 具有足够的强度，刚度和稳定性，是保证构件安全工作的三个基本要求。（　　）
2. 强度是指构件抵抗破坏的能力。（　　）
3. 应力的单位为牛。（　　）
4. 以轴向拉压为主要变形的杆件，称为拉压杆或轴向承载杆。（　　）

5. E 是材料的弹性模量，并且 E 的大小随着外力的变化而变化。(　　)

6. 低碳钢是脆性材料的典型代表。(　　)

7. 对于塑性材料，屈服极限就是它的危险应力。(　　)

8. 为保证杆件在轴向拉压时具备足够的强度，需要保证杆件内产生的最大应力超过材料的许用应力。(　　)

9. 承受扭转变形杆件的受力特点是：杆件两端分别作用大小相等、转向相反、作用面均垂直于杆轴线的两个力偶的作用。(　　)

10. 轴的转速越大，其力偶矩就越大。(　　)

11. 扭矩矢量方向与截面外法线方向一致取正号，反之为负。(　　)

12. 圆轴的扭转变形是用横截面绕轴线的相对转动角度来表示的。(　　)

13. 当梁弯曲时，横截面上必然同时存在一种内力分量。(　　)

14. 凡使所取梁段有做顺时针转动的剪力规定为正。(　　)

15. 为了保证梁能安全工作，最大工作应力可以超过材料的许用正应力。(　　)

三、简答题

1. 简述脆性材料的力学性能。

2. 根据轴向拉伸（压缩）时的强度条件可以解决哪些问题？

3. 对于实心圆截面，其极惯性矩和抗扭截面系数计算公式分别是什么？

4. 简述梁的内力正负规定。

5. 梁弯曲变形时正应力的强度条件是什么？

四、分析计算题

1. 如题图 1-3-45 所示拉压杆，已知：$F_1=3\text{kN}$、$F_2=2\text{kN}$、$F_3=6\text{kN}$、$F_4=1\text{kN}$，各段横截面面积分别为 300mm^2、200mm^2、100mm^2，试分析拉压杆横截面上的最大应力。

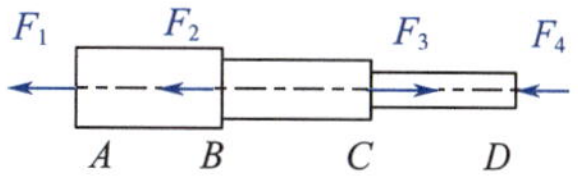

题图 1-3-45

2. 如题图 1-3-46 所示，某钢拉杆受力 $F=40\text{kN}$ 的作用，若拉杆材料的许用应力 $[\sigma]=100\text{MPa}$，横截面为矩形，且 $b=2a$，试确定 a、b 的尺寸。

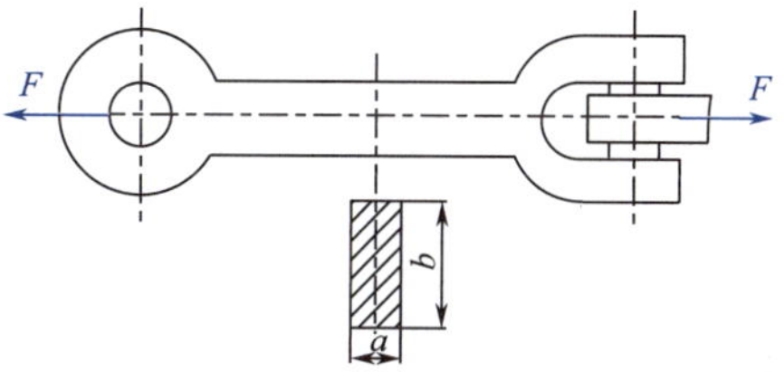

题图 1-3-46

3. 一等截面圆轴，已知其转速 $n=300\text{r/min}$，传递功率 $P=331\text{kW}$，若圆轴材料的许用切应力 $[\tau]=40\text{MPa}$，材料切变弹性模量 $G=80\text{MPa}$，试计算此轴的直径（利用圆轴的强度条件求解）。

4. 如题图 1-3-47 所示，该梁为矩形截面的悬臂梁，在 B 端受力 F 的作用，已知 $b=20\text{mm}$，$h=60\text{mm}$，$L=600\text{mm}$，$[\sigma]=120\text{MPa}$。求力 F 的最大许用值。

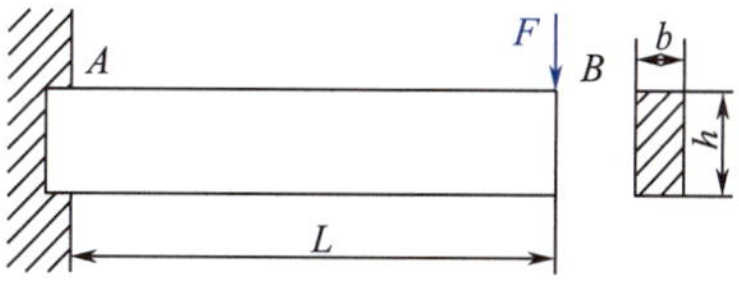

题图 1-3-47

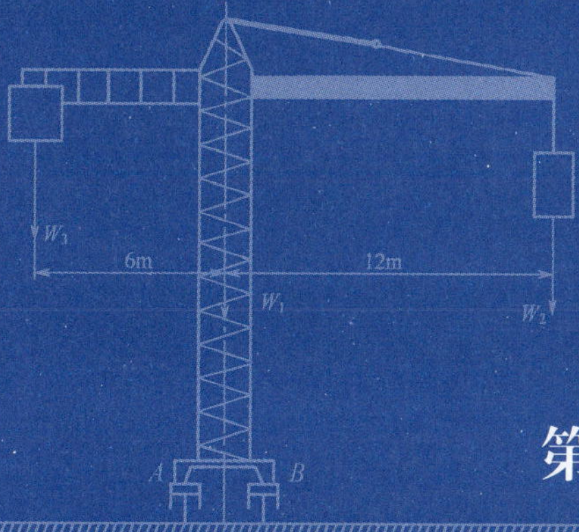

第二部分　实验指导

实验一　拉伸实验

拉伸实验是检验材料力学性能的基本实验，也是工程材料质量检验的常规实验，应用十分广泛。通过拉伸实验可以真实全面地了解材料的弹性变形、塑性变形、断裂破坏等力学行为，获得弹性模量、屈服极限、强度极限、延伸率、截面收缩率等重要力学性能指标，以便作为材料选择和工程设计的依据。

材料拉伸实验为室温静载实验。按照 GB/T 228. 1—2021 国家金属材料拉伸实验标准，室温的温度范围为 10～35℃，对于温度有严格要求的实验，实验温度为（23±5)℃。对于加载速度，不同的实验阶段要求不同，应变速率的范围为 0. 00025～0. 0025S^{-1}。其中，弹性阶段要取下限，屈服和强化阶段可以稍高些，详细要求可查有关标准。不同材料在拉伸过程中表现出不同的力学性质和现象。低碳钢和铸铁分别是典型的塑性材料和脆性材料。低碳钢材料具有良好的塑性，在拉伸实验中弹性、屈服、强化和颈缩四个阶段尤为明显和清楚。本实验建议以低碳钢和铸铁这两种典型材料试件作为实验试样。

一、实验目的

（1）测定低碳钢（如 Q235 钢）的下列性能指标：屈服极限 σ_s、拉伸强度极限 σ_b、延伸率 δ 和断面收缩率 ψ。

（2）测定脆性材料（如铸铁）的拉伸强度极限 σ_b。

（3）观察上述两种材料在拉伸过程中的各种现象，包括屈服、强化和颈缩等现象。

（4）分析和比较低碳钢和铸铁的力学性能特点与破坏特征。

二、实验仪器和设备

（1）SSCS-100 型手动数显材料实验机一台，如图 2-1-1 所示。

（2）试样刻线机一台。

（3）游标卡尺一支。

（4）低碳钢、铸铁拉伸试样各一个。

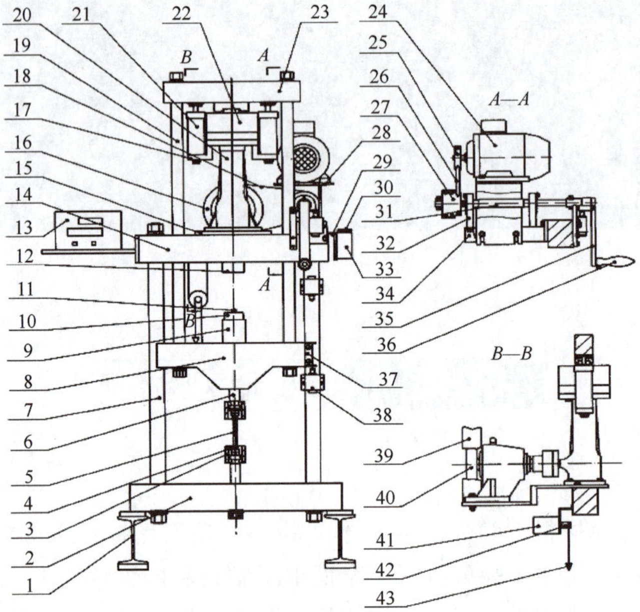

1—底座；2—下横梁；3—夹头套；4—夹头；5—拉伸试样；6—夹头拉杆；7—立柱；8—移动横梁；9—压头座；10—下压头；11—压缩试样；12—上压头；13—电子示力仪；14—上横梁；15—座板；16—摆线针轮减速机；17—油缸座；18—三角带；19—拉杆；20—螺旋千斤顶；21—双向缓冲器；22—压力传感器；23—顶梁；24—电动机；25—电动机皮带轮；26—电动机三角带；27—施力传动轴皮带轮；28—电机座；29—升降开关座；30—开关手柄；31—施力传动轴；32—支座；33—升降开关；34—支架；35—手摇把；36—手柄；37—触板；38—行程开关；39—带轮罩；40—减速机皮带轮；41—编码器；42—编码器线轮；43—线坠。

图 2-1-1　SSCS-100 型手动数显材料实验机构造图

三、试样的制备

大量实验表明，实验时所用试样的形状、尺寸、取样位置、方向和表面粗糙度等因素，对其性能测试结果都有一定的影响。为了使金属材料拉伸实验的结果具有符合性与可比性，国家制定了统一标准。拉伸试样由夹持、过渡和平行三部分构成。试样两端较粗端为夹持部分，其形状和尺寸可以依实验室现有使用试样机夹头情况而定；试样两夹持端之间的均匀部分为实验测试的平行部分；夹持与平行两部分之间为过渡部分，通常用圆弧进行光滑连接，以减少应力集中。试样横截面可取圆形、矩形、多边形、环形等形式，原始标距与原始横截面的关系要求满足

$$L_0 = k\sqrt{S_0} \tag{2-1-1}$$

满足这一关系的试件称为比例试件。比例系数 k 规定取值 5.65，原始标距要求不小于 15mm。当横截面积太小，按该比例系数确定的标距不能满足这一最小标距要求

时，建议采用 $k=11.3$ 的非比例试样。根据这一规定，金属材料的拉伸试样一般采用以下两种形式。

（1）10 倍试样。

圆形截面

$$L_0 = 10d_0 \tag{2-1-2}$$

矩形截面

$$L_0 = 11.3\sqrt{S_0} \tag{2-1-3}$$

（2）5 倍试样。

圆形截面

$$L_0 = 5d_0 \tag{2-1-4}$$

矩形截面

$$L_0 = 5.65\sqrt{S_0} \tag{2-1-5}$$

试件加工误差根据不同的试样有不同的要求。对于直径为 10mm 的圆形试样，直径尺寸公差要求为±0.07mm，沿长度的最大与最小直径之差不超过 0.04mm。试样表面不应有刻痕、切口、翘曲及淬火裂纹痕迹等。

工程力学拉伸实验选用低碳钢和铸铁两种材料，一般采用直径 10mm 的长试样，其加工形状与要求如图 2-1-2 所示。

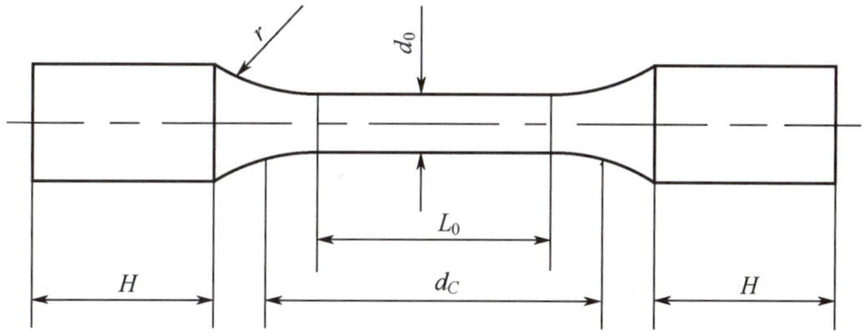

图 2-1-2　拉伸试样简图

四、实验原理

1. 低碳钢拉伸实验原理

低碳钢是比较典型的塑性材料，其拉伸实验的应力-应变曲线图如图 2-1-3 所示，可分为四个阶段。

（1）弹性阶段 OA。显著特征是若在该阶段卸载变形能够完全回复，且在直线段上满足单向应力胡克定律 $\sigma = E\varepsilon$，据此可以测定材料的弹性模量 E。根据直线段的上限载荷 F_P 和横截面积 S_0 可以确定比例极限。

$$\sigma_P = \frac{F_P}{S_0} \tag{2-1-6}$$

（2）屈服阶段 AS'。屈服阶段的显著特征是变形增大，载荷在一定范围内振荡，应力-应变曲线呈锯齿形，在该阶段卸载将会留下残余变形。按照 GB/T 228.1—2021 新

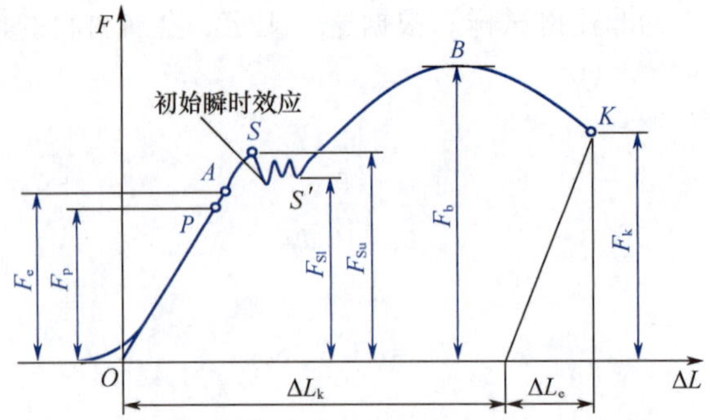

F_e—弹性载荷；F_P—比例伸长载荷；F_S—屈服载荷；F_b—强度载荷；F_k—断裂载荷；

ΔL_k—断裂后塑性伸长；ΔL_e—弹性伸长。

图 2-1-3　低碳钢拉伸图

标准，试样发生屈服，而力首次下降前的最高应力定义为上屈服强度，屈服期间不计初始瞬时效应的最低应力为下屈服强度。由于上屈服极限受变形速度和试样形状的影响较大，一般采用下屈服强度作为材料的屈服极限 σ_S，即

$$\sigma_S = \frac{F_S}{S_0} \tag{2-1-7}$$

（3）强化阶段 $S'B$。屈服过后随着变形增加，材料抵抗变形的能力重新获得提高，直至达到最高值。该应力最高值称为材料的强度极限

$$\sigma_b = \frac{F_b}{S_0} \tag{2-1-8}$$

（4）颈缩阶段 BK。试样在拉伸时，从强度载荷（最大载荷）开始，将产生局部伸长和颈缩。细颈出现后，截面迅速缩小，继续拉伸所需的载荷也随之变小，直至断裂。试样断裂后的实物形状如图 2-1-4 所示。观察可以发现，试样断口为杯口形，而非平截面，这是塑性破坏的典型特征。

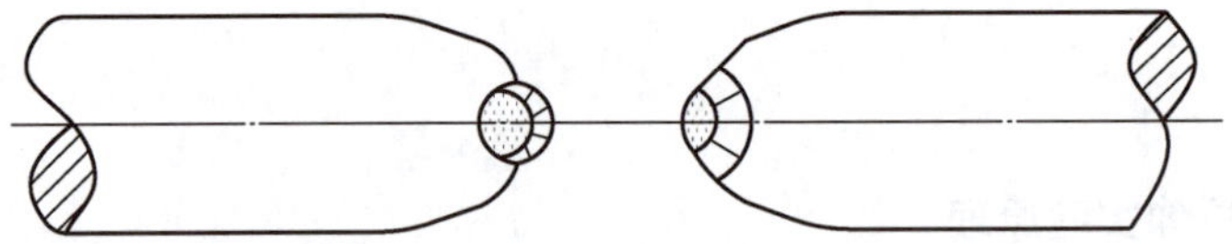

图 2-1-4　低碳钢试样断裂图

低碳钢拉断之前发生较大的塑性变形是其显著特征，其塑性变形用断后延伸率和断面收缩率表示。断后延伸率定义为断后标距残余伸长（$L_u - L_0$）与原始标距 L_0 之比的百分率，即

$$\delta = \frac{L_u - L_0}{L_0} \times 100\% \tag{2-1-9}$$

断面收缩率定义为断裂后试样横截面积的最大缩减量（$S_0 - S_u$）与原始横截面积 S_0 之比的百分率，即

$$\psi = \frac{S_0 - S_u}{S_0} \times 100\% \qquad (2-1-10)$$

2. 铸铁拉伸实验原理

对铸铁进行拉伸实验时，利用 SSCS-100 型手动数显材料实验机和电脑上的软件可以绘制出铸铁试样的拉伸图，如图 2-1-5 所示。实验表明，在整个拉伸过程中试样变形很小，无屈服和颈缩现象，拉伸图上无明显直线段，拉伸曲线很快达到最大拉力 F_b，试样突然发生断裂，其断口平齐粗糙，是一种典型的脆性破坏断口，如图 2-1-6 所示，其抗拉强度

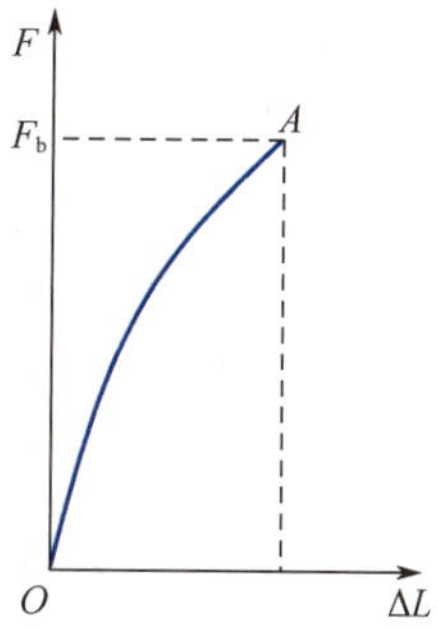

图 2-1-5 铸铁拉伸图

$$\sigma_b = \frac{F_b}{S_0} \qquad (2-1-11)$$

该强度远小于低碳钢材料的抗拉强度。

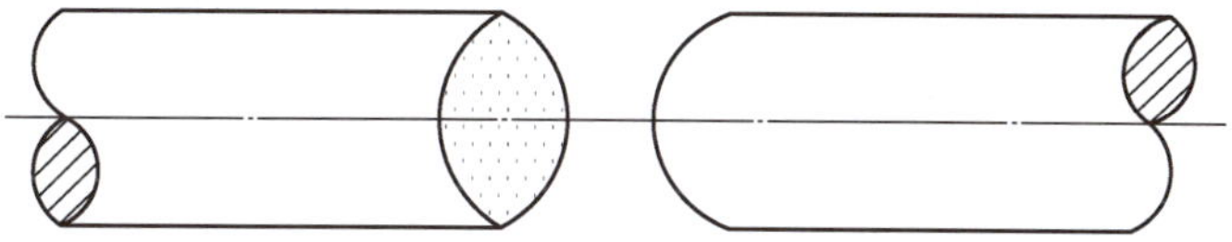

图 2-1-6 铸铁试样断裂图

五、实验步骤

（1）测量试样尺寸。

在试样上用刻线机画出长度为 l_0 的标距线，并把 l_0 分成 n 等份（一般 10 等份）。在标距的两端及中部三个位置上，沿两个相互垂直方向测量直径，以其平均值计算各横截面面积，再取三者中的最小值作为试样的横截面面积 A_0。试样断裂前、后尺寸测量记录表如表 2-1-1 和表 2-1-2 所示。

表 2-1-1 拉伸试样断裂前尺寸

材料	标距 l_0	直径 d_0									最小横截面面积 A_0
		截面Ⅰ			截面Ⅱ			截面Ⅲ			
		1	2	平均	1	2	平均	1	2	平均	
低碳钢											
铸铁											

表 2-1-2 拉伸试样断裂后尺寸

材料	标距 l_u	直径 d_0									最小横截面面积 A_u
		截面Ⅰ			截面Ⅱ			截面Ⅲ			
		1	2	平均	1	2	平均	1	2	平均	
低碳钢											
铸铁											

（2）安装试样。

（3）打开数据采集仪和测试软件。

（4）对试件加载。在加载过程中，保证均匀缓慢加载，注意观察低碳钢拉伸过程4个阶段的各种现象。记下屈服载荷和最大载荷。对于铸铁记下最大载荷即可。待试件被拉断后立即停机，并取下试件。

（5）观察实验现象，比较低碳钢和铸铁拉伸实验现象。

（6）记录相关数据，并保存实验曲线。

（7）对于拉断后的低碳钢试件，要分别测量断裂后的标距和颈缩处的最小直径，从而计算延伸率和断面收缩率。

（8）关闭电源，将实验设备和仪器归位，清理实验现场。

六、实验结果及处理

根据实验测定数据，可分别计算材料的强度指标和塑性指标。

（1）低碳钢。

强度指标：下屈服点 $\sigma_{sl} = F_{sl}/S_0$

抗拉强度 $\sigma_b = F_b/S_0$

塑性指标：断后延伸率 $\delta = \dfrac{L_u - L_0}{L_0} \times 100\%$

断面收缩率 $\psi = \dfrac{S_0 - S_u}{S_0} \times 100\%$

（2）铸铁。

强度指标：$\sigma_b = F_b/S_0$

（3）记录数据，并保存拉伸过程中的应力-应变曲线，对实验中的各种现象进行分析比较，并写进实验报告。

七、预习要求及思考题

1. 预习要求

（1）预习材料力学实验和材料力学教材有关内容，明确实验目的和要求。

（2）了解SSCS-100型手动数显材料实验机的操作规程。

（3）设计实验数据记录表格。

2. 思考题

（1）低碳钢拉伸曲线分几个阶段？如何测定其屈服极限和强度极限？

（2）低碳钢延伸率δ在载荷-位移曲线上如何表示，从试件上和曲线上确定δ数值是否相同？

（3）为什么拉伸实验必须采用标准试样或比例试样？材料和直径相同而长短不同的试样，它们的延伸率是否相同？

（4）铸铁的拉伸与低碳钢拉伸有何区别？

实验二 压缩实验

压缩实验也是材料力学性质检测的基本实验，尤其是脆性材料压缩实验如同塑性材料的拉伸实验一样重要。压缩实验同拉伸实验相比，一个突出问题是很难获得均布单向压应力区。根据圣维南原理：“力作用于杆端方式不同，只会使与杆端距离不大于杆的横向尺寸的范围内受到影响”，受加载偏心、摩擦约束因素影响，要想获得横截面应力均布的单向压应力区，试样长度与横向尺寸之比至少应大于 2 倍。但试样长了容易“失稳”，甚至有蹦出的危险，给实验增加新的困难，所以压缩试样必须有统一的标准，实验结果仅有相对的比较意义，并不反映真实的应力情况。金属材料的压缩实验现已执行 GB/T 7314—2017 标准，一般选用圆柱形试样，高与直径之比取 1.0~2.0，直径 10~20mm。砂浆、混凝土等建筑材料则采用立方试样，尺寸另有规定标准。本实验主要介绍铸铁和低碳钢的压缩实验。

一、实验目的

（1）测定铸铁压缩时的抗压强度极限 σ_b 和低碳钢压缩时的屈服极限 σ_s。

（2）了解压缩实验设备，掌握压缩实验方法。

（3）观察并比较低碳钢和铸铁在压缩时的缩短变形和破坏现象。

二、实验仪器和设备

（1）SSCS-100 型手动数显材料实验机一台（参见图 2-2-1）。

（2）游标卡尺一支。

（3）低碳钢、铸铁压缩试样各一个。

三、试样的制备

对于低碳钢和铸铁类金属材料，按照 GB/T 7314—2017《金属材料　室温压缩试验方法》的规定，金属材料的压缩试样多采用圆柱体，如图 2-2-1 所示。也可以采用正方形柱体试样，如图 2-2-2 所示。要求试样端面应尽量光滑，以减小摩阻力对横向变形的影响。

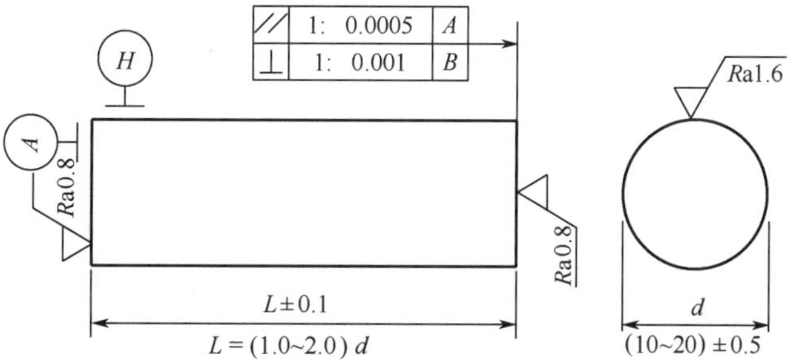

图 2-2-1　圆柱体试样

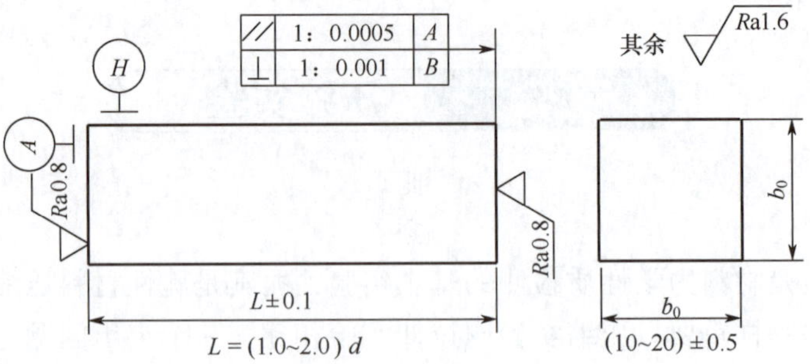

图 2-2-2　正方形柱体试样

四、实验原理

1. 铸铁压缩实验原理

压缩实验一般采用两端平压法，即将两个端面平行的试样对中置于实验机的上下承垫之间做压缩实验。为了克服两个端面不平行造成的压力不均，保证承垫和试样端面紧密接触，下承垫为一球形座，如图 2-2-3 所示。

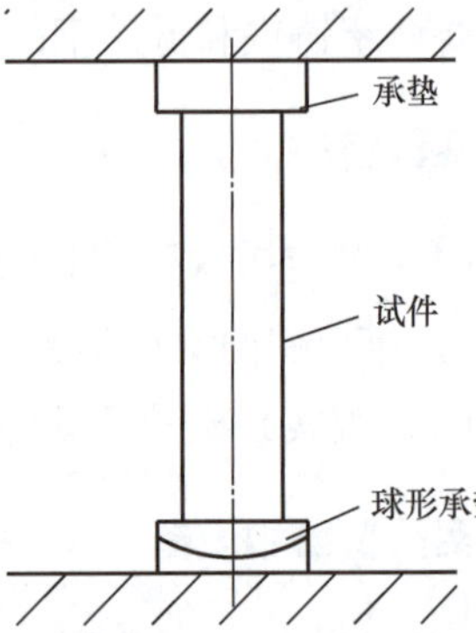

图 2-2-3　压缩实验球形承垫

压缩实验有两个值得注意的问题：一是试样受到轴向压力后，要发生横向膨胀变形。但在试样的两端，由于承压垫的摩擦约束不能自由变形而形成一个三向受压的锥形区。两个锥形区不相交，则会在试样中间获得一个单向压应力区，否则得不到单向压应力状态，正是基于这一原因试样要求一定的高径比。另一问题，两个端截面不平造成受压不均而导致偏心压缩，所以压缩实验不像拉伸实验那样容易获得单向应力状态。为了克服压缩实验的端部影响，试样端面要尽量光滑，以减少摩擦。

铸铁的压缩变形和破坏形式如图 2-2-4、图 2-2-5 所示。和拉伸实验相比，铸铁的压缩实验有几个明显特点。

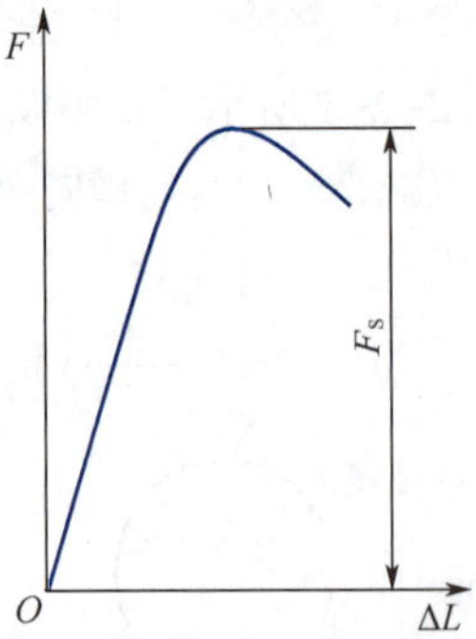

图 2-2-4　铸铁压缩曲线图

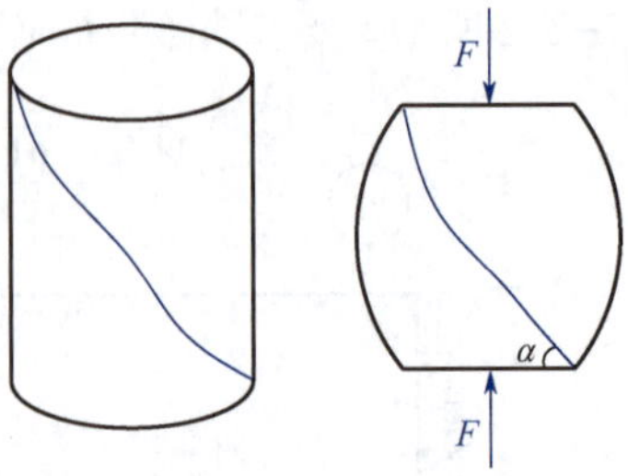

图 2-2-5　铸铁的压缩破坏端口

（1）尽管铸铁是典型的脆性金属材料，但在破坏前仍有较大的塑性变形，这可看作三向应力作用的结果。

（2）在压缩过程中，由于试样两端的摩擦约束而发生腰鼓现象。

（3）试样破坏面为斜截面，破坏面与轴向的夹角为45°。

（4）抗压强度大于抗拉强度，为拉伸强度的3~4倍。

2. 低碳钢压缩实验原理

以低碳钢为代表的塑性材料，轴向压缩时会产生很大的横向变形，但由于试样两端面与实验机支承垫板间存在摩擦力，约束了这种横向变形，故试样出现显著的鼓胀效应，如图2-2-6所示。为了减少鼓胀效应的影响，通常的做法是除了将试样两端面制作得光滑以外，还可以在端面涂上润滑剂以便最大限度地减少摩擦力。低碳钢试样的压缩曲线如图2-2-7所示，由于试样越压越扁，则横截面面积不断增大，试样抗压能力也随之提高，故曲线是持续上升为很陡的曲线。从压缩曲线上可以看出，塑性材料受压时在弹性阶段的比例极限、弹性模量和屈服阶段时不像拉伸实验那样明显，因此要认真仔细观察才能确定屈服静载 F_s，从而得到压缩时的屈服极限 σ_s。

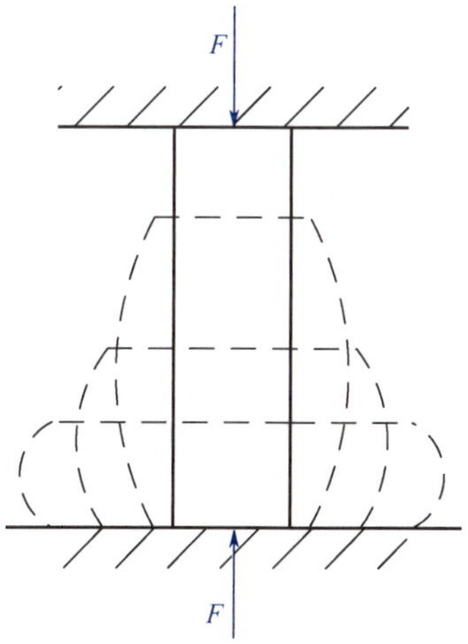

图2-2-6 低碳钢压缩时的鼓胀效应

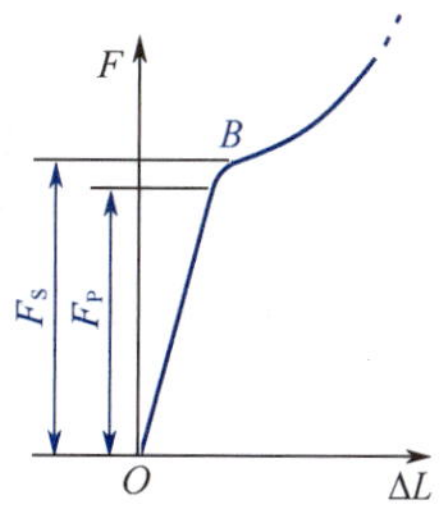

图2-2-7 低碳钢压缩曲线

由于低碳钢类塑性材料不会发生压缩破裂，因此，一般不测定其抗压强度，而通常认为抗压强度等于抗拉强度。

五、实验步骤

（1）用游标卡尺在试样两端及中间三处两个相互垂直的方向上测量试样直径，并取其算术平均值，选用三处中的最小直径来计算原始横截面面积 S_0。

（2）安装试样。将试样置于上下压头中间即可。

（3）打开数据采集仪和测试软件。

（4）对试件加载。在加载过程中，保证均匀缓慢加载，注意观察铸铁压缩过程各个阶段现象，记下屈服载荷和最大载荷。待试件被压破裂时（可以听见响声）立即停止实验，以免试样进一步被压碎。对于低碳钢试样，若将试样压成鼓形即可以停止实验。

（5）观察实验现象，比较铸铁和低碳钢压缩实验现象。

（6）记录数据，保存实验曲线。

（7）关闭电源，将实验设备和仪器归位，清理实验现场。

六、实验结果及处理

根据实验测定的数据，可以分别计算出铸铁和低碳钢的强度性能指标。

（1）铸铁的抗压强度指标。

$$\sigma_b = \frac{F_b}{S_0} \tag{2-2-1}$$

（2）低碳钢的屈服极限。

$$\sigma_s = \frac{F_s}{S_0} \tag{2-2-2}$$

七、预习要求和思考题

1. 预习要求

（1）预习材料力学实验和材料力学教材有关内容，明确实验目的和要求。

（2）了解 SSCS-100 型手动数显材料实验机的操作规程。

（3）设计实验数据记录表格。

2. 思考题

（1）低碳钢和铸铁在拉伸及压缩时机械性质有何差异？

（2）为什么铸铁试样在压缩时沿着与轴线大致成 45°的斜截面破坏？

（3）为什么不能测到低碳钢的压缩强度极限？

实验三 电测法测弹性模量 E 和泊松比 μ 实验

弹性模量 E 是表征材料力学性能的重要指标之一，该指标反映了材料抵抗弹性变形的能力，即材料的刚度，弹性模量 E 的测定实验属于材料力学性质检测，是工程力学的基本实验。泊松比 μ 是材料固有的弹性常数，它反映了同一种材料在弹性范围内，横向应变与纵向应变间的变量关系。因此，在研究构件的应力和变形时，要经常用到 E 和 μ 这两个弹性常数。泊松比 μ 和弹性模量 E 一样，也只能通过实验来测定，本实验采用电测法来测量这两个参数。

一、实验目的

（1）用电测法测量低碳钢的弹性模量 E 和泊松比 μ。

（2）在弹性范围内验证胡克定律。

二、实验仪器和设备

（1）组合实验台中拉伸装置。

（2）静态电阻应变仪。

（3）游标卡尺、钢板尺。

（4）矩形截面拉伸试样及温度补偿片。

三、实验原理

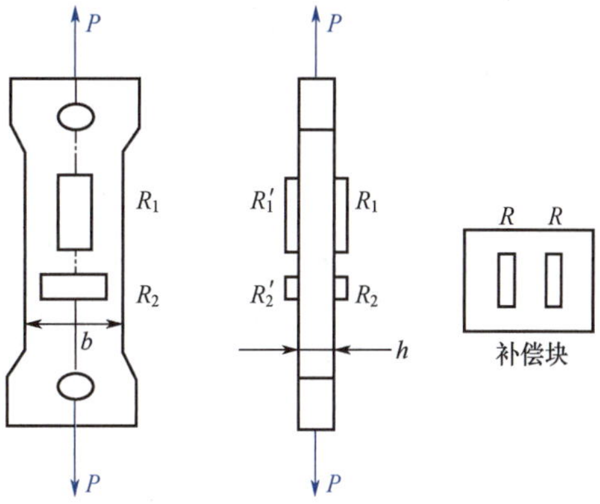

图 2-3-1　拉伸试件及布片图

试件采用矩形截面试件，电阻应变片布片方式如图 2-3-1 所示。在试件中央截面上，沿前后两面的轴线方向分别对称地贴一对轴向应变片 R_1、R_1'和一对横向应变片 R_2、R_2'，以测量轴向应变 ε 和横向应变 ε'。

1. 弹性模量 E 的测定

由于实验装置和安装初始状态的不稳定性，拉伸曲线的初始阶段往往是非线性的。为了尽可能减小测量误差，实验应从初载荷 P_0（$P_0 \neq 0$）开始，采用增量法，分级加载，分别测量各自在相同载荷增量 ΔP 作用下，产生的应变增量 $\Delta\varepsilon$，并求出 $\Delta\varepsilon$ 的平均值。设试件初始横截面面积为 A_0，又因 $\varepsilon = \Delta l/l$，则增量法测 E 的计算公式为

$$E = \frac{\Delta P}{\Delta \varepsilon A_0} \qquad (2-3-1)$$

式中　A_0——试件横截面面积；

$\Delta\varepsilon$——轴向应变增量的平均值。

用上述矩形截面试件测 E 时，合理地选择组桥方式可有效地提高测试灵敏度和实验效率，几种常见的组桥方式如图 2-3-2 所示。

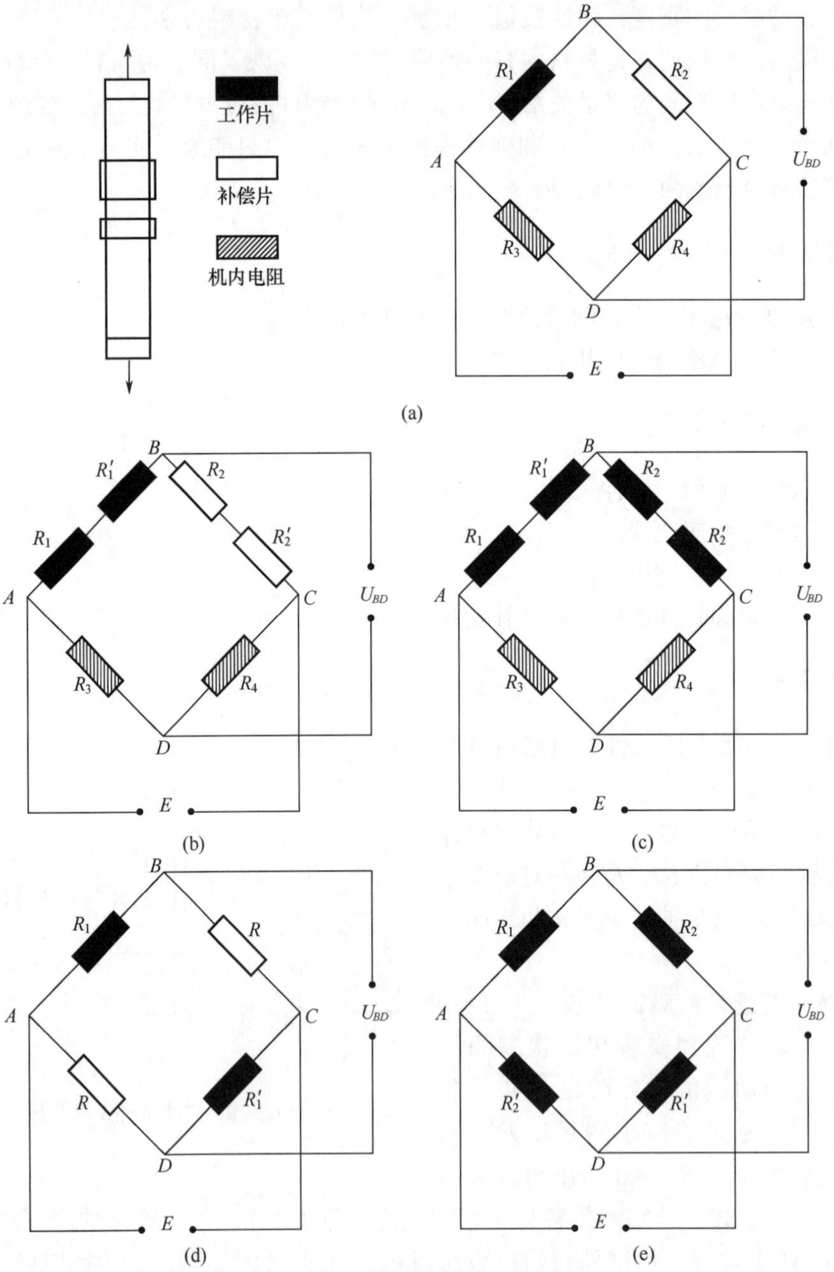

图 2-3-2　几种常见的组桥方式

实验时，在一定的载荷条件下，分别对前、后两枚轴向应变片进行单片测量，并取其平均值 $\varepsilon=(\varepsilon_1+\varepsilon_1')/2$。显然（$\varepsilon_n+\varepsilon_0$）代表载荷（$P_n+P_0$）作用下试件的实际应变量，而且 ε 消除了偏心弯曲引起的测量误差。

2. 泊松比 μ 的测定

利用试件上的横向应变片和纵向应变片合理组桥，为了尽可能减少测量误差，实验宜从初载荷 $P_0(P_0\neq 0)$ 开始，采用增量法，分级加载，分别测量各自在相同载荷增量 ΔP 作用下，产生的横向应变增量 $\Delta\varepsilon'$ 和纵向应变增量 $\Delta\varepsilon$，并求出平均值，按定义便可求得泊松比 μ

$$\mu=\left|\frac{\overline{\Delta\varepsilon'}}{\overline{\Delta\varepsilon}}\right| \qquad (2-3-2)$$

四、实验步骤

（1）测量试件尺寸。在试件标距范围内，测量试件的三个横截面尺寸，取三处横截面面积平均值作为试件的横截面面积 A_0。

（2）拟定加载方案。先选取适当的初载荷 P_0（一般取 $P_0=0.1P_{max}$ 左右），估算 P_{max}（该实验载荷范围 $P_{max}\leqslant 5000N$），分 4~6 级加载。

（3）根据加载方案，调整好实验加载装置。

（4）按实验要求接好线［为提高测试精度建议采用图 2-3-2（d）所示的相对桥臂测量方法］，调整好仪器，检查整个测试系统是否处于正常工作状态。

（5）加载。均匀缓慢加载至初载荷 P_0，记下各点应变的初始读数；然后分级等增量加载，每增加一级载荷，依次记录各点电阻应变片的应变值，直到最终载荷。实验至少重复两次。

（6）做完实验后，卸掉载荷，关闭电源，整理好所用仪器设备，清理实验现场，将所用仪器设备复原。

五、实验结果及处理

（1）E、μ 的测定数值可采用最小二乘法分别计算，要保留三位有效数字。E 还应该修约到 100MPa，μ 修约到小数点后两位。

（2）在 σ、ε 坐标系中，画出各级载荷下的实验数据点，试观察各点可否靠近一条直线，以检验是否满足胡克定律。

六、预习要求及思考题

1. 预习要求

（1）了解实验目的及要求，熟悉所用实验设备和实验过程（含实验加载方案的拟定）。

（2）预习应变片粘贴方面的知识。

2. 思考题

（1）为何用等增量法测定弹性模量 E？

（2）实验时为什么要加初载荷？为什么不测 P_0 时的引伸仪读数？又为什么严格控制终载荷的值？

实验四 扭转实验

圆轴扭转时，材料处于纯剪应力状态。扭转实验主要用于研究不同材料的纯剪作用下的力学性质。扭转现象在机械工程中十分普遍，能量的传递和分配主要通过扭转现象实现，所以扭转实验对于机械工程设计和选材十分重要。作为实验教学内容，扭转实验主要面向金属材料。根据《金属材料室温扭转试验方法》（GB 10128—2007），扭转试样直径推荐 10mm，长短两种试样的标距分别取 100mm 和 50mm，平行长度分别取 120mm 和 70mm，头部形状和尺寸按实验机夹头要求制备。

一、实验目的

（1）测定低碳钢屈服点 τ_s 和 扭抗强度 τ_b。

（2）测定铸铁剪切强度极限 τ_b。

（3）观察、比较两种材料在扭转变形过程中各自破坏现象及破坏形式，并对试样破坏产生的断口进行分析。

二、实验仪器和设备

（1）JNSG-144 型教学用扭转实验机（图 2-4-1）。

（2）游标卡尺。

（3）低碳钢、铸铁扭转试样各一根。

三、试样的制备

根据国家标准的规定，金属扭转实验所用的试样为标准试件，其截面为圆形，推荐采用直径 $d_0=10$mm，标距 $L_0=50$mm 或 $L_0=100$mm，平行长度 $L_C=L_0+2d_0$ 的试样。试样头部形状及尺寸应按实验机夹头要求进行制备。圆形截面试样的形状及尺寸如图 2-4-2 所示。

四、实验原理

扭转实验时将试样的两端夹持在扭转实验机的夹头中，实验时，一个夹头不动，另一个夹头转动，从而使试样产生扭转变形。同时，试样承受扭矩 M_n。从实验机中可以读出与 M_n 相应的扭矩 T 和扭转角 φ，实验机可自动绘出 T-φ 曲线图。对于低碳钢材料，曲线 T-φ 有两种类型，如图 2-4-3 所示。

低碳钢试样在受扭的最初阶段，扭矩 T 和扭转角 φ 成正比关系，横截面上的应力沿半径呈线性分布，如图 2-4-4（a）所示。随着扭矩 T 增大到一定数值，试样横截面边缘处的剪应力开始达到屈服点且塑性区逐渐向圆心扩展。在圆周的外部，试样发生屈服并形成环形塑性区［图 2-4-4（b）］，但中心部分仍是有弹性的，这时的扭

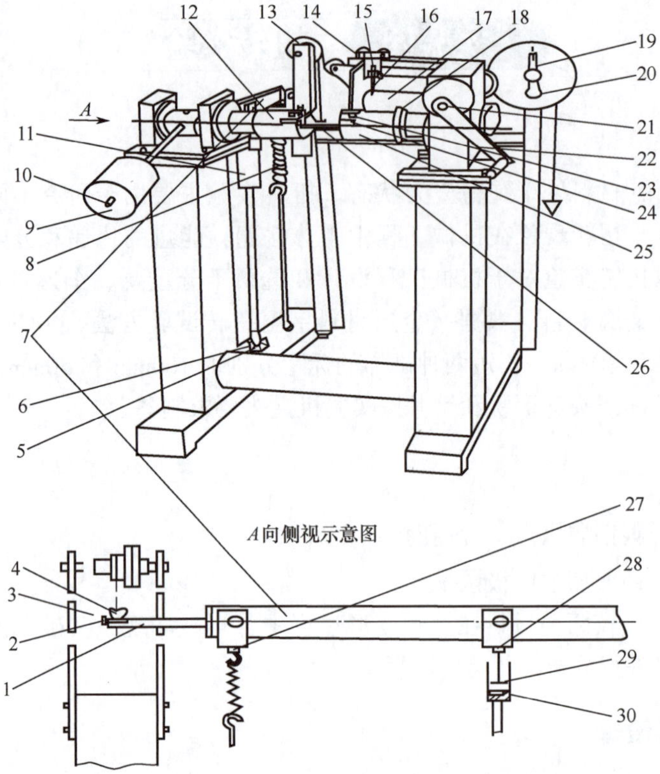

1—带线杆；2—夹线螺钉（后去掉）；3—夹线杆；4—夹线杆螺母；5—销轴；6—缓冲器座叉；7—力臂；8—测矩弹簧；9—平衡锤；10—锤杆；11—缓冲器；12—固定夹头；13—线轮 I；14—笔架螺钉；15—笔架；16—画线笔；17—卷桶；18—转角线轮；19—指针；20—度盘；21—蜗杆；22—蜗轮箱；23—封板固定螺钉；24—夹头封板；25—转动夹头；26—试样；27—弹簧吊环螺母；28—活塞杆固定螺母；29—活塞；30—油缸。

图 2-4-1　JNSG-144 型教学用扭转实验机

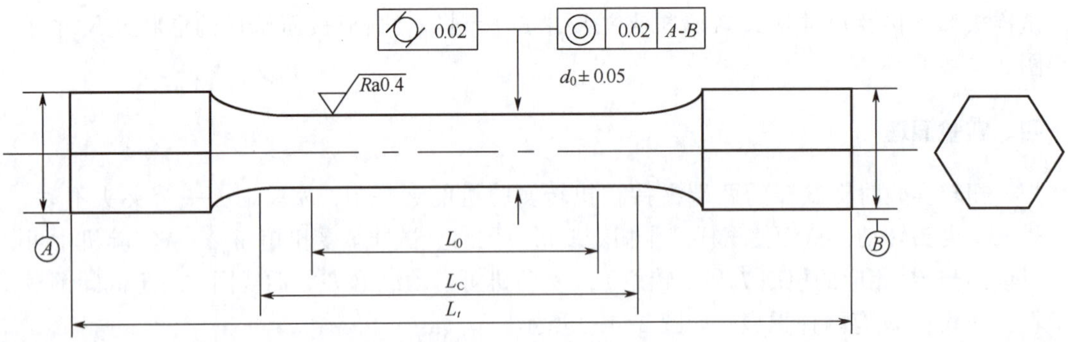

d_0—试件直径；L_0—试件标径；L_C—平行长度；L_t—试样长度。

图 2-4-2　金属室温扭转实验

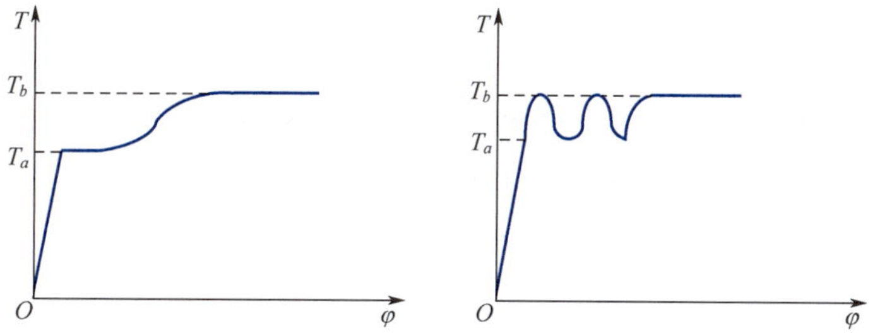

图 2-4-3 低碳钢 T-φ 曲线

矩称为 T_p。在扭矩超过 T_p 后，横截面上剪应力不再是线性分布的，此时试样所呈现的 T-φ 曲线由直线变成曲线。

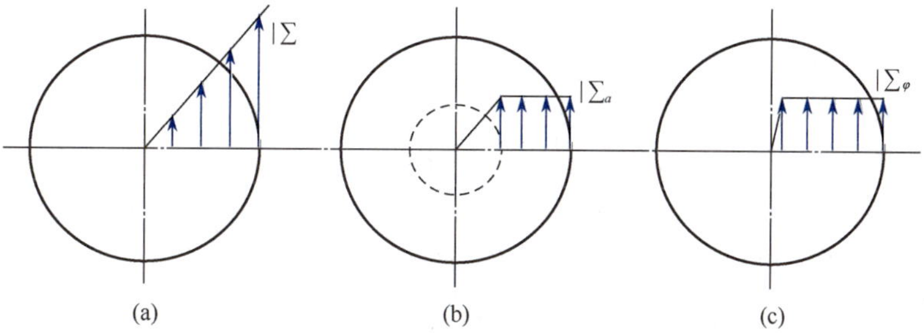

图 2-4-4 低碳钢圆轴试样扭转时的应力分布

此后，随着试件扭转变形不断发展，塑性区不断向圆心扩展，T-φ 曲线略微上升，直至趋于平坦，出现屈服平台，此时对应的 T 值最小，即试样屈服所对应的扭矩 T_s，这时塑性区占据了几乎全部截面［图 2-4-4（c）］。随后，材料进入强化阶段，变形增加，直到试样破坏为止。因扭转无颈缩现象，所以扭转曲线一直上升而无下降情况出现，试样破坏时的扭矩即为最大扭矩 T_b。故当塑性区占据了全部截面时，其剪应力屈服极限可按下式计算。

屈服点 $$\tau_s = T_s/W \qquad (2-4-1)$$

上屈服点 $$\tau_{su} = T_{su}/W \qquad (2-4-2)$$

下屈服点 $$\tau_{sl} = T_{sl}/W \qquad (2-4-3)$$

圆试样 $$W = \pi d^3/16$$

同样，破坏时抗扭强度，按下式计算：$\tau_b = T_b/W$，圆试样：$W = \pi d^3/16$。

铸铁受扭时，在很小的变形下即发生变化。铸铁的 T-φ 曲线如图 2-4-5 所示。从开始受扭直到破坏，铸铁所受扭矩 T 和扭转角 φ 近似成正比，$T-\varphi$ 曲线近似为一直线，且变形很小。铸铁试样破坏时所受的扭矩即为最大扭矩 T_b，可按下式计算受扭强度 τ_b

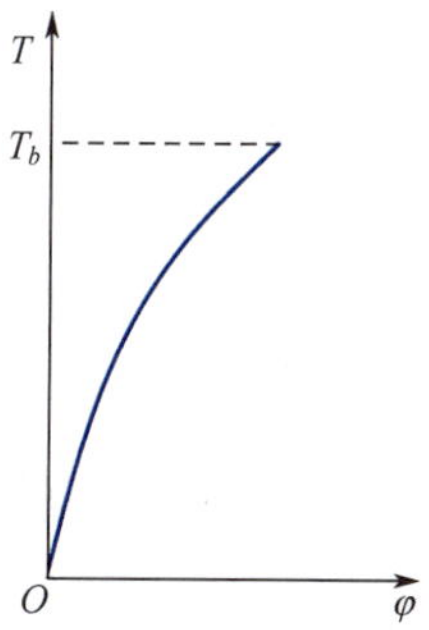

图 2-4-5 铸铁 T-φ 曲线

$$\tau_b = \frac{T_b}{W} \quad 圆试样：W = \frac{\pi d^3}{16}$$

试样受扭时，材料处于纯剪应力状态（图 2-4-6）。在与杆轴成±45°的螺旋面上，材料分别受到主应力 $\sigma_1 = \tau$，$\sigma_3 = -\tau$ 的作用。

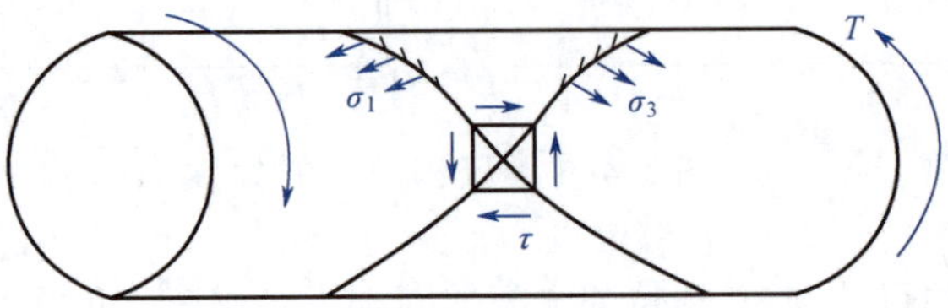

图 2-4-6　纯剪应力状态

五、实验步骤

1. 铸铁试样扭转实验

（1）用游标卡尺量取试样的直径。在标距两端及中央三个截面处测量两个相互垂直方向的直径各一次，取其平均值，取用三处测得的平均值中最小值计算试样的截面系数。将试样装入实验机，用粉笔在试样表面画一条直线。

（2）调整力臂，调整线轮 I 上的绕线，使线端大致到初始位置，拧紧夹线螺钉。

（3）装夹试样，调整指针指零，调整画线笔指坐标纸零位，然后放下画线笔，拧紧笔架螺钉。

（4）开始实验，缓慢摇转蜗杆加载，观察各种实验现象，记录所需测值。

（5）实验完毕，取下试样和坐标纸。

（6）卸下试样，结束实验。

注意：铸铁试样在实验过程中没有屈服过程，直接由弹性阶段到断裂。

2. 低碳钢试样扭转实验

低碳钢试样的实验步骤与铸铁相同。

六、实验结果及处理

（1）根据测量得到的试样直径算出截面系数 W。根据 T_s 和 T_b 利用公式求出低碳钢的 τ_s、τ_b 和铸铁的 τ_b。

低碳钢：$\tau_s = T_s/W$　圆试样：$W = \pi d^3/16$，　$\tau_b = T_b/W$

铸铁：$\tau_b = T_b/W$

（2）绘出两种材料的断口图形，并解释原因。根据绘出的 $T-\varphi$ 曲线比较两种材料的机械性质特点。

七、预习要求及思考题

1. 预习要求

（1）预习材料力学实验和材料力学教材有关内容，明确实验目的和要求。

（2）预习有关扭转实验机内容。

（3）设计实验数据记录表格。

2. 思考题

（1）低碳钢拉伸和扭转的断口形式不同，破坏原因是否相同？

（2）铸铁压缩和扭转时的断口都与轴线成45°方向，破坏原因是否一样？

（3）试根据拉伸、压缩、扭转三种实验结果分析低碳钢和铸铁材料力学性能的差异。

实验五 测 G 实验

材料的剪切弹性模量 G（亦称切变模量），是衡量材料抵抗剪切变形能力的性能参数，也是材料的弹性常数之一，实际工程中在对受扭转构件进行刚度设计或校核时，必须运用这一性能参数。材料的剪切弹性模量 G 可以通过实验测定，并在测定过程中验证剪切胡克定律。对于各向同性材料还可以通过关系式 $G=\dfrac{E}{2(1+\mu)}$ 确定 G 值。

一、实验目的

（1）测定低碳钢的切变模量 G。

（2）验证材料受扭时在比例极限内的剪切胡克定律。

二、实验仪器和设备

（1）扭转测 G 仪（型号 NY-4），如图 2-5-1 所示。

（2）游标卡尺。

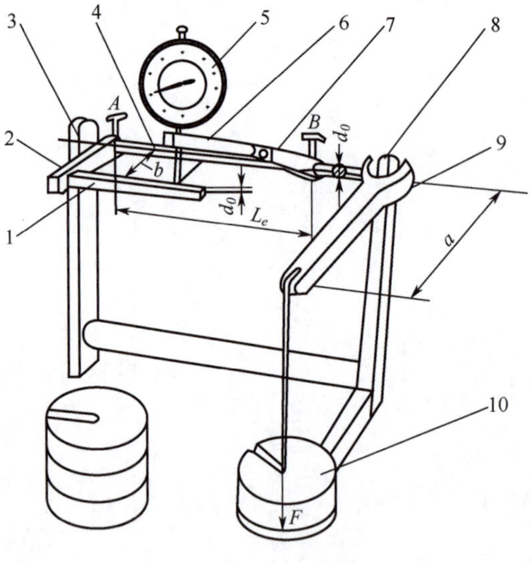

1—左横杆；2—左悬臂杆；3—固定支座；4—试样；5—百分表；6—右横杆；7—右悬臂杆；8—可转动支座；9—力臂；10—砝码。

图 2-5-1 NY-4 型扭转测 G 仪简图

三、实验原理

剪切弹性模量是线弹性范围内剪应力 τ_ρ 与剪应变 γ_ρ 之比，且圆轴扭转实验中试样上的各点处于纯剪应力状态。因此通常用线弹性范围内的圆轴扭转实验来测定低碳钢的剪切弹性模量 G。

由材料力学知，等直圆轴试样受扭转时，其相对扭转角 $\varphi = \dfrac{TL_e}{GI_\rho}$，由此推知剪切弹性模量

$$G = \frac{TL_e}{\varphi I_\rho} \tag{2-5-1}$$

式中 T——扭矩；

L_e——试样原始标距；

φ——试样标距两端截面间的相对扭转角；

I_ρ——试样横截面的极惯性矩。

扭矩 T 可以由试样上所施加的外力偶矩通过静力平衡条件求得，其值为加在砝码盘上的砝码重量 F 与加载臂长 a 的乘积；试样的原始标距 L_e 可以用游标卡尺测得，其横截面上的极惯性矩 I_ρ 为

$$I_\rho = \frac{\pi d^4}{32} \tag{2-5-2}$$

由于试样材料是在线弹性范围内实验，其相对扭转角 φ 很小，需在低碳钢试件上安装扭角仪来测定，如图 2-5-1 所示。按选定的标距将 A、B 环固定在试件的两个截面上，若这两个截面发生相对转动，百分表指针走动。设指针走动的位移为 δ，百分表顶杆与试样轴线间的距离为 b，则 A、B 两截面间的相对扭转角为

$$\varphi = \frac{\delta}{b}(\text{rad}) \tag{2-5-3}$$

若百分表的读数在扭矩 T_{i-1} 时为 A_{i-1}，在下一级扭矩 T_i 时为 A_i，则百分表的读数差为 $\Delta A_i = A_i - A_{i-1}$。因为百分表的分度值为 0.01mm，则在扭矩增量为 $\Delta T_i = T_i - T_{i-1}$ 时，A、B 两截面间的扭角增量为

$$\Delta\varphi = \frac{0.01\Delta A_i}{b} \tag{2-5-4}$$

按式（2-5-1）可以计算出各级加载过程中的剪切弹性模量

$$G_i = \frac{\Delta T_i L_e}{\Delta\varphi I_\rho} \tag{2-5-5}$$

再取平均值得

$$\bar{G} = \sum_{i=1}^{n} \frac{G_i}{n} \tag{2-5-6}$$

式（2-5-5）、式（2-5-6）中 $i=1,2,\cdots,n,n$ 为加载级数。如果实验过程中，在等扭矩增量 ΔT_i 下相应的百分表读数差 ΔA_i 基本不变，这就验证了剪切胡克定律。

四、实验步骤

（1）桌面目视基本水平，把仪器放在桌上（先不加砝码托及砝码）。

（2）记录扭转测 G 仪的基本参数：

试件直径 $d=10$mm；加载臂长 $a=200$mm；砝码托作初载荷，$T_0=0.26$N·m。

（3）调整两悬臂杆的位置，大致达到选定标距（$L_e=60\sim150$mm）固定左悬臂杆，再固定右悬臂杆，调整右横杆，使百分表触头距试样轴线距离 $b=100$mm，并使表针预先转过十格以上（b 值也可不调，按实际测值计算）。

（4）用游标卡尺准确计算标距，作为实际计算用。

（5）挂上砝码托，记下百分表的初读数 A_0。

（6）分四次加砝码，每加一块，记录一次表的读数 $A_i(i=1,\cdots,4)$，并随时计算出前后两次的读数差 $\Delta A_i(i=1,\cdots,4)$，以检验在等增量加载条件下，ΔA_i 是否大致相等，若 ΔA_i 大致相等，则证明实验正常，同时也验证了剪切胡克定律；若 ΔA_i 相差较大，则需找原因，调试后重做实验，加载到最终载荷 T_4 后，再卸载到初始载荷 T_0，这时百分表应回到初始位置。加砝码时要缓缓放手，每块砝码重 5N。

（7）重复步骤（6）进行实验 2~3 次，直至实验结果令人满意为止，取其中较好的一组实验数据填入表 2-5-1 内。

表 2-5-1　　测 G 实验数据

扭矩 T/N·m	百分表读数 A_i（0.01mm）	百分表读数差 ΔA_i（0.01mm）
T_0 =		
T_1 =		
T_2 =		
T_3 =		
T_4 =		

（8）经指导教师检查实验数据合格后，清理实验现场，将全部砝码及百分表取下，平稳放置在实验桌上，实验结束。

（9）注意事项。

①实验过程中，砝码应平稳放置，以免掉落而砸伤人。

②扭角仪已安装在低碳钢扭转试样上，为避免扭角仪脱落造成损伤，同学操作时应尽量小心。

③百分表读数时，应估读一位小数。

④砝码加、卸时应轻拿轻放，避免引起百分表指针的摆动，增大测量误差。

⑤完成一次四级等量加载并记录各级百分表读数后，马上卸下所有砝码，避免砝码碰落造成安全隐患。

五、实验结果及处理

用式（2-5-5）和式（2-5-6）计算出剪切弹性模量的平均值 $\overline{G}$，剪切弹性模量取 3 位有效数字，极惯性矩取 4 位有效数字。

六、预习要求及思考题

1. 预习要求

（1）预习材料力学实验和材料力学教材有关内容，明确实验目的和要求。

（2）预习有关扭转测 G 仪实验方法。

（3）设计实验数据记录表格。

2. 思考题

（1）试样的形状和尺寸，选取标距的长短，对测量剪切弹性模量 G 有无影响？

（2）用等增量法加载测量剪切弹性模量 G 值与一次直接加载到最大值 T_{max} 所测得的 G 值有何不同？

实验六 矩形截面梁纯弯曲正应力实验

梁的弯曲正应力实验属于理论验证性实验，目的是通过测定梁的横截面正应力分布规律，对弯曲正应力理论有进一步的认识，所以梁的弯曲正应力实验不像材料力学性质检测那样有统一的国家标准，根据加载方式的不同，梁的材料、截面尺寸和形状多种多样，实验的精密和简易也有很大差别。根据约束形式的不同，有纯弯曲、悬臂梁、叠梁、楔块梁、夹层梁等多种弯曲正应力实验，它们的测试原理、实验方法基本相同，其中最为常见和重要的是纯弯曲正应力实验，它是材料力学的基本实验。

一、实验目的

（1）测定梁纯弯曲段横截面上的正应力大小及分布规律，并与理论值比较，以验证弯曲正应力公式。

（2）了解应变电测原理，学会静态电阻应变仪的使用。

二、实验仪器和设备

（1）纯弯曲梁实验装置一套（图 2-6-1）。

（2）YJR-5A 型静态电阻应变仪一台或 DH3818-2 静态电阻应变仪一台。

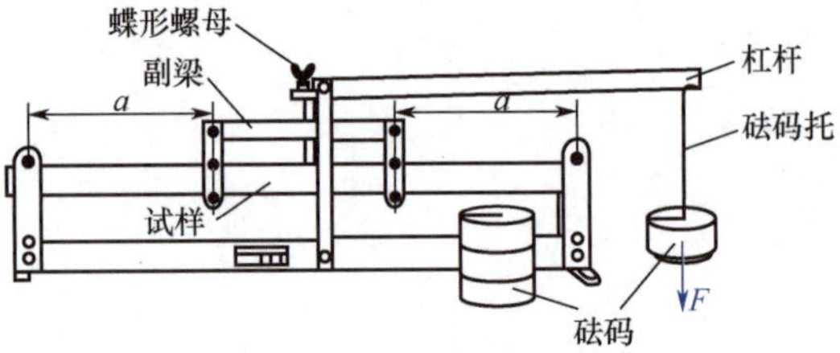

图 2-6-1 纯弯曲梁实验装置简图

三、实验原理

弯曲梁实验装置如图 2-6-1 所示。它由弯曲梁、副梁、蝶形螺母、杠杆、砝码及砝码托等组成。该装置的弯曲梁是一根已粘贴好应变片的钢梁，其弹性模量 $E=2.0\times10^5$MPa。实验时，转动手轮加载至 P 时，钢梁 B 和 C 处分别受到垂直向下的力，大小均匀为 $P/2$。由剪力图得到 BC 段梁为纯弯曲段，弯矩为 $P\cdot a/2$。简支梁的受力图、剪力图及弯矩图如图 2-6-2 所示。

由理论推导得出梁纯弯曲时横截面上的正应力公式为

$$\sigma_{理} = \frac{M}{I_z}y \qquad (2-6-1)$$

式中 M——横截面上的弯矩；

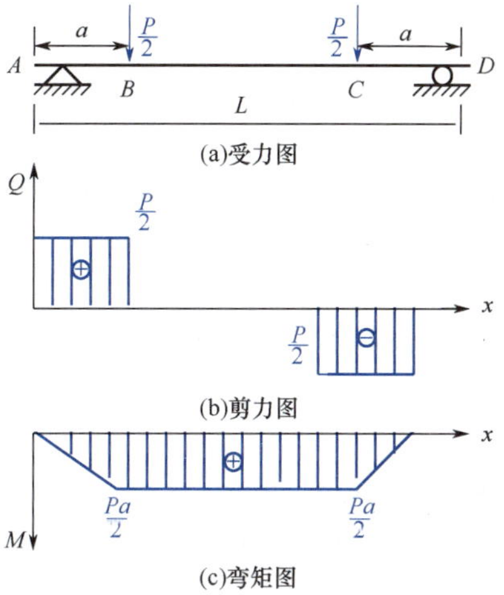

图 2-6-2　简支梁的受力图、剪力图及弯矩图

I_z——梁横截面对中性轴 z 的惯性矩；

y——需求应力的测点离中性轴的距离。

为了验证此理论公式的正确性，在梁纯弯曲段的侧面，沿不同的高度粘贴了电阻应变片，测量方向均匀平行于梁轴，布片方案及各片的编号如图 2-6-3 所示。当梁加载变形时，利用电阻应变仪测出各应变片的应变值，然后根据单向应力状态的胡克定律求出各点实测的应力值

$$\sigma_{实} = E\varepsilon_{实} \tag{2-6-2}$$

式中　E——钢梁的弹性模量；

$\varepsilon_{实}$——电阻应变仪测量的应变值。

将测得的应变值与理论应力值进行比较，从而验证弯曲正应力公式的正确性。

本实验用电测法测量应变，采用半桥温度外补偿接法，如图 2-6-4 所示。因是多点测量，且 7 个测量点的温度条件相同，为方便测量，7 片测量片共用 1 片温度补偿片，即公共补偿的办法。

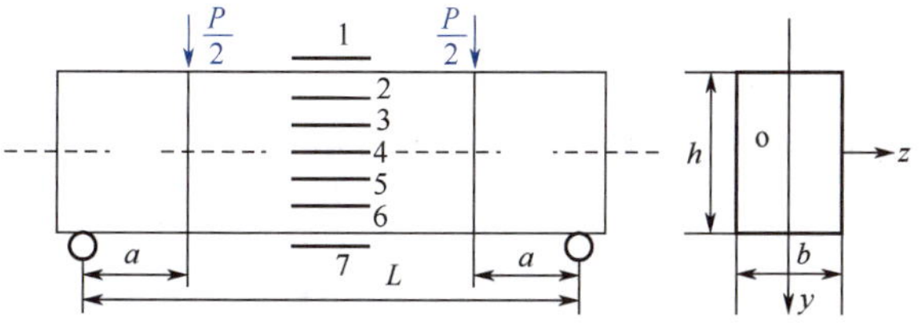

图 2-6-3　应变片分布图

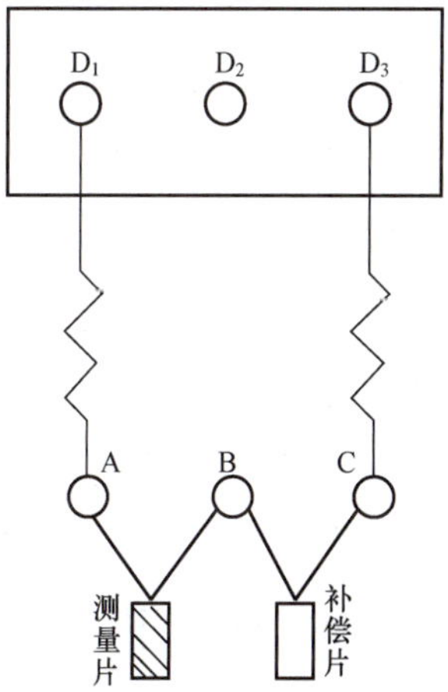

图 2-6-4　半桥温度外补偿接法

四、实验步骤

（1）记录钢梁的截面尺寸。

宽度 $b=20\text{mm}$，高度 $h=40\text{mm}$，跨度 $L=620\text{mm}$，加载点到支座距离 $a=150\text{mm}$。

钢梁的材料为低碳钢，其弹性模量 $E=2.0\times10^5\text{MPa}$。

（2）应变仪准备。

接通 YJR-5A 型静态电阻应变仪电源，按下“开”按钮，仪器面板上显示屏点亮。

调整应变仪灵敏系数（K 值），使用 K 值不同的应变片有不同的标定值，可查阅仪器说明书附表内 K 值所对应的标定值，在测量前进行校准。

查看应变仪反面 10 点接线板，钢梁上贴有 7 片应变片（测量片），引出导线依次接在 1~7 点的“AB”接线柱上，一片补偿片的两根引出导线接在 1~7 点中任意一点“BC”接线柱上作公共补偿。

要使各测量点的电桥处于平衡状态，须调整各测点的电位器。将选择开关转到“1”，使指示表数字显示全为零，按此方法依次调整 2~7 点的平衡电位器。

（3）加载测量。

本实验采用转动手轮加载的方法，载荷大小由与载荷传感器相连接的测力仪显示。每增加载荷量 ΔP，通过 2 根加载拉杆，使得钢梁距两端支座各为 a 处分别增加作用力 $\Delta P/2$。缓慢转动手轮均匀加载，每增加一级载荷，记录一次钢梁横截面上各测点的应变读数一次，观察各次的应变增量是否基本相同。然后，再重复加载从零至最终载荷 2 次，最后取 3 次最终载荷所测得的各点的应变平均值计算各点的实测应力。

五、实验结果及处理

（1）实验值计算：各点实验应力计算。

$$\sigma_i = E\times\overline{\Delta\varepsilon_i}\times10^{-6} \tag{2-6-3}$$

（2）理论值计算：各点理论值计算。

$$\sigma_{i理} = \frac{\Delta M\cdot y_i}{I_z} \tag{2-6-4}$$

（3）绘出实验应力值和理论值的分布图。

（4）将实验值和理论值进行比较，分析误差原因。

六、注意事项

（1）不要随意拉动导线或触碰钢梁上的电阻应变片。

（2）不要随意调整应变仪上的调幅电位器。

（3）为防止试件过载，手轮加载时不要超过 5kN。

（4）实验结束后，先卸除梁上载荷，再关闭测力仪和应变仪电源。

七、预习要求及思考题

1. 预习要求

（1）预习材料力学实验和材料力学教材有关内容，明确实验目的和要求。

（2）预习有关纯弯曲正应力实验台内容。

（3）设计实验数据记录表格。

2. 思考题

（1）该实验的应变片可否采用半桥双臂接法？哪几个片可以这样接？这样接和半桥单臂接法相比有什么利弊？

（2）电阻应变片贴在梁的表面上，为什么把梁表面上的应变看作梁横截面上的应变？其依据是什么？

（3）弯曲正应力的大小是否受材料弹性模量的影响？

实验七　弯扭组合主应力电测实验

一、实验目的

（1）测定薄壁圆管表面上一点的主应力的大小及方向。

（2）验证弯扭组合变形理论公式。

（3）掌握电阻应变花的使用。

二、实验仪器和设备

（1）组合实验台中弯扭组合实验装置。

（2）静态电阻应变仪。

（3）游标卡尺、钢板尺。

三、实验原理

（1）薄壁圆管弯扭组和变形受力简图，如图 2-7-1 所示。

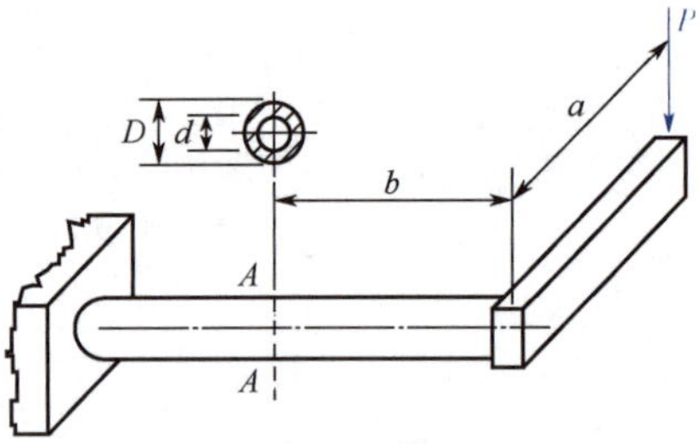

图 2-7-1　薄壁圆管弯扭组和变形受力简图

（2）由实验确定主应力大小和方向。

由应力状态分析可知，薄壁圆管表面上各点均处于平面应力状态。

若在被测位置 $x-y$ 平面内，沿 x、y 方向的线应变为 ε_x、ε_y，剪应力为 γ_{xy}，根据应变分析可知，该点任一方向的线应变的计算公式为

$$\varepsilon_a = \frac{\varepsilon_x + \varepsilon_y}{2} + \frac{\varepsilon_x - \varepsilon_y}{2}\cos 2\alpha - \frac{1}{2}\gamma_{xy}\sin 2\alpha \qquad (2-7-1)$$

由此得到的主应变和主方向分别为

$$\varepsilon_{1,3} = \frac{\varepsilon_x + \varepsilon_y}{2} \pm \sqrt{\left(\frac{\varepsilon_x - \varepsilon_y}{2}\right)^2 + \left(\frac{1}{2}\gamma_{xy}\right)^2} \qquad (2-7-2)$$

$$\tan 2\alpha_0 = -\frac{\gamma_{xy}}{\varepsilon_x - \varepsilon_y} \qquad (2-7-3)$$

对于各向同性材料，主应变 ε_1、ε_3 和主应力 σ_1、σ_3 方向一致，主应力的大小应用广义胡克定律求得

$$\sigma_1 = \frac{E}{1-\mu^2}(\varepsilon_1 + \mu\varepsilon_3) \qquad (2-7-4)$$

$$\sigma_3 = \frac{E}{1-\mu^2}(\varepsilon_3 + \mu\varepsilon_1) \qquad (2-7-5)$$

式中，E、μ 分别为材料的弹性模量和泊松比。

在主应力无法估计时，应力测量主要采用电阻应变花，应变花是把几个敏感栅制成特殊夹角形式，组合在同一基片上。常用的应变花有45°、60°、90°和120°等。

本实验采用的是45°直角应变花，在 A、B、C、D 四点上各贴一片，分别沿着 -45°、0°、45°方向，如图2-7-2所示。

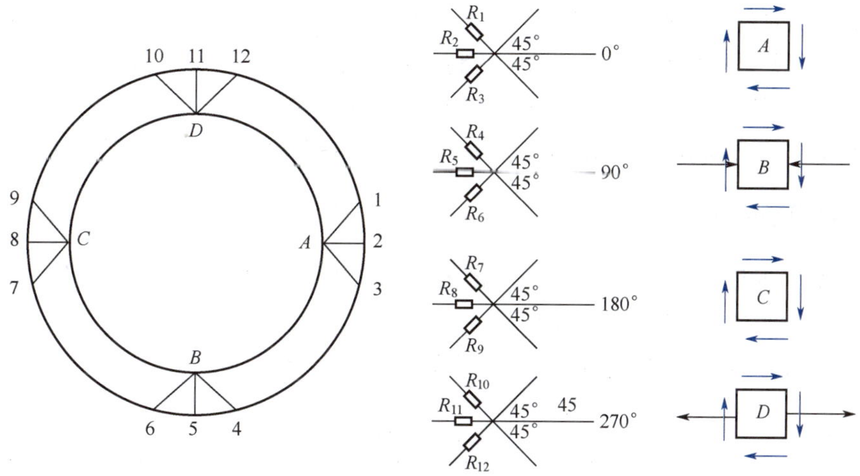

图2-7-2　应变片布置及对应通道布置位置

根据所测得的应变值 $\varepsilon_{-45°}$、$\varepsilon_{0°}$、$\varepsilon_{45°}$，计算出被测点的主应变和主应力大小及方向

$$\varepsilon_x = \varepsilon_{0°} \qquad \varepsilon_y = \varepsilon_{45°} + \varepsilon_{-45°} - \varepsilon_{0°} \qquad \gamma_{xy} = \varepsilon_{-45°} - \varepsilon_{45°} \tag{2-7-6}$$

$$\left.\begin{matrix}\varepsilon_1\\ \varepsilon_3\end{matrix}\right\} = \frac{\varepsilon_{-45°} + \varepsilon_{45°}}{2} \pm \frac{\sqrt{2}}{2}\sqrt{(\varepsilon_{-45°} - \varepsilon_{0°})^2 + (\varepsilon_{45°} - \varepsilon_{0°})^2} \tag{2-7-7}$$

$$\tan 2\alpha_0 = \frac{\varepsilon_{45°} - \varepsilon_{-45°}}{2\varepsilon_{0°} - \varepsilon_{-45°} - \varepsilon_{45°}} \tag{2-7-8}$$

$$\left.\begin{matrix}\sigma_1\\ \sigma_3\end{matrix}\right\} = \frac{E}{1-\mu^2}\left[\frac{1+\mu}{2}(\varepsilon_{-45°} + \varepsilon_{45°}) \pm \frac{1-\mu}{\sqrt{2}}\sqrt{(\varepsilon_{-45°} - \varepsilon_{0°})^2 + (\varepsilon_{0°} - \varepsilon_{45°})^2}\right] \tag{2-7-9}$$

（3）理论计算主应力大小及方向。

由材料力学公式

$$\sigma = \frac{M}{W_z} = \frac{PLD}{\frac{\pi}{32}(D^4 - d^4)} \qquad \tau_n = \frac{M_n}{W_p} = \frac{PaD}{\frac{\pi}{16}(D^4 - d^4)} \tag{2-7-10}$$

$$\left.\begin{matrix}\sigma_1\\ \sigma_3\end{matrix}\right\} = \frac{\sigma}{2} \pm \sqrt{\left(\frac{\sigma}{2}\right)^2 + \tau_n^2} \tag{2-7-11}$$

$$\tan 2\alpha_0 = -\frac{2\tau_n}{\sigma} \tag{2-7-12}$$

可以计算出各截面上各点主应力大小及方向的理论值，然后与实测值进行比较。

四、实验步骤

（1）试件准备。测量试件尺寸，加长臂的长度和测点距力臂的距离，按加载要求装到微机控制万能实验机上。

（2）按测试要求，将薄壁圆管上所测各点的应变片按半桥接线法接入电阻应变仪，组成半桥单臂测量电桥，并调整好所用仪器设备。

（3）实验加载。根据薄壁圆管尺寸及许用应力，确定最大载荷 P_{max} 和载荷增量 ΔP，拟定电子万能实验机方案，本实验以力控制，初载荷 $P_0=0$kN，加载速度为 10N/s，每增加 $\Delta P=200$N，保载 20s，依次记录各点相应的应变值，最大载荷为 $P_{max}=1.2$kN。

（4）完成全部实验后，卸除荷载，关闭仪器设备电源。整理实验现场。

五、实验结果及处理

（1）根据所测应变值计算主应力及主方向，并与理论值进行比较，计算相对误差。

（2）分析产生误差的主要原因。

（3）按规定格式写出实验报告，填写表 2-7-1 和表 2-7-2。

表 2-7-1　应变仪测量数据

测点号	*A*			*B*			*C*			*D*		
	−45°	0$^{0.}$	45°	−45°	0$^{0.}$	45°	−45°	0$^{0.}$	45°	−45°	0$^{0.}$	45°
通道号												
200N												
300N												
400N												
500N												
600N												
$\Delta\bar{\varepsilon}$												

表 2-7-2　实验值和理论值比较

A 点	σ_1			
	σ_3			
	$\tan2\alpha_0$			
B 点	σ_1			
	σ_3			
	$\tan2\alpha_0$			
C 点	σ_1			
	σ_3			
	$\tan2\alpha_0$			

续表

D 点	σ_1			
	σ_3			
	$\tan 2\alpha_0$			

六、预习要求及思考题

1. 预习要求

（1）预习材料力学实验和材料力学教材有关内容，明确实验目的和要求。

（2）预习有关弯扭组合实验装置内容。

2. 思考题

（1）该实验的实验原理是什么？弯扭组合实验装置由哪些部分组成？

（2）使用静态电阻应变仪的注意事项有哪些？

实验八 冲击实验

一、实验目的

（1）了解冲击实验原理和冲击实验机的主要结构。

（2）掌握金属材料常温下冲击韧度的测量方法。

（3）了解脆性材料和塑性材料冲击断裂断口宏观形貌特征。

二、实验仪器和设备

（1）JB-30 型冲击实验机，能量范围：用小摆锤时，冲击能量为 15kg · m，用大摆锤时，冲击能量为 30kg · m。

（2）低碳钢（w_c=0.15%）、灰铸铁（HT150）。

三、实验原理

材料冲击实验是一种动态力学实验，它是将具有一定形状和尺寸的 U 形或 V 形缺口的试样，在冲击载荷作用下折断，以测定其冲击吸收功 A_K 和冲击韧性值 α_K 的一种实验方法。

冲击实验通常在摆锤式冲击实验机上进行，其原理如图 2-8-1 所示。实验时，将试样放在实验机支座上，缺口位于冲击相背方向，并使缺口位于支座中间。然后将具有一定重量的摆锤举至一定的高度 H_1，使其获得一定位能 mgH_1。释放摆锤冲断试样，

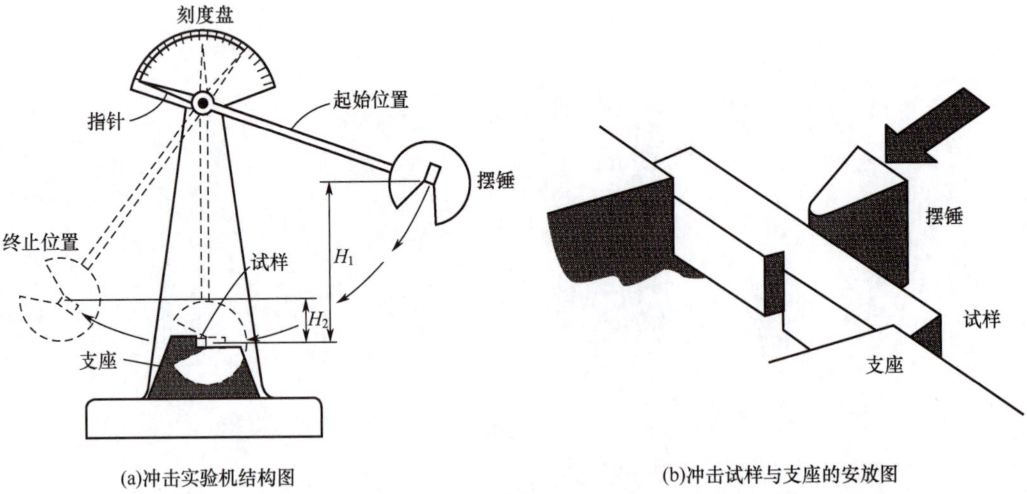

图 2-8-1 冲击实验原理图

摆锤的剩余能量为 mgH_2，则摆锤冲断试样失去的势能为 mgH_1-mgH_2。忽略空气阻力等各种能量损失，则冲断试样所消耗的能量（即试样的冲击吸收功）为

$$A_K = mg(H_1 - H_2) \tag{2-8-1}$$

A_K 的具体数值可直接从冲击实验机的表盘上读出，其单位力 J。将冲击吸收功 A_K 除以试样缺口底部的横截面积 S_N（cm^2），即可得到试样的冲击韧性值 α_K（J/cm^2）

$$\alpha_K = A_K/S_N \tag{2-8-2}$$

对于夏比 U 形缺口和 V 形缺口试样的冲击吸收功分别用 A_{KU} 和 A_{KV} 表示，它们的冲击韧性值分别用 α_{KU} 和 α_{KV} 表示。

α_K 作为材料的冲击抗力指标，不仅与材料的性质有关，试样的形状、尺寸、缺口形式等都会对 α_K 值产生很大的影响，因此 α_K 只是材料抗冲击断裂的一个参考性指标。只能在规定条件下进行相对比较，而不能代换到具体零件上进行定量计算。

按照 GB/T 229—2020《金属材料　夏比摆锤冲击试验方法》，金属冲击实验所采用的标准试样尺寸为 10mm×10mm×55mm，并开有 2mm 深的 U 形缺口（图 2-8-2）或 V 形缺口（图 2-8-3）。

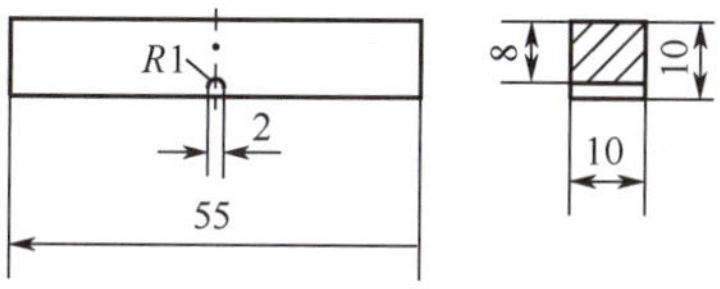

图 2-8-2　夏比 U 形冲击试样

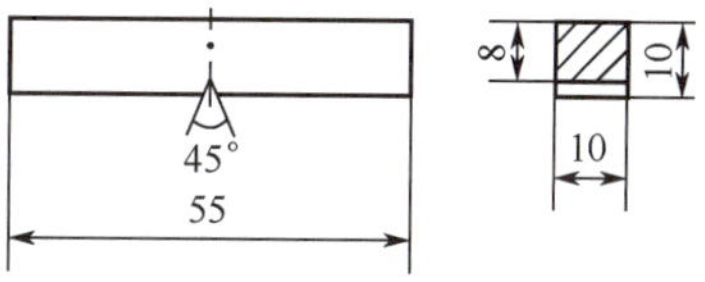

图 2-8-3　夏比 V 形冲击试样

四、实验内容及步骤

（1）测量试件缺口尺寸，估算材料的 α_K 值，选择实验机冲击能量范围。

（2）安装试样前，将摆锤抬起，空摆一次，记录实验机因阻力所消耗的能量。

（3）将摆锤稍微抬起，用顶块顶住，然后安装试样，应使试样紧贴支座，并使其缺口对称面位于两支座对称面上。

（4）将摆锤抬起到需要位置，锁住；然后将操纵杆放在“冲击”位置，摆锤自由下落，将试件冲断。

（5）摆锤停摆后从刻度盘上读出冲断试样所消耗的能量 A_K（需减去因阻力消耗的能量）。每种材料需作 3 次以上，取其算术平均值。

（6）观察两种材料冲击断裂后断口的宏观形貌。

五、实验结果及处理

（1）分析低碳钢和灰铸铁冲击韧度的差别。

（2）比较两种材料的宏观断口形貌特征。

（3）设计实验数据记录表格（表 2-8-1）。

表 2-8-1　　　　冲击实验数据记录表

实验材料	试样缺口处截面尺寸			冲击功 A_K/J		冲击韧度 α_K/(J·cm^2)		缺口特性
	宽度/mm	高度/mm	截面积/mm^2	三次冲击	平均值	三次冲击	平均值	
低碳钢								
灰铸铁								

六、预习要求及思考题

1. 预习要求

（1）预习材料力学实验和材料力学教材有关内容，明确实验目的和要求。

（2）预习有关冲击实验装置内容。

2. 思考题

（1）该实验的实验原理是什么？冲击实验机由哪些部分组成？

（2）做冲击实验时有哪些注意事项？

实验九 疲劳实验

一、实验目的

（1）观察疲劳失效现象和断口特征。

（2）了解测定材料疲劳极限的方法。

二、实验仪器和设备

（1）疲劳实验机。

（2）游标卡尺。

三、实验原理

在交变应力的应力循环中，最小应力和最大应力的比值

$$r=\frac{\sigma_{min}}{\sigma_{max}} \tag{2-9-1}$$

称为循环特征或应力比。在既定的 r 下，若试样的最大应力为 σ_{max}，经历 N_1 次循环后，发生疲劳失效，则 N_1 称为最大应力为 σ_{max} 时的疲劳寿命（简称寿命）。实验表明，在同一循环特征下，最大应力越大，则寿命越短；随着最大应力的降低，寿命迅速增加。表示最大应力 σ_{max} 与寿命 N 的关系曲线称为应力-寿命曲线或 $S-N$ 曲线。当应力降到某一极限值 σ_r 时，$S-N$ 曲线趋近于水平线。即应力不超过 σ_r 时，寿命 N 可无限增大，称为疲劳极限或持久极限。工程问题中，有时根据零件寿命的要求，在规定的某一循环次数下，测出 σ_{max}，并称之为疲劳强度。它有别于上面定义的疲劳极限。

用旋转弯曲疲劳实验来测定对称循环的疲劳极限。各类旋转弯曲疲劳实验机大同小异，图 2-9-1 为实验机原理示意图。试样 1 的两端装入左右两个心轴 2 后，旋紧左右两根螺杆 3。使试样与两个心轴组成一个承受弯曲的“整体梁”，它支承于两端的滚动轴承 4 上。载荷 P 通过加力架作用于“梁”上，其受力简图及弯矩图如图 2-9-2 所示。梁（试样）的中段为纯弯曲，且弯矩为 $M=\frac{1}{2}P\cdot a$。“梁”由高速电机 6 带动，在套筒 7 中高速旋转，于是试样横截面上任一点的弯曲正应力，皆为对称循环交变应力，若试样的最小直径为 d_{min}，最小截面边缘上一点的最大和最小应力为

$$\sigma_{max}=\frac{M\cdot d_{min}}{2I},\quad \sigma_{min}=-\frac{M\cdot d_{min}}{2I} \tag{2-9-2}$$

式中 $I=\frac{\pi}{64}d_{min}^4$。试样每旋转一周，应力就完成一个循环。试样断裂后，套筒压迫停止开关使实验机自动停机。这时的循环次数可由计数器 8 中读出。

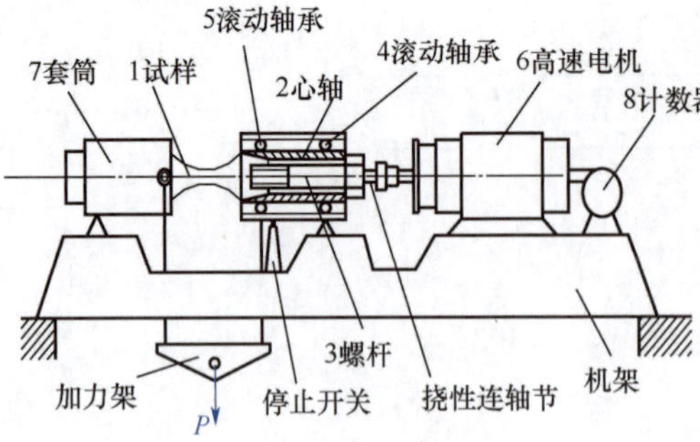

图 2-9-1　疲劳实验机原理图

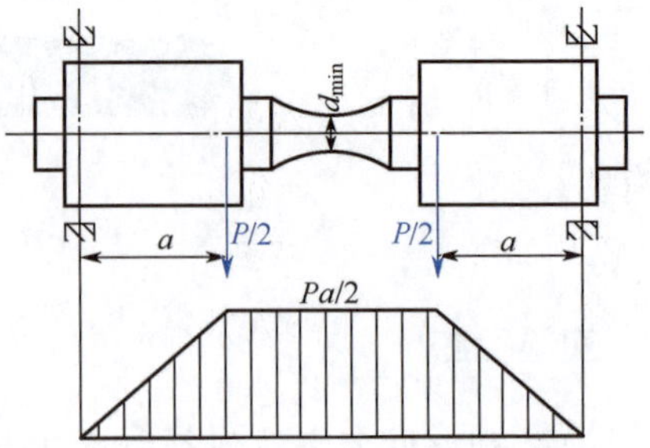

图 2-9-2　疲劳试样受力简图及弯矩图

同一批试样所用材料应为同一牌号和同一炉号，并要求质地均匀没有缺陷。疲劳强度与试样取料部位、锻压方向等有关，并受表面加工、热处理等工艺条件的影响较大。因此，试样取样应避免在型材端部，对锻件要取在同一锻压方向或纤维延伸方向。同批试样热处理工艺相同。切削时应避免表面过热，引起较大残余应力。不能有周线方向的刀痕，试样的实验部位要磨削加工，粗糙度为 0.2~0.8mm。过渡部位应有足够的过渡圆角半径。

以 $M=\frac{1}{2}P\cdot a$ 和 $I=\frac{\pi}{64}d_{\min}^4$ 代入求得最小直径截面上的最大弯曲正应力

$$\sigma=\frac{\frac{1}{2}P\cdot a\cdot d_{\min}}{2\frac{\pi\cdot d_{\min}^4}{64}}=\frac{P}{\frac{\pi\cdot d_{\min}^3}{16a}} \tag{2-9-3}$$

令 $K=\frac{\pi\cdot d_{\min}^3}{16a}$，则上式可改写成

$$P=K\cdot\sigma \tag{2-9-4}$$

K 称为加载乘数，它可根据实验机的尺寸 a 和试样的直径 $d_{\min}$ 事先算出，并制成表格。在试样的应力 σ 确定后，便可计算出应施加的载荷 P。

四、实验步骤

（1）测量试样最小直径 $d_{\min}$。

（2）计算或查出 K 值。

（3）根据确定的应力水平 σ，计算应加砝码的重量 P。

（4）将试样安装于套筒上，拧紧两根连接螺杆，使与试样成为一个整体。

（5）连接挠性联轴节。

（6）加上砝码。

（7）开机前托起砝码，在运转平稳后，迅速无冲击地加上砝码，并将计数器调零。

（8）试样断裂或记下寿命 N，取下试样描绘疲劳破坏断口的特征。

实验时应注意的事项：①未装试样前禁止启动实验机，以免挠性联轴节甩出。②实验进行中如发现连接螺杆松动，应立即停机重新安装。

五、实验结果及处理

（1）下列情况实验数据无效：载荷过高致试样弯曲变形过大，造成中途停机；断口有明显夹渣致使寿命偏低。

（2）将所得实验数据列表，然后以 $\lg N$ 为横坐标，σ_{max} 为纵坐标，绘制光滑的 S-N 曲线，并确定 σ_{-1} 的大致数值。

（3）报告中绘出破坏断口，指出其特征。

六、预习要求及思考题

1. 预习要求

（1）预习材料力学实验和材料力学教材有关内容，明确实验目的和要求。

（2）预习有关疲劳实验机操作规程。

（3）设计实验数据记录表格。

2. 思考题

（1）该实验的实验原理是什么？疲劳实验机由哪些部分组成？

（2）做疲劳实验时有哪些注意事项？

实验十 等强度梁正应力测定

一、实验目的

（1）测定等强度梁弯曲正应力。

（2）练习多点应变测量方法，熟悉掌握应变仪的使用。

二、实验仪器和设备

（1）材料力学组合实验台中等强度梁实验装置与部件。

（2）XL2118 系列力与应变综合参数测试仪。

（3）游标卡尺、钢板尺。

三、实验原理

等强度梁为悬臂梁，如图 2-10-1 所示。当悬臂梁上加一个载荷时，距加载点 x 距离的断面上弯矩为

$$M_x = P \cdot x \tag{2-10-1}$$

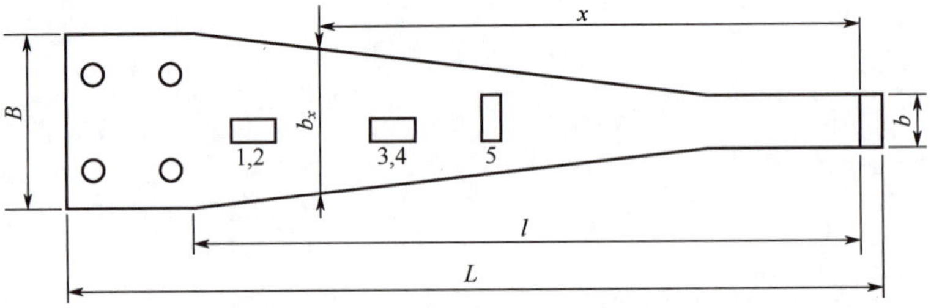

1~4 为应变片，5 为补偿片。

图 2-10-1 等强度梁

相应断面上的最大应力为

$$\sigma = \frac{P \cdot x}{W} \tag{2-10-2}$$

式中 W——抗弯断面模量，断面为矩形。

又

$$W = \frac{b_x h^2}{6} \tag{2-10-3}$$

式中 b_x——宽度；

h——厚度。

因而

$$\sigma = \frac{P \cdot x}{\frac{b_x h^2}{6}} = \frac{6Px}{b_x h^2} \qquad (2-10-4)$$

所谓等强度，即指各个断面在力的作用下应力相等，即 σ 值不变。显然，当梁的厚度 h 不变时，梁的宽度必须随着 x 的变化而变化。

等强度梁尺寸：

梁的极限尺寸为　　$L \times B \times h = 445\text{mm} \times 35\text{mm} \times 8\text{mm}$

梁的工作尺寸为　　$l \times B \times h = 330\text{mm} \times 35\text{mm} \times 8\text{mm}$

四、实验步骤

（1）测量等强度梁的有关尺寸，确定试件有关参数。

（2）拟定加载方案。估算最大载荷 P_{max}（该实验载荷范围≤30N），分 3 级加载（每级 10N）。

（3）实验采用多点测量中半桥单臂公共补偿接线法。将等强度梁上选取的测点应变片按序号接到电阻应变仪测试通道上，温度补偿片接电阻应变仪公共补偿端。

（4）按实验要求接好线，调整好仪器，检查整个测试系统是否处于正常工作状态。

（5）实验加载。加载前，记下各点应变片初读数，然后逐级加载，每增加一级载荷，依次记录各点应变仪的 ε_i，直至终载荷。实验至少重复三次。

（6）做完实验后，卸掉载荷，关闭仪器电源，整理好所用仪器设备，清理实验现场，将所用仪器设备复原，实验资料交指导教师检查签字。

五、实验结果及处理

（1）理论计算。

$$\sigma = \frac{6Px}{b_x h^2} \qquad (2-10-5)$$

（2）实验值计算。

$$\sigma = E \cdot \varepsilon_{均} \qquad (2-10-6)$$

（3）理论值与实验值比较。

$$\delta = \frac{\sigma_{理} - \sigma_{实}}{\sigma_{理}} \times 100\% \qquad (2-10-7)$$

六、预习要求及思考题

1. 预习要求

（1）明确实验目的和要求。

（2）预习有关等强度梁实验装置操作规程。

（3）设计实验数据记录表格。

2. 思考题

（1）该实验的实验原理是什么？等强度梁实验装置由哪些部分组成？

（2）做等强度梁正应力测定实验时有哪些注意事项？

实验十一 应变片粘贴实验

一、实验目的

掌握电阻应变片灵敏系数 K 值的标定方法。

二、实验仪器和设备

（1）材料力学组合实验台中纯弯曲梁实验装置与部件。
（2）XL2118 系列力与应变综合参数测试仪。
（3）游标卡尺、钢板尺、千分表三点挠度仪。

三、实验原理

在进行标定时，一般采用一单向应力状态的试件，通常采用纯弯曲梁或等强度梁。粘贴在试件上的电阻应变片在承受应变时，其电阻相对变化 $\Delta R/R$ 与 ε 之间的关系为：

$$\Delta R/R = K \cdot \varepsilon \tag{2-11-1}$$

因此，通过测量电阻应变片的 $\Delta R/R$ 和试件 ε，即可得到应变片的灵敏系数 K。实验采用矩形截面弯曲梁实验装置，如图 2-11-1（a）所示。

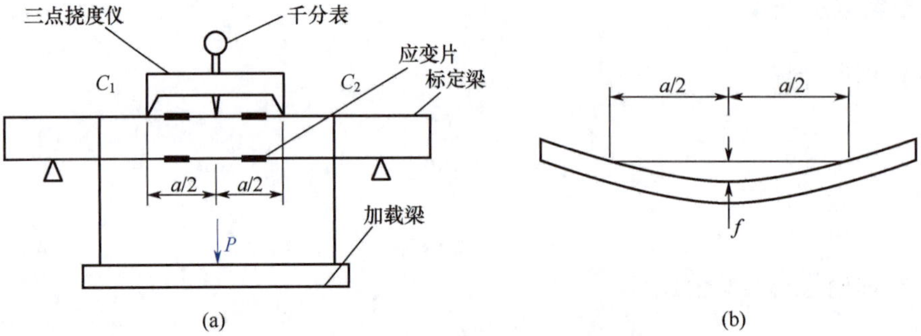

图 2-11-1　纯弯曲梁受力及变形图

在梁纯弯曲段上、下表面沿梁轴线方向粘贴 4 片应变片，在 C_1C_2 段中间安装一个三点挠度仪。当梁弯曲时，由挠度仪上的千分表可读出测量挠度（即梁在三点挠度仪长度 a 范围内的挠度），如图 2-11-1（b）所示。根据材料力学公式和几何关系，可求出纯弯曲上下表面的轴向应变为

$$\varepsilon = \frac{h \cdot f}{(a/2)^2 + f^2 + hf} \tag{2-11-2}$$

式中　h——标定梁高度；
　　　a——三点挠度仪长度；
　　　f——挠度。

应变片的电阻相对变化 $\Delta R/R$ 可用高精度电阻应变仪测定。设电阻应变仪的灵敏系数为 K_0，读数为 ε_d，则

$$\Delta R/R = K_0 \cdot \varepsilon_d \tag{2-11-3}$$

由前面的式子可得到应变片灵敏系数 K 为

$$K = \frac{\Delta R/R}{\varepsilon} = \frac{K_0 \cdot \varepsilon_d}{hf}\left(\frac{a^2}{4} + f^2 + hf\right) \tag{2-11-4}$$

在标定应变片灵敏系数时，一般把应变仪的灵敏系数调至 $K_0 = 2.00$，并采用分级加载方式，测量在不同载荷下应变片的读数应变 ε_d 和梁在三点挠度仪长度 a 范围内的挠度 f。

四、实验步骤

（1）设计好本实验所需的各类数据表格。

（2）测量弯曲梁的有关尺寸和三点挠度仪长度 a。

（3）拟定加载方案。选取适当的初载荷 P_0（一般取 $P_0 = 10\% P_{\max}$ 左右），确定三点挠度仪上千分表的初读数，估算最大载荷 $P_{\max}$（该实验载荷范围≤1500N），确定三点挠度仪上千分表的读数增量，一般分 4~6 级加载。

（4）实验采用多点测量中半桥单臂公共补偿接线法。将弯曲梁上各点应变片按序号接到电阻应变仪测试通道上，温度补偿片接电阻应变仪公共补偿端，调节好电阻应变仪灵敏系数，使 $K_0 = 2.00$。

（5）按实验要求接好线，调整好仪器，检查整个测试系统是否处于正常工作状态。

（6）实验加载。用均匀慢速加载至初载荷 P_0。记下各点应变片和三点挠度仪的初读数，然后逐级加载，每增加一级载荷，依次记录各点应变仪的 ε_i 及三点挠度仪的 f_i，直至终载荷。实验至少重复 3 次。

（7）做完实验后，卸掉载荷，关闭电源，整理好所用仪器设备，清理实验现场，将所用仪器设备复原，实验资料交指导教师检查签字。

五、实验结果及处理

（1）取应变仪读数应变增量的平均值，计算每个应变片的灵敏系数 K_i

$$K_i = \frac{\Delta R/R}{\varepsilon} = \frac{K_0 \cdot \varepsilon_d}{hf}\left(\frac{a^2}{4} + f^2 + hf\right) \quad (i = 1, \cdots, 4) \tag{2-11-5}$$

（2）计算应变片的平均灵敏系数 K

$$K = \frac{\Sigma K_i}{n} \quad (i = 1, \cdots, n) \tag{2-11-6}$$

（3）计算应变片灵敏系数的标准差 S

$$S = \sqrt{\frac{1}{n-1}\Sigma(K_i - K)^2} \quad (i = 1, \cdots, 4) \tag{2-11-7}$$

六、预习要求及思考题

1. 预习要求

（1）明确实验目的和要求。

（2）预习应变综合参数测试仪和纯弯曲梁实验装置操作规程。

（3）设计实验数据记录表格。

2. 思考题

（1）该实验的实验原理是什么？

（2）使用应变综合参数测试仪时有哪些注意事项？

实验十二　复合梁弯曲正应力测定

一、实验目的

用电测法测定叠梁横截面上的应变、应力分布情况；通过本实验提高建立力学模型、推导不同材料梁弯曲正应力等综合能力。

二、实验仪器和设备

（1）材料力学组合实验台中叠梁（钢-铝）实验装置与部件。

（2）XL2118 系列力与应变综合参数测试仪。

（3）游标卡尺、钢板尺。

三、实验原理

如图 2-12-1（a）所示的叠梁为钢-铝复合梁，采用胶粘接形式，叠梁胶粘以后可以认为仍是一个矩形截面梁，在纯弯曲条件下，根据平面假设和纵向纤维间无挤压的假设，可得到梁横截面上任一点的正应力，理论计算公式为

$$\sigma = \frac{kMy}{I_z} \qquad (2-12-1)$$

式中　M——弯矩；

I_z——横截面对中性轴的惯性矩；

y——所求应力点至新中性轴的距离；

k——弹性模量比，$k=E_2/E_1$。

在梁的某一横截面沿梁的高度分布 8 个电阻应变片，贴片位置见图 2-12-1（b）。

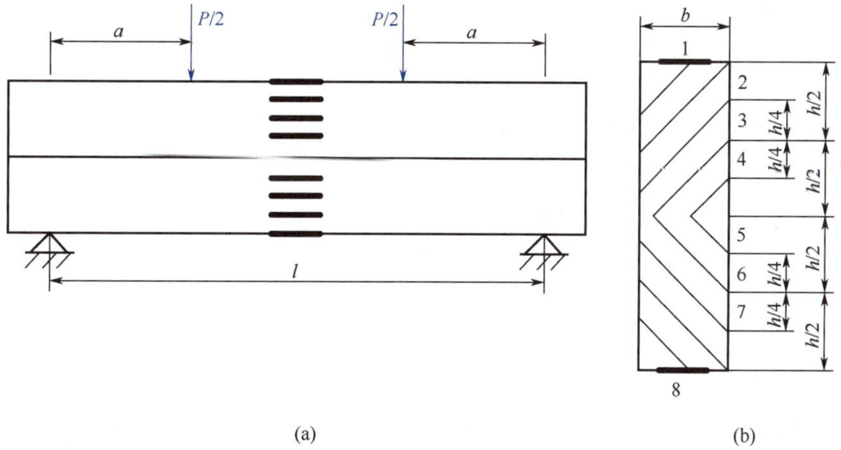

图 2-12-1　钢-铝复合梁应变片粘接

电阻应变片纵向方向与梁的轴线方向一致；梁受载荷作用时，梁产生弯曲变形，实验可采用半桥单臂、公共补偿、多点测量方法。加载采用增量法，即每增加等量的载荷 ΔP，测出各点的应变增量 $\Delta\varepsilon$，然后分别取各点应变增量的平均值 $\Delta\varepsilon_{i实}$，依次求出各点的应变增量，利用胡克定律

$$\sigma_{i实} = E\Delta\varepsilon_{i实} \tag{2-12-2}$$

求出各测点的应力值。

四、实验步骤

（1）测量矩形截面梁的宽度 b 和高度 h、载荷作用点到梁支点距离 a 及各应变片到中性层的距离 y_i。

（2）拟定加载方案。先选取适当的初载荷 P_0（一般取 $P_0=300\text{N}$ 左右），估算 P_{max}（该实验载荷范围 $P_{max}\leqslant 2000\text{N}$），分 4~6 级加载。

（3）根据加载方案，调整好实验加载装置。

（4）按实验要求接好线，调整好仪器，检查整个测试系统是否处于正常工作状态。

（5）加载。均匀缓慢加载至初载荷 P_0，记下各点应变的初始读数；然后分级，等增量加载，每增加一级载荷，依次记录各点电阻应变片的应变值 ε_i，直到最终载荷。实验至少重复两次。

（6）做完实验后，卸掉载荷，关闭电源，整理好所用仪器设备，清理实验现场，将所用仪器设备复原，实验资料交指导教师检查签字。

五、实验结果及处理

（1）实验值计算。

根据测得的各点应变值 ε_i 求出应变增量平均值 $\Delta\varepsilon_i$，代入胡克定律计算各点的实验应力值，因 $1\mu\varepsilon=10^{-6}\varepsilon$，所以各点实验应力计算

$$\sigma_{i实} = E\Delta\varepsilon_{i实} = E\times\overline{\Delta\varepsilon_i}\times 10^{-6} \tag{2-12-3}$$

（2）理论值计算。

各点理论值计算

$$\sigma_{i理} = \frac{k\Delta M\cdot y_i}{I_z} \tag{2-12-4}$$

（3）绘出实验应力值和理论应力值的分布图。

分别以横坐标轴表示各测点的应力 $\sigma_{i实}$ 和 $\sigma_{i理}$，以纵坐标轴表示各测点距梁中性层位置 y_i，选用合适的比例绘出应力分布图。

（4）实验值与理论值的比较。

六、预习要求及思考题

1. 预习要求

（1）明确实验目的和要求。

（2）预习叠梁（钢-铝）实验装置操作规程。

（3）设计实验数据记录表格。

2. 思考题

（1）该实验的实验原理是什么？

（2）使用应变综合参数测试仪时有哪些注意事项？

参 考 文 献

［1］佘斌，孔海陵．工程力学［M］．北京：高等教育出版社，2023.

［2］张春梅，段翠芳．工程力学［M］．北京：机械工业出版社，2023.

［3］纪炳炎．工程力学（静力学）学习指导及习题全解［M］．北京：高等教育出版社，2023.

［4］伍春发，张凤，高文秀．工程力学［M］．上海：上海交通大学出版社，2022.

［5］朱永甫，刘衍香．工程力学［M］．武汉：武汉理工大学出版社，2021.

［6］郑碧玉．工程力学实验［M］．西安：西安电子科技大学出版社，2021.

［7］郭空明．工程力学实验教程——基础力学、电测与振动［M］．西安：西安电子科技大学出版社，2019.

［8］徐启圣．工程力学［M］．西安：西安电子科技大学出版社，2017.

［9］莫宵依．工程力学［M］.2 版．北京：机械工业出版社，2016.

［10］顾晓勤．工程力学［M］．北京：机械工业出版社，2013.

［11］顾晓勤，谭朝阳．材料力学［M］．北京：机械工业出版社，2012.

［12］朱育林．工程力学［M］．北京：空军职业大学出版社，2011.

［13］刘鸿文．材料力学 I［M］.5 版．北京：高等教育出版社，2011.

［14］时海芳，任鑫．材料力学性能［M］．北京：北京大学出版社，2010.

［15］孙训方．材料力学 I［M］.5 版．北京：高等教育出版社，2009.

［16］龚良贵．工程力学［M］．北京：清华大学出版社，2005.

［17］杨虹．工程力学［M］．北京：科学出版社，2005.

［18］张功学．工程力学［M］．北京：国防工业出版社，2004.

［19］哈尔滨工业大学．理论力学［M］．北京：高等教育出版社，2002.

［20］范钦珊，等．工程力学［M］．北京：高等教育出版社，2004.

［21］王各根，胡鹏，李誉．工程力学实验［M］．武汉：华中科技大学出版社，2007.

［22］黄跃平，韩晓林，胥明．工程力学实验［M］．南京：东南大学出版社，2009.

［23］景英锋．工程力学［M］．北京：北京邮电大学出版社，2013.

［24］胡拔香．工程力学实验实训指导［M］．成都：西南交通大学出版社，2013.

［25］张春东．工程力学［M］．北京：中国铁道出版社，2013.